搅拌桩加固软土边坡材料
力学特性及质量控制

王保田　陈晓静　余代广　王同张　著

科学出版社

北　京

内 容 简 介

本书是作者及其课题组近十年来在搅拌桩加固软土边坡质量控制技术方面的科研成果的系统总结。本书内容包括搅拌桩发展历史及其在边坡加固中的适应性和质量要求；现有搅拌桩质量检测和质量控制方法归纳与总结；作者及其课题组在搅拌桩质量控制技术方面取得的成果，包括搅拌桩水泥含量检测方法、以水泥含量及变异系数为指标的质量评价标准、搅拌桩抗压强度与抗剪强度相关性、复合改良水泥土及纤维水泥土强度特性、搅拌桩施工工艺优化等提高搅拌桩质量的新技术。本书系统分析了搅拌桩水泥含量测试原理、提高水泥含量检测精度技术和用搅拌桩水泥含量均值与标准差控制搅拌桩质量的可行性。

本书可供土木工程、交通工程等领域的科学工作者和工程技术人员参考，也可作为高等院校岩土工程、道路工程等专业研究生的科研参考文献。

图书在版编目（CIP）数据

搅拌桩加固软土边坡材料力学特性及质量控制/王保田等著. —北京：科学出版社，2024.7
ISBN 978-7-03-076863-6

Ⅰ.①搅… Ⅱ.①王… Ⅲ.①水泥搅拌桩-加固-软土-边坡-材料力学性质 ②水泥搅拌桩-加固-软土-边坡-质量控制 Ⅳ.①TU472.3

中国国家版本馆 CIP 数据核字（2023）第 212754 号

责任编辑：万瑞达 张雅薇 / 责任校对：赵丽杰
责任印制：吕春珉 / 封面设计：曹 来

科学出版社 出版
北京东黄城根北街 16 号
邮政编码：100717
http://www.sciencep.com

北京中科印刷有限公司印刷
科学出版社发行 各地新华书店经销
*
2024 年 7 月第 一 版 开本：B5（720×1000）
2024 年 7 月第一次印刷 印张：14 3/4
字数：296 000
定价：158.00 元
（如有印装质量问题，我社负责调换）
销售部电话 010-62136230 编辑部电话 010-62135397-2039

前　言

软土在我国分布广泛，主要位于沿海、大型河流中下游平原、内陆湖盆、洼地及河流两岸地带。软土存在抗剪强度低、压缩变形大、流变变形时间长等问题。随着水运经济的快速发展和高质量水运工程的需求增加，城市防洪等级提高，河道和航道软土边坡的加固处理成为各类水利和水运工程建设中遇到的主要难点，也是工程勘察、设计、施工及运行全过程共同关注的重点问题。用水泥搅拌桩加固软土边坡具有效果好、设备简单、施工快速、造价低、对周围原有建筑物影响小，并且不会对软弱下卧层产生附加沉降等优点，是加固软土地基和软土边坡的最有效、最常用的方法。水泥搅拌桩设计和施工已经形成了系统的规程和规范，在大范围的软土地基和边坡加固工程中得到了广泛应用。但是，水泥搅拌桩在施工过程中常出现质量问题，造成工期延误和较大的经济损失。水泥搅拌桩施工中出现的主要质量问题表现在：水泥掺量过少或不均匀，抽芯不成形；水泥与土搅拌不均匀，导致局部水泥含量少或无水泥；桩长达不到设计要求或者桩身出现断桩缩颈现象；水泥含量和搅拌均匀性随深度增加而降低，通常经验是地面以下 5m 范围内桩身质量较好，10m 以下强度很低。造成水泥搅拌桩工程质量问题的主要原因如下：一方面，水泥搅拌桩属于隐蔽工程，不易监控，施工质量控制难度较大；另一方面，国内的水泥搅拌桩施工设备大多采用自制的施工机械，没有施工设备规范，随意性较大，质量控制装置较为简陋。水泥搅拌桩的成桩质量问题常导致软土边坡失稳、软土地基沉降变形大、结构物开裂甚至失效等问题。

用搅拌桩加固软土边坡的工程中，搅拌桩的作用是与边坡软土形成复合体，通过提高软土与搅拌桩复合体的强度来保证软土边坡稳定性。搅拌桩质量薄弱部位若成片出现，滑坡面（带）将从薄弱部位通过，造成边坡整体失稳。因此，搅拌桩强度和均匀性同时成为边坡工程质量的关键因素。目前，搅拌桩质量检测规范给出的搅拌桩质量检测项目主要有开挖检查、钻芯取样、标准贯入试验、载荷试验等，通过检测钻孔取芯试样的无侧限抗压强度和标贯击数是否达到要求来判别水泥搅拌桩的强度。均匀性检测是通过肉眼观察开挖桩头和钻孔取出的芯样外观状态来判断，具有很大的经验性和不准确性。另外，这些方法检测时间长、费用高，如钻孔取芯一般需在成桩 28d 以后，这时即使发现了搅拌桩质量问题也难以补救，因此无法实现对水泥搅拌桩施工质量的动态控制。

作者针对上述问题，根据水泥搅拌桩技术特点、桩体强度影响因素和变化规律，并结合现有搅拌桩质量检测技术特点及搅拌桩加固软土边坡的工程需求，创造性地提出了以水泥含量及变异系数为控制指标的质量控制新技术并探讨了其可行性，建立了水泥含量与桩身强度及均匀性的直接联系，并在多个软土边坡、地基工程中得到应用和验证。通过检测搅拌桩水泥含量，并结合新的搅拌桩质量评价指标，实现了快速、可靠的搅拌桩成桩质量检测和质量控制。同时，针对搅拌桩强度问题，研究了复合材料改良水泥土和纤维水泥土的力学特性。这一系列研究成果对提升搅拌桩加固工程建设安全水平、建设效率和工程质量具有重要意义。

本书在作者指导的多篇研究生学位论文和承担的多项科研项目成果基础上编写整理而成。王保田和陈晓静负责本书整体筹划及编制大纲，具体执笔分工如下：王保田负责第 1 章和第 3 章，陈晓静负责第 2 章和第 8 章，余代广负责第 4 章和第 5 章，王同张负责第 6 章和第 7 章，最后由王保田统稿。在编写本书系列成果研究过程中，张福海教授、张文慧副教授、李守德副教授、李进工程师及研究生左晋宇、李文炜、卜桐、杨帆、王昭顺、钟南妮等为试验研究和工程应用方面做出了贡献，左晋宇还协助完成了文稿整理工作。本书介绍的技术研发得到了江苏省交通科技项目、南京市水务科技项目的资助，并得到很多领导和工程技术人员的帮助。感谢河海大学疏浚技术教育部工程研究中心、南京市水利规划设计院股份有限公司对课题研究的长期关注和本著作出版的资助。在本书出版之际，作者对长期资助本课题组进行科学研究的领导和单位表示衷心感谢！

由于作者水平有限，书中难免有疏漏之处，恳请广大读者批评指正。

目　录

第1章 搅拌桩发展历史及用于边坡抗滑加固的可行性分析

1.1 搅拌桩概述

1.1.1 搅拌桩技术

软土在我国分布广泛，主要位于沿海、平原地带、内陆湖盆、洼地及河流两岸地带。工程软土存在强度低、沉降变形大、稳定性差等问题[1-4]。软土的加固处理是城市建设、轨道交通、高速公路、铁路、机场、市政工程等土木工程建设领域面临的重大技术问题。

现有软土处理技术可以分为换填法、排水固结法、化学加固法、搅拌桩、复合地基法、加筋法等，其中搅拌桩复合地基法是加固软土使用较为广泛的方法之一[5-7]。

搅拌桩技术是指通过专用的施工机械，沿深度将水泥、石灰等粉体（或浆液）加固材料喷入地基中，凭借钻头叶片的旋转将加固料与原位地基土强制搅拌并得到充分混合，使地基土和加固料之间发生固结、水化等一系列反应，从而使软黏土硬结，在短期内形成具有整体性强、水稳性好和足够强度的柱体[8-13]。由水泥与软土搅拌形成的固结体在我国统称为水泥土（水泥加固土的简称）搅拌桩，它的施工机械主要是深层搅拌机，因此水泥搅拌桩也称为深层搅拌桩，或者水泥土桩、加固土桩等。随着科学技术的进步，以及工程实践的发展，人们对土的特性研究及认识不断丰富，从而有力地推动了这种地基处理的发展。从总体上看，搅拌桩技术已发展成为一种海陆兼备、地基基坑双用的干湿两全的软土处理技术，其加固深度和加固效果随设备功能的提高而加大。

搅拌桩使软土硬结强度提高的加固原理主要有三个方面[14-17]：

1）水泥的水化作用消耗自由水变为结晶水，降低搅拌范围土体含水率，提高强度；

2）搅拌体中的 Ca^{2+} 与周围土体发生离子交换，使较小的土颗粒形成较大的土团粒，提高土体强度；

3）水泥水化作用产物 $Ca(HO)_2$ 与空气和水中的 CO_2 发生酸化反应，生成 $CaCO_3$，提高土体强度。

根据施工方法不同，通常将用水泥浆与软土搅拌形成的柱状固结体称为浆喷桩（又称为湿法搅拌桩）；将用水泥粉体与软土搅拌形成的柱状固结体称为粉体喷射搅拌桩，简称粉喷桩（又称为干法搅拌桩）[18-19]。粉喷桩利用压缩空气输入水泥粉体，凭借钻头翼片的旋转搅拌使水泥粉与软土充分混合，形成水泥土搅拌桩。其与浆喷桩的不同之处在于直接用水泥粉，施工机械和施工工艺基本类似，就是需要把喷浆装置和灰浆泵改为喷粉装置和粉体喷射机。对于这两种施工方法，目前国内用得最多的是浆喷桩，因为人们普遍认为浆喷工艺的施工质量或加固深度要比粉喷工艺好。从加固原理上来说，通常高含水率的软土（如含水率大于50%时）以粉喷工艺为好，低含水率则以浆喷工艺为好。

搅拌轴既有单根搅拌轴，也有多根搅拌轴。单根搅拌轴比较简单，在中小型工程或者路基工程中用得比较普遍。对于多根搅拌轴，国外多采用偶数根搅拌轴（2根、4根、6根或8根搅拌轴），这种搅拌轴可以一次性打设成2根、4根、6根或8根相互相隔或相连的搅拌桩；国内基本上以单根或者双根为主，双根一般在基坑支护工程的围护工程中使用。

搅拌头是深层搅拌机械的重要部件，直接影响水泥浆和土体的拌和均匀程度。在国外，搅拌头形式比较多，结构也比较复杂，特别是日本，其机械比较先进。国内大多采用比较简易的二叶片或带齿的二叶片，双轴搅拌桩也有三叶片的。输浆装置单轴一般利用搅拌轴中的中心管，多轴采用专门的输浆管。除了施工机械之外，还需要灰浆泵来制作水泥浆液。

1.1.2　搅拌桩工程特点

水泥搅拌桩法处理软土地基具有其独特的优点[20-21]：

1）对软土厚度大、含水率高、孔隙比大、力学强度低的地基加固效果好；

2）搅拌时设备简单、无振动、无噪声和无污染，且施工快速、造价低；

3）对周围原有建筑物影响很小；

4）设计灵活，根据工程的需要，可采用柱状、壁状、格栅状等不同分布形式及合理选择固化剂的配比；

5）加固后土体的重度基本不变，不会对软弱下卧层产生附加沉降。

这些优点使得水泥搅拌桩法在软土地基处理中得到广泛的运用。然而，目前我国深层搅拌技术与国外先进国家相比仍有较大的差距，在机械设备性能方面的差别主要表现如下：

1）海上应用极少，仅在软土厚度不大的浅水海域使用，配套设施不全；

2）陆上最大加固深度大约为 27m，这对于深厚软土加固工程来说仍不能满足处理需要；

3）缺少两轴以上的多头搅拌桩机，在大面积软基加固中无法提高工作效率；

4）成桩质量缺乏有效监控设备装置，堵灰断桩现象需由人工监控。

1.1.3　搅拌桩的适用范围

1．土质范围

国外使用深层搅拌法加固的地基土有新吹填的超软土、沼泽地带的泥炭土、海相淤泥土等。我国一开始引进搅拌法技术时，也将其用于处理淤泥及淤泥质土。经过多年推广应用，我国现有水泥土搅拌桩技术适用于处理正常固结的淤泥、淤泥质土、素填土、黏性土（软塑、可塑）、粉土（稍密、中密）、粉细砂（松散、中密）、中粗砂（松散、稍密）、饱和黄土等土层；不适用于含大孤石或障碍物较多且不易清除的杂填土、欠固结的淤泥和淤泥质土、硬塑及坚硬的黏性土、密实的砂类土，以及地下水渗流影响成桩质量的土层。对泥炭土、有机质含量高的淤泥质土，塑性指数大于 25 的黏性土，pH 小于 4 的酸性土，夹有块石或较大粒径的碎石、卵石的地基，以及无工程经验的地区，应通过现场试验确定其适用性。

在某些地区的地下水中含有大量硫酸盐（海水侵入地区），因硫酸盐与水泥发生反应时对水泥土具有结晶性侵蚀，会出现开裂、崩解而丧失强度，为此应选用抗硫酸盐水泥，使水泥土中产生的结晶膨胀物质控制在一定的数量范围内；另外，也可掺加活性材料（如粉煤灰），以提高水泥土的抗侵蚀性能。

当地基土的天然含水率小于 30%（黄土含水率小于 25%）时，不宜采用粉体搅拌法。另外，冬期施工时，应考虑负温对处理地基效果的影响。

2．加固深度

水泥土搅拌桩的加固深度主要受施工机械的影响。国外搅拌桩加固软土的深度已达到 30m 以上；国内由于施工设备的限制，各类相关规范规定浆喷法搅拌桩的桩长一般不宜大于 18~20m，粉喷法搅拌桩的桩长一般不宜大于 12~15m。加固土桩的桩径不宜小于 0.5m，相邻桩的间距不应大于 4 倍桩径。另外，当设置的搅拌桩同时为提高地基稳定性时，其桩长应超过危险滑弧以下不少于 2.0m。

3．工程应用范围

由于搅拌桩具有许多独特的优点，因此其被广泛应用于建（构）筑物地基、边坡稳定、防渗工程、抗液化加固等。

在我国，搅拌桩常用于下列工程中[22-23]：

1）地基加固形成搅拌桩复合地基，以提高地基承载力，增大变形模量，减少沉降量。其常应用于建（构）筑物的地基加固，如 6～12 层多层住宅、办公楼，单层或多层工业厂房；水池贮罐基础等；高速公路、铁道和机场场道及高填方地基等；油罐地基等；大面积堆场地基，包括室内和露天。根据建筑物基础形式及承载力和沉降要求，搅拌桩加固体可以分为柱状、壁状、格栅状、块状等。搅拌桩平面排列布置方式常用的有正方形、长方形和梅花形。

2）支挡结构物：软土层中的基坑开挖、管沟开挖或河道开挖的边坡支护和防止底部管涌、隆起。当采用多排水泥土桩形成挡墙时，常采用格栅状的布桩形式。

采用单个搅拌桩互相搭接形成的竖直壁状墙体作为护岸结构，与混凝土连续墙、预制钢筋混凝土桩、钢板桩等护岸方案相比不但施工简便，而且经济实用，可大大缩短工期。为了确保护岸墙的自身安全，通常单桩的搭接宽度以 10cm 为宜。搭接宽度太小，墙体强度和稳定性不够；搭接宽度过大，则浪费桩身材料。

当搅拌桩墙体用于基坑支护时，为了提高支护效果，一般应采用较高标号的水泥作为固化剂。根据支护高度和计算要求，搅拌桩护岸墙可由单排、双排或三排桩体构成，也可做成单排、双排或三排加肋式，还可以做成仓格式。

除格栅式以外的各式护岸墙通常厚度较薄，为了保证墙体的稳定，墙体伸入基坑底以下的深度较大，以获得较大的被动土压力，同时平衡各种外力的作用。设计这类护岸墙体时，主要应计算关键部位的墙体强度、伸入基底的深度及整体稳定性。

有时壁状搅拌桩体是专门用作普通重力式挡土墙使用的，其厚度较大，墙的入土深度较小，自身稳定性好。此种情况下，墙身靠自重来保持稳定，其入土深度可按一般挡土墙考虑，而墙身断面根据抗倾和抗滑稳定计算确定。箱格式与仓格式的区别在于前者有箱底，而后者无仓底；台阶式系按吸力式挡墙的断面要求使粉喷桩顶标高不在一个平面上而形成台阶。箱格式和台阶式护岸墙施工较为麻烦，施工费用较高，应慎重选用。

3）防渗止水帷幕：由于水泥土结构致密，其渗透系数可小于 $1 \times 10^{-9} \sim 1 \times 10^{-11}$ cm/s，因此其可用于软土地基基坑开挖和其他工程的防渗止水帷幕。

采用水泥作固化剂制成的搅拌桩，由于水泥与原位土混合后形成较密实的水泥土体，因此其湿密度比原土的湿密度可增加 5%～10%，渗透系数明显降低。将这种搅拌桩互相搭接，可形成一个完整的地下连续墙，其可有效地起到阻水作用，降低水的渗透，避免坑壁流沙发生。所以，在有地下水的基坑做粉喷桩护岸墙，同时具有护岸和防渗两种功能。

4）防止地基液化：传统的观点认为，水泥搅拌桩不能解决场地土的液化问题。对于水泥搅拌桩的抗液化性能，相关规范也没有提及。然而，根据国外的工程实践经验，加上深入的理论分析、计算，研究人员论证了采用水泥搅拌桩复合地基处理除可提高承载力外，还可以适当降低天然地基土的液化指数，改善地基土综合抗震工程地质性能指标。

水泥搅拌桩处理液化地基的作用机理主要如下：水泥搅拌桩的刚度比桩间土的刚度要大得多，因此在桩体上产生应力集中现象，大部分荷载将由桩体承担，桩间土应力相对减少，并有效减少地震时产生的剪应变和静孔隙水压力；同时，桩体的存在对桩间土起着侧向限制、约束作用，阻止桩间土的侧向变形。另外，水泥土桩还可以在一定程度上改善桩周土工程特性（特别是砂土和粉土），这就改变了液化地基中的应力-应变条件，提高了地基土体的抗剪强度。

5）环境岩土工程方面：近年来，随着污染地基处理的需要，搅拌桩技术开始应用于污染土的处治，主要用作隔离屏障、固化（solidification）或稳定化（stabilization）。隔离屏障是采用搅拌桩将污染场地隔离并阻止其扩散，其又分为主动隔离和被动隔离。固化/稳定化是指将废弃物或污染物与胶凝材料混合，同时通过物理和化学手段降低污染物质的淋滤能力，从而将有害物质转化为环境可接受的材料。其中，固化是针对物理修复过程而言的，是指将液体、泥浆或其他一些物理性质不稳定的有害废弃物转化为稳定的固体；稳定化则是针对化学修复过程而言的，是指通过化学方法减少土中污染物质的溶解度、迁移性，将其转化为化学惰性的物质，从而减少这些废弃物的毒害性。

1.2　搅拌桩发展历史

1.2.1　搅拌桩国内外发展过程

得益于其独特的工程特性及广泛的适用范围，搅拌桩在国内外已经有了上百年的应用经验和发展历史。随着搅拌桩工程规模的持续扩大和工程需求的增加，搅拌桩的施工工艺和设备也在不断发展。

20 世纪 20 年代，美国及西欧国家在软土地区修建公路和堤坝时，按照地基加固范围从地表挖取 0.6～1.0m 深的软土，在附近用机械拌入水泥或石灰，然后放回原处压实，这种“浅层搅拌法”的加固深度一般为 1～3m。20 世纪 50 年代中期，美国公司研制开发成功就地搅拌桩（mixed-in-place，MIP）技术，从不断回转的、中空轴的端部向周围已被搅松的土中喷出水泥浆，经翼片的搅拌形成水泥土桩，成功处理深部软土，桩径为 0.3～0.4m，长度达到 10～12m。1953 年日本从美国引入水泥浆搅拌法,并对该工法进行研究和开发。1974 年日本港湾技术研究所等成功研制出水泥搅拌固化法,称之为 CMC（clay mixing consolidation）工法。目前日本陆上的机械为双轴,成孔直径可达 1000mm,最大钻深可达 40m;海上的机械有多种成孔数量类型,成孔直径可达 2000mm,最多一次成孔 8 个,加固深度可达 70m。

粉体喷射搅拌桩则是于 20 世纪 60 年代后期,由瑞典和日本分别提出、开发、推广和应用的。1967 年瑞典工程师提出使用石灰搅拌桩加固 15m 深度范围内的软土地基的设想,并于 1971 年在现场制成一根用生石灰和软土拌成的搅拌桩,次年在瑞典岩土工程研究所的试验场地进行了石灰搅拌桩的载荷试验,1974 年将石灰粉体搅拌桩作为路堤和深基坑边坡稳定措施。瑞典公司还制造出专用的粉体搅拌施工机械,桩径可达 0.5m,最大加固深度为 10～15m。后来,粉喷桩在北欧地区推广使用,并且固化剂由最初的纯石灰发展到“石灰+水泥”及“水泥+其他工业废料”等。北欧地区最常用的粉喷桩施工机械是单搅拌轴,桩体直径为 0.5～1.2m（多为 0.6～1.0m）,最大加固深度可达 30m。

1968 年日本港湾技术研究所参照 MIP 工法的特点,开始研制石灰搅拌施工机械,分别研制成了两类石灰搅拌机械,形成两种施工方法:一类为使用颗粒状生石灰的深层石灰搅拌（deep lime mixing,DLM）法;另一类为使用生石灰粉末的粉体喷射搅拌（dry jet mixing,DJM）法。日本粉喷搅拌机械有单轴和双轴两种,成孔直径为 800～1000mm,钻孔深度为 15～33m。我国国内的粉喷机械成孔直径为 500～700mm,最大钻孔深度为 18m。

由于搅拌桩最大限度地利用原土,因此其对软土的加固效果良好;施工过程中无扰动、无污染,对周围环境及建筑物无不良影响;根据设计需要,可灵活地采用柱状、壁状、格栅状和块状等平面布置加固形式;在一定范围内根据需要,调整固化剂用量,可得到不同强度的固化土。综上,搅拌法加固软土地基技术在瑞典、芬兰、挪威、法国、英国、德国、美国、加拿大等国家得到了广泛应用。

我国于 1977 年由冶金部建筑研究总院和交通部水运规划设计院进行了室内试验和机械研制工作,并于 1978 年底制造出国内第一台 SJB-1 型双搅拌桩轴中心管输浆的搅拌机械。目前 SJB-2 型的加固深度可达 18m。1980 年,天津机械施工公司与交通部第一航务工程局科研所对日本螺旋钻孔机械进行改装,开发了单轴搅拌和叶片输浆型搅拌机,水泥土搅拌桩在全国迅速得到了推广应用。1994 年上海探矿机械厂生产了 GDP-72 型双轴深层搅拌机,加固深度可达 18m,成孔直径为 700mm。2002 年为配合型钢搅拌墙（soil mixing wall,SMW）工法研制生产出三轴钻孔搅拌机 ZKD65-3 和 ZKD85-3,钻孔深度可达 27～30m,钻孔直径为 650～850mm。

我国铁道部第四勘测设计院于 1983 年初开始进行石灰粉搅拌法加固软土的试验研究。1988 年,铁道部第四勘测设计院与上海探矿机械厂联合研制成功 GPP-5 型粉体喷射搅拌机,并通过铁道部和地质矿产部联合鉴定后投入批量生产。以后铁道部武汉工程机械研究所和上海华杰科技开发公司也先后制造出既能喷粉又能喷浆,全液压步履式的 PH-5 和 GPY-16 型单轴粉喷桩机。

工程实践证明,搅拌桩是一种具有很大推广价值的软土地基加固技术,已广泛应用于铁路、高等级公路、市政工程、工业民用建筑等的地基处理中。冶金工业部颁发的《软土地基深层搅拌技术规程》(YBJ 225—1991)、住房和城乡建设部颁发的《建筑地基处理技术规范》(JGJ 79—2012)中均对水泥土搅拌桩的工程应用进行了较详细的规定。2013 年住房和城乡建设部颁发的《复合地基技术规范》(GB/T 50783—2012)也对深层搅拌桩复合地基技术进行了详细规定,促进了该技术的应用发展。水泥土搅拌桩已成为我国目前应用极为广泛的软土地基处理技术之一。

1.2.2　双向搅拌桩技术

我国自 1977 年引进搅拌桩技术以来,与国外一样,一直采用单向搅拌工艺。国内外传统搅拌桩采用的传统单向搅拌工艺存在下列问题[24]:

1)单向搅拌工艺导致常规搅拌桩施工中土压力、孔隙水压力、喷浆压力相互作用,造成水泥浆沿钻杆上行,冒出地面形成"溢浆",影响水泥土搅拌桩桩体中的水泥掺入量,因而桩身强度不高且上下不均匀。

2)单向搅拌工艺受力不对称,水泥与土搅拌不均匀,水泥土中有大量成块的土团和成块的水泥凝固体,因而固化反应不完全,导致搅拌桩水平方向不够均匀,强度离散性大。

3)单向搅拌工艺容易引起地下孔隙水压力积聚,且呈螺旋式上升,导致深部喷口处压力大,喷粉喷浆不畅,因而深部强度低,有效加固深度一般只有 15m 左右,且对周围扰动影响大。

针对传统单向搅拌桩在工程建设中存在的诸多问题,刘松玉等[25]和东南大学[26-27]研制出了双向水泥土搅拌桩及其施工工艺。双向搅拌桩是指在成桩过程中采用同心双轴钻杆,由动力系统带动分别安装在内、外同心钻杆上的两组搅拌叶片,同时正、反方向双向旋转搅拌水泥土形成的水泥土搅拌桩。双向搅拌桩搅拌头装备可通过对常规搅拌桩成桩机械的动力传动系统、钻杆及钻头进行改进而成;也有整机成套双向搅拌桩机,如图 1.1 所示,其核心部分为内、外嵌套同心双重钻杆,实现双向同时搅拌的动力箱体、双向搅拌桩搅拌头等。

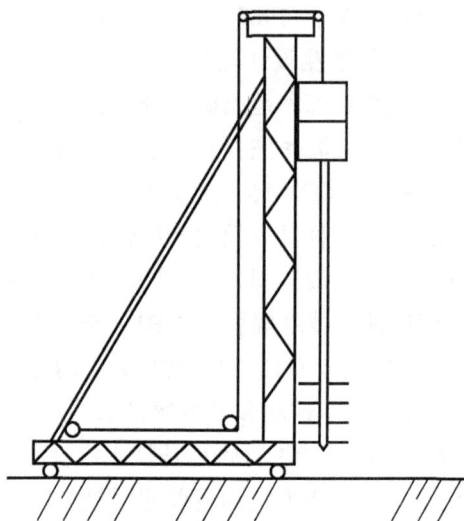

图 1.1　双向搅拌桩机

双向搅拌技术具有下列独特优点：

1）双向搅拌头是在内钻杆上设置正向旋转搅拌叶片并设置喷浆口，在外钻杆上安装反向旋转搅拌叶片，其外钻杆上叶片反向旋转可以起到压浆作用，有效阻断水泥浆上冒途径，无溢浆现象，保证了水泥掺入量。

2）正、反向旋转叶片把水泥浆控制在两组叶片之间，同时双向搅拌水泥土，使水泥和土体强力拌和，充分发生固化反应，因而搅拌全面均匀，桩身强度提高。

3）双向搅拌工艺受力对称稳定，地下孔隙水受力基本相抵，有效降低了超静孔隙水压力积聚，减小了浆（粉）喷孔口围压，保证了浆（粉）喷特别是深部的顺畅性，因而保证了深部加固效果，且减少了对周围环境的扰动影响。

4）双向搅拌工艺使打桩机架受力稳定，可提高地基加固深度至 30m。

5）双向搅拌工艺只需二搅一喷工艺，完全满足水泥与土拌和次数的需要，比常规搅拌桩的四搅二喷工艺可提高一倍工效。

已有工程实践表明：采用双搅工艺施工时地面无冒浆现象，桩身强度沿深度分布均匀，且较常规搅拌桩有明显的提高，搅拌桩桩长可达 30m。

双向搅拌桩施工步骤如图 1.2 所示，具体如下：

1）双向搅拌机就位［图 1.2（a）］：双向搅拌机到指定桩位并对中。

2）切土喷浆、搅拌下沉［图 1.2（b）和（c）］：启动搅拌机，使搅拌机沿导向架向下切土，同时开启送浆泵向土体喷水泥浆，两组叶片同时正、反向旋转（外钻杆逆时针旋转，内钻杆顺时针旋转）切割、搅拌土体，搅拌机持续下沉，直到设计深度，在桩端应就地持续喷浆搅拌 10s 以上。

3）提升搅拌［图 1.2（d）］：搅拌机提升，关闭送浆泵，两组叶片同时正、反向旋转搅拌水泥土，直到地表或设计桩顶标高以下 50cm。

4）完成单桩施工［图 1.2（e）］。

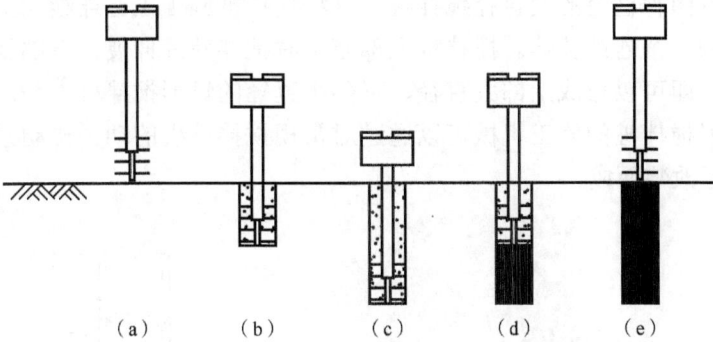

　　（a）　　　　（b）　　　　（c）　　　　（d）　　　　（e）

图 1.2　双向搅拌桩施工步骤

1.2.3　搅拌桩新技术

1. 钉形搅拌桩

钉形搅拌桩技术是在双向搅拌桩技术基础上开发研制成功的，即钉形搅拌桩采用双向搅拌工艺，通过搅拌叶片的自动伸缩，改变搅拌桩的桩径，形成钉形搅拌桩，如图 1.3 所示。钉形搅拌桩机设备主要有底盘、支架、箱体、同心双轴钻杆、自动伸缩钻头等。钉形搅拌桩机的叶片宽度为 80～100mm，叶片厚度为 25～40mm，叶片倾角为 10°～15°。

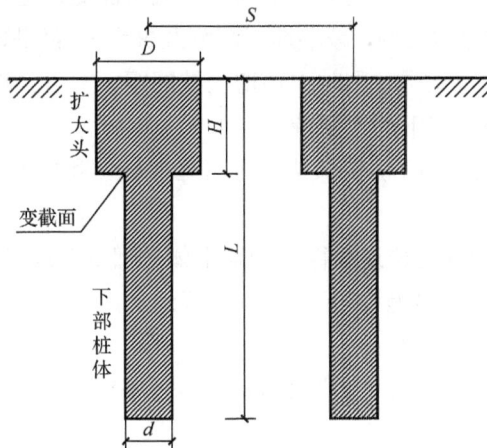

图 1.3　钉形搅拌桩

注：H 为扩大头高度，L 为搅拌桩长度，D 为扩大头直径，d 为搅拌桩桩径，S 为搅拌桩间距。

钉形搅拌桩搅拌叶片如图1.4所示，其可以利用土压力原理自动伸缩，即在施工过程中通过改变搅拌轴旋转方向，使搅拌叶片在土压力作用下自动伸缩。该搅拌叶片可在地面以下任意深度处伸缩为两种不同的半径，从而可以施工形成单桩具有两种桩径的变直径搅拌桩。这种搅拌桩施工工艺连续、工效高，可确保桩体为一个连续整体。搅拌桩上部施工时搅拌叶片伸展，下部施工时搅拌叶片收缩，即可以形成上部大直径、下部小直径的钉形搅拌桩[28-31]。需要说明的是，钉形搅拌桩的施工机械可以通过对常规搅拌桩机的动力传动系统、钻杆和叶片进行改装而成。

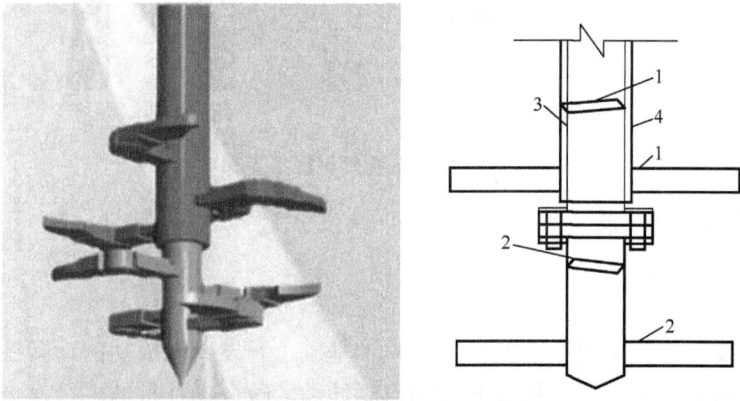

1—反向旋转搅拌叶片；2—正向旋转搅拌叶片；3—内钻杆；4—外钻杆。

图1.4　钉形搅拌桩搅拌叶片

在路堤荷载作用下，钉形搅拌桩上部的扩大头能更好地发挥路堤填土的土拱效应，提高桩体荷载分担比例，减小地表沉降及桩土差异沉降，提高路堤稳定性，不需在顶部设置加筋及垫层，同时大幅增大桩间距，节省工程造价。已有工程实践表明，钉形搅拌桩具有下列主要特点：

1）在上覆荷载的作用下，扩大头部分可确保桩体和桩周土协调变形，达到更佳的复合地基效果；

2）充分利用土中应力传递规律，加强土体上部复合地基强度；

3）对于柔性荷载（路堤），扩大头能更好地形成土拱，充分利用土拱效应作用，提高桩体荷载分担比例；

4）搅拌桩类似钉子形状，能有效协调复合地基变形，不需在顶部设置加筋及垫层；

5）扩大头作用可大大提高单桩承载力，成倍增大桩间距，节省工程造价；

6）钉形搅拌桩施工连续，一次成桩，施工方便，利于推广。

2. 整体搅拌加固技术

整体搅拌加固技术是 20 世纪 90 年代初期由芬兰的建筑公司提出的，主要用于加固有机质土和疏浚土等软土。整体搅拌加固技术的施工机械由挖掘机改造而成，其配套设备包括灰罐、空气压缩机及搅拌工具，如图 1.5 所示。加固剂（如水泥）的输入方法和粉喷桩一样，通过高压空气注入土中时水平向和竖直向同时搅拌，提高了固化土的搅拌均匀程度。搅拌头的直径通常为 600～800mm，加固深度一般小于 5m。

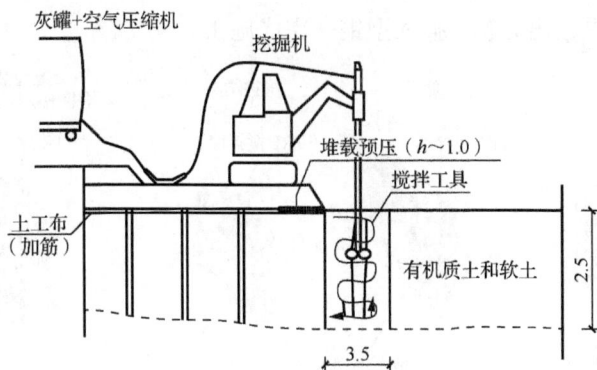

图 1.5　整体搅拌加固技术（单位：m）

注：h 为预压路堤厚度。

3. SMW 工法

SMW（型钢搅拌墙）工法是一种在连续套接的三轴水泥土搅拌桩内插入型钢形成的复合挡土截水结构，最早由日本成幸工业株式会社开发，如图 1.6 所示。该工法利用三轴搅拌桩钻机在原地层中切削土体，同时钻机前端低压注入水泥浆液，与切碎土体充分搅拌形成截水性较高的水泥柱列式挡土墙，在水泥土浆液尚未硬化前插入型钢。常用钻机受制于桩架的高度，一般桩长在 20 多米，采用 JB-160 步履式桩架时桩长可达 33m 左右。为适应越来越深的基坑止水帷幕施工，章兆熊等[32]通过引进 MAC-240-3B 大功率动力头，可以续接钻杆的长度和适应硬层钻进的锥形镶齿螺旋钻头及整套施工技术，开发复杂地层超深三轴水泥土搅拌桩技术，可施工超过 50m 的深桩。

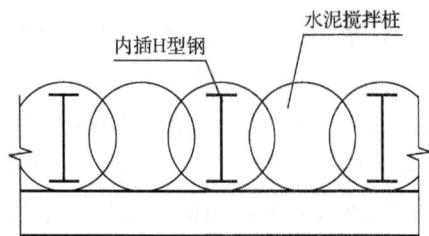

图 1.6　SMW 工法搅拌桩

4. TRD 工法

TRD（trench cutting re-mixing deep wall method，渠式切割等厚度水泥土搅拌墙施工）工法由日本于 1993 年研发成功，如图 1.7 所示。该工法将链式切削器插入土中，靠链式切削器的转动沿水平方向切削前进，形成连续的沟槽；同时，将固化液从切削器端部喷出，与土在原地充分混合搅拌，形成水泥土地下连续墙。TRD 工法的工艺流程如下：施工机具就位→切割道具自行打入挖掘→水泥土搅拌造墙→切割道具拔出分解→插入型钢→完成施工。

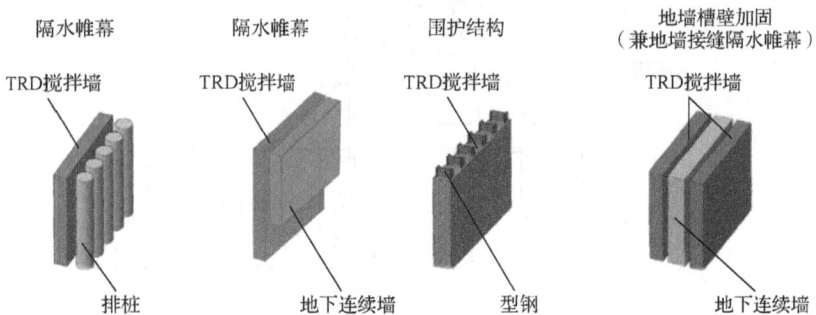

图 1.7　TRD 工法

由于 TRD 工法是一种直线切削土体的方法，在墙体转角处需将切割刀具从土中提出，调整方向后重新打入土体，进行切削成墙作业，因此导致 TRD 工法转角施工困难，在圆形等特殊形状的基坑中施工效率低。目前我国使用的 TRD 施工机械主要依赖进口，导致该工法经济性较差。另外，由于施工机械和施工工艺限制，该工法施工机械没有向下切割地层的能力，在坚硬土层中往往需要借助旋挖机辅助施工。但与 SMW 工法相比，其施工墙体的连续性、均质性是 SMW 工法无可比拟的，且施工机械高度低，芯材插入不受断面与间距限制，施工效率更高。

5. 混凝土芯水泥土搅拌桩

混凝土芯水泥土搅拌桩是在水泥土搅拌桩中及时插入小直径预制混凝土桩而形成的复合材料桩，预制内芯桩可以是方桩、管桩，也有采用现浇小直径灌注桩。水泥土搅拌桩施工方便，造价低廉，其较大的侧表面积是桩侧摩阻能够充分发挥的前提；而预制钢筋混凝土桩作为内芯，其较高的桩身强度保证了桩体自身不被压坏，使得桩侧摩阻能够向深处发挥。因此，混凝土芯水泥土搅拌桩综合了水泥土搅拌桩和钢筋混凝土桩各自的长处，实现了桩身强度和桩周（端）土承载力的良好匹配。混凝土芯水泥土搅拌桩软基处理方法具有加固面积大、协调变形能力强、应力相对比较均匀等优点，与一般的软基处理方法相比可以更好地控制变形，减小累计沉降，因此是一种既能满足设计对沉降和承载力的要求，又能达到经济有效目的的处理方法。混凝土芯水泥土搅拌桩最早由沧州市机械施工有限公司研制，后经工程技术人员一系列室内试验、现场试验研究，探明其受力特性、设计及施工方法后逐步推广应用，全国多个地区也相继出台相关规范。

6. 长板-短桩工法

在高速公路工程建设中，对于深厚软土地基的处理，如果单独采用排水固结法或水泥土搅拌桩处理，一般难以取得令人满意的效果。为此，同济大学叶观宝等[33]提出了采用水泥土搅拌桩与塑料排水板（或砂井）排水固结联合处理的方法（因桩较短，而塑料排水板较长，故简称长板-短桩工法）。与水泥土搅拌桩复合地基和塑料排水板排水固结法相比，该工法既有效地利用了高速公路建设固有的预压期，较好地解决了地基沉降问题，又充分发挥了两种方法的长处，不失为一种行之有效的方法。该工法已经应用于江苏省淮盐高速公路软土地基处理等工程。

长板-短桩工法加固机理如下：一方面在地表一定深度范围内，利用水泥土搅拌桩与桩间土共同组成复合地基，提高复合层的承载力和地基复合模量，并减小地基的总沉降量；在高速公路填土期，由于复合层稳定性的提高，理论上可以加快填土速率。另一方面将塑料排水板打穿上部复合层，插入深部软土层，给固结层提供排水通道，缩短排水路径，有利于固结层和下部未加固层的排水固结；由于短的搅拌桩质量易于保证，其刚度比周围土体大得多，因此在上部附加填土荷载作用下，有利于附加应力向深部软土层传递，可加速下部软土层的排水固结。

7. 粉体喷射注水搅拌工法

当地基土的天然含水率小于 30%（黄土含水率小于 25%），或者具有较薄的硬土层等情况时，粉体喷射搅拌工法难以施工，且水泥不能充分水化，因此不能取得理想的加固效果。基于此，Gunther 等[34]提出了粉体喷射注水搅拌工法。

粉体喷射注水搅拌工法就是在传统粉体喷射搅拌工法施工时，通过特定的导管向土体中喷入一定量的水，调整黏土的液性指数或者砂土的含水率，从而加固常规粉体喷射搅拌工法不能加固的某些土体。粉体喷射注水搅拌工法施工机械在常规的粉喷桩机基础上改装而成，改进了粉喷桩机搅拌头，增加了一个水泵、一个水管及喷水量控制计量装置。水和水泥通过不同导管、不同的喷口喷入土中，这样可以防止喷口阻塞。应该注意的是，粉体喷射注水搅拌工法中，喷入土中的水泥用量应该考虑土中天然含水率和加入的水量，通过水泥土的室内配合比试验确定。

粉体喷射注水搅拌工法和常规的粉体喷射搅拌工法相比，其优越性主要表现如下：具有更加广泛的适用范围；提高土中的含水率以后，可以提高施工搅拌效益。尽管土中水灰比的加大会降低水泥土强度，但是搅拌效益的提高可以增加水泥土的均匀性，包括沿桩土截面和沿桩体深度，综合考虑这两方面，反而增加了桩体强度。

1.3　搅拌桩用于软土边坡抗滑加固的可行性分析

1.3.1　软土的工程特性

软土包括淤泥、淤泥质土、泥炭、泥炭质土等，在我国分布广泛，如天津、上海、杭州、宁波、温州、厦门、广州等沿海地区，以及昆明、武汉等内陆地区。

软土主要由细粒土组成，同时在不同程度上还有有机质和腐殖质。软土是水流作用下的近代细粒沉积物，按成因类型可分为沿海软土、内陆软土、湖相沉积软土和沼泽相沉积软土。虽然各地软土成因有所不同，但其有一些共同的物理力学特性，具体如下：

1）天然含水率高，天然孔隙比大。据统计，软土的含水率一般为 35%～80%，孔隙比为 1～2。

2）抗剪强度低。软土的天然不排水抗剪强度一般小于 20kPa。

3）压缩性高。软土的压缩系数为 0.5～1.5MPa^{-1}，有些高达 4.5MPa^{-1}，且其压缩性往往随着液限的增大而增加，会导致建筑物沉降量大。

4）透水性差。软土的渗透系数一般为 10^{-8}～10^{-5}mm/s。

5）固结系数小，排水固结时间长，在加荷初期往往出现较高的孔隙水压力。

6）具有触变性。软土一旦受到扰动（振动、搅拌或搓揉等），其絮状结构受到破坏，土的强度显著降低，甚至呈流动状态，特别是滨海相的软土。软土的触变性会引起软土地基侧向滑动、沉降及基底在两侧挤出等。

7）流变性显著。其长期抗剪强度只有一般抗剪强度的 0.4～0.8 倍，对地基沉降有较大影响，对边坡、堤岸、码头等地基稳定不利。

8）承载力低。软土地基承载力一般为 20～100kPa，如不进行地基加固处理，则很难满足工程需要。

9）不均匀性。受沉积环境的影响，软土层中夹薄层粉土、黏性土或粉细砂，水平和垂向不均匀，各向异性明显，物理力学性质相差较大。

软土边坡在航道工程中广泛分布，但由于软土具有强度低、压缩性高、渗透性差等特点，因此天然软土边坡的稳定性难以满足工程的需求。软土层的低强度和流变特性是影响岸坡稳定的关键性因素，需要对软土边坡进行加固处理。工程案例表明，由于软土的流变性显著，软土会绕桩发生塑性流动，锚杆、抗滑桩等常用边坡加固方法无法充分发挥作用。

1.3.2　搅拌桩在软土边坡加固中的要求

搅拌桩复合地基是软土加固处理的常用方法之一，广泛应用于高速公路等交通工程中，近些年也开始在大范围的软土边坡工程中推广应用[35-38]。

路基工程中，为了反映施工实际情况，相关规范将不同深度的桩采用不同的要求，这种评价标准对路基等沉降控制工程具有一定合理性。例如，《水泥搅拌桩施工工艺及质量验收标准》（QB/BY 10301—2003）、《公路工程水泥搅拌桩成桩质量检测规程》（DB32/T 2283—2012）等都是采用成桩 28d 后取样进行抗压强度试验和现场标准贯入试验结果（Standard Penetration Test，SPT）作为质量控制标准，在标准中将 0～5m、5～10m 和 10m 以下分 3 段并进行不同标准来分别打分从而判断桩身质量。

搅拌桩工程中，通常要求搅拌桩的桩长、桩径、水泥掺入量、桩身强度、承载力等指标达到设计要求。表 1.1 为双向湿喷桩质量检验标准。

表 1.1　双向湿喷桩质量检验标准

项目	序号	检查项目	容许偏差值		检查方法	检查频率
			单位	偏差值		
保证项目	1	桩径	不小于设计值		钢卷尺量测	≥2%
	2	桩长	不小于设计值或电流、钻进速度控制值		钻芯取样结合施工记录	100%
	3	水泥掺入量	不小于设计值		查施工记录	100%
	4	桩身强度	不小于设计值		标准贯入试验和强度试验	≥0.5%
	5	承载力	不小于设计值		载荷试验	≥0.1%
	6	水泥质量	符合国家标准		送检	

续表

项目	序号	检查项目	容许偏差值		检查方法	检查频率
			单位	偏差值		
一般项目	1	提升和下沉速度	±0.05m/s		测单桩下沉和提升时间	10%
	2	水灰比	±0.05g/cm³		测水泥浆比例	每台班不少于一次
	3	外加剂	±1%		按水泥质量比计量	
	4	喷浆量	±1%		标定	每台泵一次
允许偏差项目	1	桩位	±50mm		钢卷尺量测	2%
	2	垂直度	1%		测机架垂直度	5%
	3	桩顶标高	+30mm、−50mm		扣除桩顶松散体	2%

实际上，软土边坡加固工程对水泥搅拌桩的桩身强度和桩身强度在桩长范围内的均匀性都提出了更高的要求。这是因为边坡工程等抗滑稳定控制的工程中，搅拌桩加固体作为提高土体抗滑的主要措施，需要在滑动范围内达到一定的抗滑能力。搅拌桩体的质量薄弱部位将是边坡可能失稳区域，为避免因桩体质量薄弱导致的边坡失稳，要求在全部搅拌桩深度范围内，桩身质量都必须达到设计的强度要求，即桩身抗剪强度在全部桩长范围内均匀可靠。现有水泥搅拌桩质量检测规范中按不同深度采用不同强度标准对桩身质量进行评定的方法，不能达到边坡工程水泥搅拌桩质量控制的要求。

因此，搅拌桩在边坡加固工程中，不仅要满足桩长、桩径、承载力等搅拌桩质量检验标准，也要满足桩身强度及桩身强度在桩长范围内的均匀性要求。

1.3.3　搅拌桩加固软土边坡工程应用研究

赵世波[39]介绍了水泥搅拌桩在广东肇庆市某边坡治理工程中的应用。广东省肇庆市某软土边坡典型填方边坡断面如图1.8所示，工程范围内有大量的软弱淤泥质土，面积约8200m²，厚度为2.10~8.40m。根据规划设计的边坡高度及场地用地范围条件，边坡分级放坡的坡率可控制在 1:2.5~1:2，按允许放坡坡比进行分级放坡，整体稳定性可满足规范要求。由于填方边坡下部存在软土，边坡的整体稳定系数仅为 0.813~1.13，因此无法满足规范及设计要求，边坡在回填到设计标高前即可能发生整体滑移失稳。采用格栅型水泥搅拌桩对坡脚进行加固、挡土，防止边坡施工过程坡脚滑移侵占农田；采用塑料排水板/排水砂桩+强夯进行动力排水固结，并联合采用深层搅拌桩进行软土加固处理。处理后的地基在高填方堆载下，地基上边坡的稳定系数由 0.838 变成 1.334，下覆地基强度明显提高。

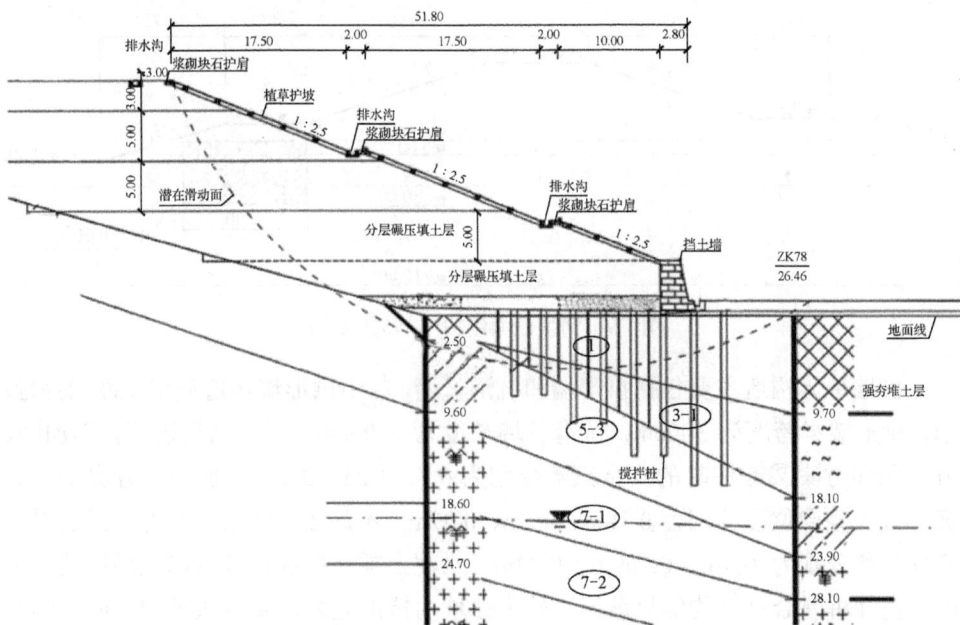

图 1.8　广东省肇庆市某软土边坡典型填方边坡断面（单位：m）

陈哲和武建峰[40]介绍了搅拌桩加固某在建核电厂厂区一填方边坡工程，该边坡高 0～14m，长约 650m，回填高度较高，且填方边坡所在场地存在较厚淤泥层。综合考虑施工难易程度、征地范围、对周围的噪声影响等因素，确定采用水泥土搅拌桩对填方边坡软土地基进行处理，以保证边坡稳定性。设计计算结果显示，搅拌桩加固后软土边坡的抗滑能力和抗倾覆能力都有所提升，安全系数得到提高，搅拌桩加固方案是可靠有效的。另外，相同工程量条件下，采用格栅型水泥土搅拌桩比采用非格栅型水泥土搅拌桩有利于提高边坡稳定性。

仲曼等[41]介绍了搅拌桩加固南水北调金湖站河堤边坡的应用，河堤断面结构如图 1.9 所示。坝顶设计高程为 15.0m，场地内标高 6.5～15.0m 为填土层。标高 5.0～6.5m 为杂填土，工程性质一般；标高 2.0～5.0m 为淤泥质粉质黏土，含水率大，强度低，压缩性高；标高 2.0m 及以下为黏性土，工程性质较好。淤泥质粉质黏土为软弱土层，压缩性高，强度低，边坡整体稳定安全系数为 0.7，不能满足规范和设计要求。采用有限差分程序 FLAC 对两种边坡加固方案进行了对比分析，加固方案如下：

方案①：以 120cm 和 160cm 间距布置梅花形水泥搅拌桩，桩体须进入黏土层中 2m；

方案②：搅拌桩桩间搭接 20cm 形成桩墙，墙厚 70cm，桩体进入黏土层中 2m。

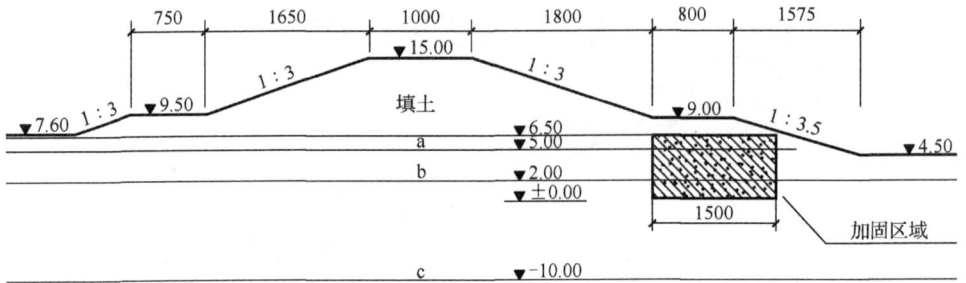

图 1.9 河堤断面结构（单位：cm）

桩墙单体构造主要包括拱形墙和抗滑长墙，其中拱形墙构造采用 180°的圆弧形，拱形墙半跨度为 300cm；抗滑长墙长度为 1500cm。对比结果表明，不加固、方案①和方案②破坏时的安全系数分别为 0.7、1.25、2.5，不加固、方案①和方案②最大竖向位移分别为 0.38m、0.2m、0.07m，不加固、方案①和方案②的最大侧向位移分别为 0.4m、0.169m、0.04m。水泥土搅拌桩连拱抗滑墙加固边坡与水泥土搅拌桩复合地基均能显著提高软土边坡的抗滑能力，减少边坡的竖向和侧向变形，其中搅拌桩连拱抗滑墙的加固效果更优。

梁政林等[42]介绍了饱和软土地基上高填方边坡工程中的搅拌桩加固应用。华润水泥（封开）有限公司 6×4500t/d 熟料水泥生产线软土地基处理及高边坡治理工程位于广东省肇庆市封开县长岗镇厂区北面，高填方边坡平面呈 L 形，纵向总长约 590m，分为北段和西段。其北段纵长 324m，坡高 32.5～41.5m；西段纵长 266m，坡高 30.0～34.0m，对边坡的整体变形要求较高。建设场地属丘陵低洼谷地地貌单元，地形复杂。在北段边坡前缘饱和淤泥土层上的填土厚度为 0.70～4.0m，呈松散状；在中后部填土厚度为 4.0～7.0m，呈稍密状。其中，北段边坡采用"高压旋喷桩+桩间排水砂井"和"水泥搅拌桩+桩间加插塑料排水板"进行联合处理，设计剖面图如图 1.10 所示。工程实施过程中及竣工后，均对孔隙水压力、竖向变形、深部位移、桩身水平位移及边坡变形等进行了监测，结果表明施工过程边坡水平位移量最大为 57mm，沉降量最大为 55mm；位移及沉降曲线逐渐变缓，总体趋于稳定；竣工后沉降量最大为 10mm，水平变形量最大为 21.5mm；深部位移量为 5～12mm，变化速率每天小于 0.2mm，位移量小，没有出现较大的突变性位移。后期监测报告评价及工程运行至今使用状况良好，表明边坡工程稳定。经 3 年来的投入使用和实际跟踪监测，整个边坡及其坡顶上附属建筑（构）物均运行正常，边坡位移变形量小，满足工程正常使用要求，其地基加固效果和边坡体结构质量可靠。

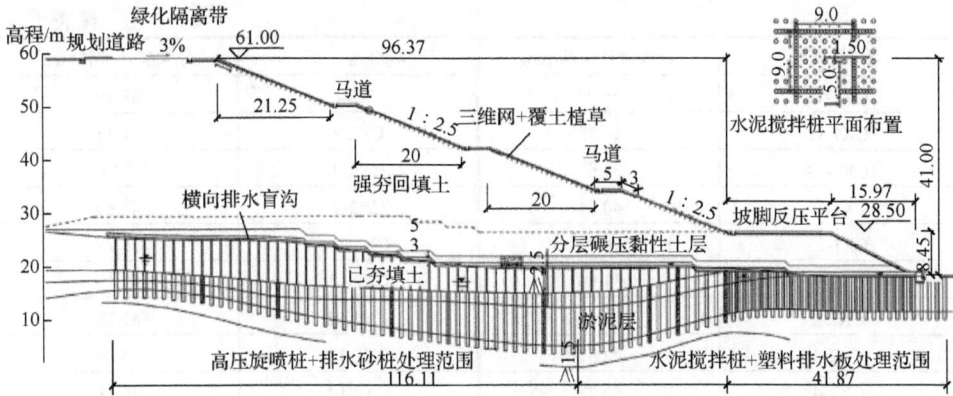

图 1.10　北段边坡工程设计剖面图（单位：m）

杨林船闸位于江苏省太仓市，杨林塘航道起自申张线上的巴城镇，流经苏州市的昆山和太仓，至长江杨林口结束，整治前全长约 41km，是《江苏省干线航道网规划》"两纵四横"的连申线苏南段的重要组成部分，现状为七级航道，规划等级为三级。杨林塘船闸工程是在现有河道的北侧新开挖航道工程，在航道的北侧需要新建长达 1700m 的与长江堤防相连的防洪大堤。由于场地条件的限制，本工程大堤边坡大致为 1：3，在软基上开挖并加高地面形成防洪大堤，大堤边坡稳定性不足。在综合考虑北大堤边坡加固措施和工程费用的情况下，北大堤边坡设计采用双向水泥搅拌桩进行超深厚软土加固。场区处于长江新三角洲平原工程地质区，区内近 40m 以浅连续分布有淤泥、淤泥质（粉质）黏土、淤泥质（粉质）黏土夹粉砂薄层及稍密～中密状态粉砂。

为了对改进双向水泥土搅拌桩的加固效果进行评价，对北大堤段进行了深层水平位移观测。现场监测是保证边坡稳定性的重要手段，可以及时发现险情，做出应急措施，避免损失。监测点布置如下：工程软土深度超过 40m，边坡高度约 11m，按照可能滑坡范围分析，深层水平位移孔深达到 30m 即可保证孔底作为不动点。下游北大堤长度达到 1700m，在直线段间隔约 100m 设置 1 个监测断面，共设置 15 个观测断面。每个观测断面设置两个深层水平位移孔，分别布置在 3.0m 高程迎水坡侧和 0.0m 平台上。边坡土体深层水平位移监测点共计 30 个，各监测点最大累计位移见表 1.2。

表 1.2　测斜孔最大累计位移

测斜孔孔号	最大累计位移/mm	测斜孔孔号	最大累计位移/mm
CX1-1	70.46	CX1-6	39.80
CX1-2	63.31	CX1-7	24.98
CX1-3	56.68	CX1-8	35.67
CX1-4	22.66	CX1-9	28.52
CX1-5	47.94	CX1-10	7.24

续表

测斜孔孔号	最大累计位移/mm	测斜孔孔号	最大累计位移/mm
CX1-11	15.92	CX2-6	38.19
CX1-12	16.73	CX2-7	11.37
CX1-13	39.63	CX2-8	7.24
CX1-14	40.31	CX2-9	44.80
CX1-15	46.89	CX2-10	65.79
CX2-1	31.06	CX2-11	42.19
CX2-2	31.06	CX2-12	61.38
CX2-3	42.51	CX2-13	63.86
CX2-4	20.77	CX2-14	20.11
CX2-5	37.26	CX2-15	36.82

3m 平台外侧测斜孔 CX1-5 于 2014 年 10 月 25 日观测初值，至 2016 年 2 月 4 日共进行了 150 次深层水平位移观测，最大累计水平位移为 47.94mm，最大位移发生在距孔口 16m 深度（高程-12.05m）处。0.0m 平台外侧测斜孔 CX2-5 于 2014 年 12 月 20 日观测初值，于 2015 年 6 月 17 日被水淹没无法观测，至 2015 年 6 月 17 日共进行了 87 次深层水平位移观测，最大累计水平位移为 37.26mm，最大位移发生在距孔口 4.5m 深度。监测结果表明，水泥土搅拌桩能够有效加固深厚软土边坡，保证护岸边坡稳定性。

本 章 小 结

本章介绍了搅拌桩技术发展历史、原理及分类，搅拌桩的适用范围，包括适用土质、加固深度以及适用工程类型；归纳了几种搅拌桩新技术，如整体搅拌技术、SMW 工法、TRD 工法、混凝土芯水泥土搅拌桩、长板-短桩工法、钉形搅拌桩、粉体喷射注水搅拌工法等。另外，根据软土的工程特性及边坡工程加固需求，结合典型案例分析了搅拌桩加固软土边坡的可行性，为相关工程提供了参考。

第2章 搅拌桩用于软土边坡质量检测规范及评价方法

随着深层搅拌法的应用，越来越多的技术研究与工程实践也不断深入，社会对于搅拌桩的特性研究及认识也随之增强，有利于我国地基处理的发展。但目前搅拌桩成桩质量不均匀、强度不达标的现象仍有发生，土体性质、施工质量、施工人员素质及器械等都会影响搅拌桩的质量，如果没有合适的质量控制方法、做到因地制宜地改进，搅拌桩质量问题还是难以避免。目前检测水泥搅拌桩的方法有很多，有着各自的优点和缺点，常规方法主要有挖桩检查、轻型动力触探、荷载试验、钻芯取样和标准贯入试验等。各类搅拌桩有关规范采取了不同的手段和方法对搅拌桩进行质量控制和质量检测，在路基工程中取得了大量的应用和验证。但边坡加固工程对搅拌桩的桩身强度及其均匀性都有更高的要求，因此需要对边坡工程中搅拌桩的质量控制和检测方法做进一步探讨。

2.1 搅拌桩质量问题

水泥搅拌桩在施工过程中容易出现质量问题，水泥搅拌桩属于隐蔽工程，不易监控，施工质量控制难度较大，质量评定规范不完善。同时，国内的水泥搅拌桩大多采用国产的轻型施工机械，这些机械的质量控制装置较为简陋，施工质量的保证很大程度上取决于机组人员的素质和责任心。单向搅拌叶片容易导致以下问题[43]：

1）水泥土搅拌不均匀；

2）水泥浆在桩体中分布不均匀，特别是下部水泥浆掺入量达不到应有的要求；

3）在土压力、孔隙水压力、喷浆压力的相互作用下，水泥浆沿钻杆上行，普遍存在地面冒浆现象，影响水泥浆掺入量；

4）在黏性土施工时可能在钻头上形成土团并与钻头同心转动。

随着施工队伍和施工技术的发展,施工质量良莠不齐,大量的工程实践表明,水泥搅拌桩质量存在着不少问题,主要表现在水泥掺量过少,抽芯不成形;水泥与土搅拌不均匀,导致局部水泥含量少或无水泥;桩长达不到设计要求或者桩身出现断桩缩颈现象;水泥含量和搅拌均匀性随深度增加而降低,通常经验是地面以下 5m 范围内桩身质量较好,10m 以下强度很低。

2.2　搅拌桩常用质量检测方法

目前检测水泥搅拌桩的方法有很多,常规方法主要有挖桩检查法、钻芯取样法、静力触探试验法、轻型动力触探法、标准贯入试验法、静荷载试验法和化学分析法等[44-45],以及低应变动测法、电阻率法等无损检测方法。

1. 挖桩检查法

挖桩检查法一般在成桩 7d 后,采用浅部开挖桩头进行检查,包括查看桩头是否圆匀、搅拌是否均匀、桩顶是否齐平、间距是否均匀,同时可以在桩身一定部位砍取足尺桩头进行强度试验。该方法能够准确检验桩身上部(2~3m)成桩质量,但是工程实践中桩顶往往是施工质量最容易保证的部分,桩身中下部分才是搅拌桩成桩的关键,但该方法很难检测。因此,本方法的检测结果随意性较大,并且开挖和回填天然地层的工程量也较大。

2. 钻芯取样法

钻芯取样法是目前水泥搅拌桩质量检测中常用的方法,通常在成桩 28d 后检测桩身的连续性、桩体搅拌均匀程度和桩身的强度,检测结果能较好地反映水泥搅拌桩的成型质量[46]。但该方法也存在检测时间长、检测费用较高的缺点,无法对水泥搅拌桩施工质量进行动态控制,如检测不合格,常常会造成大面积的返工;同时,由于在取样、运输、切样过程中无法避免对芯样产生扰动,因此检测结果误差较大。

取芯强度检测的试验结果受到多种因素的影响,如人员、设备及运输条件等可控或不可控的因素都会导致取芯强度检测产生误差,从而导致试验结果的所得强度低于实际强度值。钻芯取样法能够有效测定顺着桩长方向桩身强度的具体分布情况,同时也能够一定程度获得桩体结构的均匀程度及连续性,是目前较为准确的检测方法。水泥搅拌桩强度在早期没有较快的增长速度,粉喷桩的强度一般会比浆喷桩的强度更高。

3. 静力触探试验法

静力触探试验法是使用静力触探仪在搅拌桩成桩 7d 后开展静力触探试验,并运用桩身侧壁和锥尖、比贯入阻力等多种静力触探指标对桩体质量进行测定的方法。本方法操作较为简单、高效和经济,在一段时间内可以持续反映桩体长度信息的改变,还能够提高检测者用于高比例抽样的需求。杨龙才和张师德[47]讨论了这一方法在检测搅拌桩质量方面的有效性,给出了比贯入阻力与无侧限抗压强度的经验关系式。静力触探试验法的缺点如下:如果探头贯入比较浅,偏出桩外,就必须重新选择检测位置,需要一直移动静探车,重复一系列操作,这样明显造成了低效率和花费成本更多的结果。

4. 轻型动力触探法

轻型动力触探法是用击数 N_{10} 对桩身质量进行测定的方法,本方法得到广泛的应用和推荐,适应于很多方面。本方法能够评价 4m 以内的桩身质量,优点是具有较好的使用效果,并且操作简便,能够在很多场合应用,还能够应用于对检测对象的高比例抽样检测[48]。检测对象的强度和龄期之间通常存在幂函数关系,龄期增大时,强度增长速度也会加大。

5. 标准贯入试验法

标准贯入试验法实质上是一种动力触探,通常利用标贯击数 $N_{63.5}$ 来判断桩体的质量[49-50]。陈甦[51]对苏嘉杭高速公路苏州南段水泥粉喷桩展开研究,探讨了桩芯强度和标贯击数之间的关系。邓小宁和张明[52]在徐连、汾灌高速、连云港电厂等不同场所开展现场试验,构建了搅拌桩和粉喷桩两种不同桩体的桩身标贯击数和无侧限抗压强度之间的关系方程,分析了强度随深度的变化规律。Porbaha 和 Dimillio[53]实验结果显示,标准贯入试验法难以构建具有一般性的桩身无侧限抗压强度和标贯击数之间的关系规律方程,不过可以建立区域性经验公式;同时,运用相同理论分析了无侧限抗压强度测定的可行方式。

6. 静载荷试验法

静载荷试验法主要包括单桩荷载试验和复合地基载荷试验,可以根据加载速率不同细分为慢速和快速维持两种不同荷载试验法。本方法适合在 28d 龄期之后进行,利用 P-S 曲线分析获得桩体承载力的容许值和极限值。这种方法的优点是测量数据可靠,操作方式清晰,能够测定搅拌桩能否满足承载设计水平。本方法尽管能够通过承载力侧面体现搅拌桩质量,不过用此方法中的承载力是在持续加载负荷的情况下，以薄弱破坏点为标准获得的。这一方法能够适应多种不同的实验情况，监测到薄弱破坏点的强度情况，得到对应承载力。同时，本方法也有其缺陷：无法对桩身连续性、均匀性及完整性进行定量和定性判断；另外，这种方法的效率优势也不明显，工作量比较大，成本无法满足经济预算；同时，这种方法不能检测大面积的实验对象，导致实验结果的可信度不高，因此没有被广泛应用。

7. 低应变动测法

低应变动测法一般应用在混凝土搅拌桩中，后逐渐被一些学者改进推广到水泥搅拌桩的检测中。金公羽[54]和郝小员等[55]对运用本方法测定搅拌桩质量的可行性进行了研究，指出当水泥掺入比大于 10%，成桩至少 28d 之后，才可以使用此方法进行水泥搅拌桩的质量测定。张军和时刚[56]进行了模型分析与数据处理后，对低应变动测法的激振方式、检测时间和设置传感器等问题展开了研究，给出了相应的波形曲线和处理方法。水泥搅拌桩施工工艺不同，各施工单位施工技术参差不齐，采用低应变动测来检验其质量，在工程应用中还没有丰富的经验，这也是造成其没有大规模应用的原因。

8. 电阻率法

电阻率法是依据搅拌桩身电阻率值判断桩质量水平。缪林昌等[57]进行过相关的实验，他们对水泥土和搅拌桩芯的电阻率与抗压强度的相关性进行了研究，实验结果证明电阻与水泥含量及无侧限抗压强度之间存在良好的线性关系。

9. 化学分析法

化学分析法是利用深层搅拌处理前后的被加固土所含特征物质成分的变化进行实验分析，通过实验结果数据判断水泥含量。水泥加固软土的根本机理在于软土内的水溶液或者是黏土矿物中部分活性阳离子和水泥颗粒出现了置换反应或者物理化学反应，产生了新物质。水泥土逐步凝固并发生硬化，软土内出现与原土不同的结晶和凝胶物质，继而改善了性质。分析其中化学反应可知，从其本质构成看，水泥土搅拌的构成颗粒有水泥、土、土中孔隙水等多种物质，建立了三相化学平衡。反应体系可以视作封闭体系，因此反应过程可以视为本体系和外界没有物质交换。由此可知，在此反应之前和之后，体系内只发生物相变化，其化学组成并无变化。所以，通过反应前后的 CaO 占比就能够判定加固水泥含量。根据测定的化学组分比例可以得到水泥占比，继而对搅拌均匀度做出评价，同时为合理判断水泥深层搅拌桩加固软基质量提供可靠依据。

2.3　搅拌桩质量检测规范及存在的问题

2.3.1　搅拌桩质量检测规范采用的质量控制和检测方法

尽管有多种方法可以检测水泥搅拌桩成桩质量,但各个方法都有其不足之处,都很难对桩身质量进行全面评价。为了保证水泥搅拌桩的桩身质量,确保工程的安全,根据工程的重要程度和现场条件,选择两种或者两种以上的检测方法综合判断水泥搅拌桩的质量已经成为一种趋势。本节梳理了公路、建筑、水运等行业相关规范对搅拌桩质量控制和质量检测的规定。

1. 《公路软土地基路堤设计与施工技术细则》(JTG/T D31-02—2013)[58]摘选

1) 加固土桩的固化剂宜采用水泥或石灰,也可采用多种固化材料的混合物,固化剂掺量应根据试验确定。当选用水泥时,宜选用强度等级为 32.5 级的普通硅酸盐水泥,水泥掺量宜为被加固湿土质量的 12%～20%。浆喷法水泥浆的水灰比可选用 0.45～0.55。可根据工程需要和土质条件选用具有早强、缓凝、减水及节省水泥等作用的外掺剂。用石灰作固化剂时,应采用磨细I级生石灰,石灰应无杂质,最大粒径应小于 2mm。

2) 粉喷桩与浆喷桩的施工机械必须安装喷粉(浆)量自动记录装置,并应定期对该装置进行标定。应定期检查钻头磨损情况,当直径磨损量大于 10mm 时,必须更换钻头。

3) 施工前应进行成桩工艺和成桩强度试验。当成桩质量不满足设计要求时,应在调整设计与施工有关参数后,重新进行试验或改变设计。

4) 粉喷桩施工应符合下列规定:

① 施工钻进过程中应保持连续喷射压缩空气,保证喷灰口不被堵塞,钻杆内不进水。钻进速度宜为 0.8～1.5m/min。

② 提升钻杆、喷粉搅拌时,应使钻头反向边旋转、边喷粉、边提升,提升速度宜为 0.5～0.8m/min。当钻头提升至距离地面 0.3～0.5m 时,可停止喷粉。

③ 应根据设计要求,对桩身从地面开始 1/3～1/2 桩长并不小于 5m 的范围内或桩身全长进行复搅,使固化剂与地基土均匀拌和。复搅速度宜为 0.5～0.8m/min。

④ 应随时记录喷粉压力、瞬时喷粉量和累计喷粉量、钻进速度、提升速度等有关参数的变化。当发现喷粉量不足时,应整桩复打,复打的喷粉量应不小于设计用量。当遇停电、机械故障等原因致使喷粉中断时,必须复打,复打重叠桩段长度应大于 1m。当粉料储存容器中剩余粉量不足一根桩的用量加 50kg 时,应在补加后方可开钻施工下一根桩。

⑤ 出现沉桩时，孔洞深度在 1.5m 以内的，可用 8%的水泥土回填夯实；孔洞深度超过 1.5m 的，可先将孔洞用素土回填，然后在原位补桩，补桩长度应超过孔洞深度 0.5m。

5）浆喷桩施工应符合下列规定：

① 浆液应严格按照成桩试验确定的配合比拌制，制备好的浆液不得离析，不得长时间放置，超过 2h 的浆液应废弃。浆液倒入集料斗时应加筛过滤，避免浆内块状物损坏泵体。

② 提升钻杆、喷浆搅拌时，应使钻头反向边旋转、边喷浆、边提升，提升速度宜控制在 0.5～0.8m/min。当钻头提升至距离地面 1m 时，宜用慢速提升；当喷浆口即将出地面时，应停止提升，搅拌数秒，保证桩头搅拌均匀。

③ 应根据设计要求，对地面以下一定深度范围内的桩身进行复搅。复搅速度宜为 0.5～0.8m/min。

④ 应随时记录喷浆压力、喷浆量、钻进速度、提升速度等有关参数的变化。当发现喷浆量不足时，应整桩复打。当施工中因故停浆时，应使搅拌头下沉至停浆面以下 0.5m，待恢复供浆后再喷浆提升。当停机超过 3h 时，应拆卸输浆管路，清洗后方可继续施工，防止浆液硬结堵管。

⑤ 桩机移位前，应向集料斗中注入适量清水，开启灰浆泵，清洗全部管路中残存的浆液，直至管体干净，并将搅拌头清洗干净后，方可移位。

6）加固土桩应按下列要求进行工程质量检验：

① 在成桩 28d 后进行钻探取芯，抽检频率应为总桩数的 1%～2%，取芯位置宜在桩直径 2/5 处。应将代表性芯样应加工成 $\phi \times h = 50mm \times 100mm$ 的圆柱体，进行无侧限抗压强度试验。强度值应达到设计要求。

② 在成桩 28d 或 90d 后进行载荷试验，检验单桩承载力和复合地基承载力，抽检频率应为总桩数的 0.2%～0.5%，且不应少于 3 处。测定的承载力应达到设计要求。

③ 可采用轻型动力触探、静力触探以及反射波、瑞利波等物理勘探方法，对桩的均匀性和完整性进行检查。

④ 其余项目应按表 2.1 的要求检验。

表 2.1　加固土桩质量标准

项次	项目	规定值或允许偏差	检查方法和频率
1	桩距	100mm	抽检 2%
2	桩径	不小于设计值	抽检 2%
3	桩长	不小于设计值	查施工记录并结合钻探取芯检查
4	垂直度	1.5%	查施工记录
5	单桩每延米喷粉（浆）量	不小于设计值	查施工记录

2.《建筑地基处理技术规范》(JGJ 79—2012)[5]摘选

1）水泥土搅拌桩施工现场施工前应予以平整，清除地上和地下的障碍物。

2）水泥土搅拌桩施工前，应根据设计进行工艺性试桩，数量不得少于 3 根，多轴搅拌施工不得少于 3 组。应对工艺试桩的质量进行检验，确定施工参数。

3）搅拌头翼片的枚数、宽度、与搅拌轴的垂直夹角、搅拌头的回转数、提升速度应相互匹配，干法搅拌时钻头每转一圈的提升（或下沉）量宜为 10～15mm，确保加固深度范围内土体的任何一点均能经过 20 次以上的搅拌。

4）搅拌桩施工时，停浆（灰）面应高于桩顶设计标高 500mm。在开挖基坑时，应将桩顶以上土层及桩顶施工质量较差的桩段应采用人工挖除。

5）施工中，应保持搅拌桩机底盘的水平和导向架的竖直，搅拌桩的垂直度允许偏差和桩位偏差应满足相关规范的规定；成桩直径和桩长不得小于设计值。

6）水泥土搅拌桩施工应包括下列主要步骤：

① 搅拌机械就位、调平；

② 预搅下沉至设计加固深度；

③ 边喷浆（或粉）、边搅拌提升，直至预定的停浆（或灰）面；

④ 重复搅拌下沉至设计加固深度；

⑤ 根据设计要求，喷浆（或粉）或仅搅拌提升，直至预定的停浆（或灰）面；

⑥ 关闭搅拌机械。

在预（复）搅下沉时，也可采用喷浆（粉）的施工工艺，确保全桩长上下至少再重复搅拌一次。

对地基土进行干法咬合加固时，如复搅困难，可采用慢速搅拌，保证搅拌的均匀性。

7）水泥土搅拌湿法施工应符合下列规定：

① 施工前，应确定灰浆泵输浆量、灰浆经输浆管到达搅拌机喷浆口的时间和起吊设备提升速度等施工参数，并应根据设计要求，通过工艺性成桩试验确定施工工艺。

② 施工中使用的水泥应过筛，制备好的浆液不得离析，泵送浆应连续进行。拌制水泥浆液的罐数、水泥和外掺剂用量及泵送浆液的时间应记录，喷浆量及搅拌深度应采用经国家计量部门认证的监测仪器进行自动记录。

③ 搅拌机喷浆提升的速度和次数应符合施工工艺要求，并设专人进行记录。

④ 当水泥浆液到达出浆口后，应喷浆搅拌 30s，在水泥浆与桩端土充分搅拌后，再开始提升搅拌头。

⑤ 搅拌机预搅下沉时，不宜冲水；当遇到硬土层下沉太慢时，可适量冲水。

⑥ 施工过程中，如因故停浆，应将搅拌头下沉至停浆点以下 0.5m 处，待恢复供浆时，再喷浆搅拌提升；若停机超过 3h，宜先拆卸输浆管路，并妥加清洗。

⑦ 壁状加固时，相邻桩的施工时间间隔不宜超过 12h。

8）水泥土搅拌干法施工应符合下列规定：

① 喷粉施工前，应检查搅拌机械、供粉泵、送气（粉）管路、接头和阀门的密封性、可靠性，送气（粉）管路的长度不宜大于 60m。

② 搅拌头每旋转一周，提升高度不得超过 15mm。

③ 搅拌头的直径应定期复核检查，其磨耗量不得大于 10mm。

④ 当搅拌头到达设计桩底以上 1.5m 时，应开启喷粉机提前进行喷粉作业；当搅拌头提升至地面下 500mm 时，喷粉机应停止喷粉。

⑤ 成桩过程中，因故停止喷粉，应将搅拌头下沉至停灰面以下 1m 处，待恢复喷粉时，再喷粉搅拌提升。

9）水泥土搅拌桩复合地基质量检验应符合下列规定：

① 施工过程中应随时检查施工记录和计量记录。

② 水泥土搅拌桩的施工质量检验可采用下列方法：

a．成桩 3d 内，采用轻型动力触探（N_{10}）检查上部桩身的均匀性，检验数量为施工总桩数的 1%，且不少于 3 根；

b．成桩 7d 后，采用浅部开挖桩头进行检查，开挖深度宜超过停浆（灰）面下 0.5m，检查搅拌的均匀性，量测成桩直径，检查数量不少于总桩数的 5%。

③ 静载荷试验宜在成桩 28d 后进行。水泥土搅拌桩复合地基承载力检验应采用复合地基静载荷试验和单桩静载荷试验，验收检验数量不少于总桩数的 1%，复合地基静载荷试验数量不少于 3 台（多轴搅拌为 3 组）。

④ 对变形有严格要求的工程，应在成桩 28d 后，采用双管单动取样器钻取芯样作水泥土抗压强度检验，检验数量为施工总桩数的 0.5%，且不少于 6 点。

3. 《铁路工程地基处理技术规程》（TB 10106—2023）[59]摘选

（1）施工

1）水泥土搅拌桩应根据地基条件、工程要求等选择合适的施工机械。施工机械应符合下列规定：

① 根据地基的加固深度选择合适的搅拌钻机、注浆泵、粉体喷射机及自动计量装置等配套设备。

② 搅拌施工宜采用多向搅拌工艺。

2）水泥土搅拌桩桩体搅拌次数应符合设计要求，宜全长复搅。

3）水泥土搅拌桩钻进施工中，应依据钻杆长度和施工电流强度等综合判断地层情况，确保桩端置于设计规定地层的深度，并应随时检查钻杆垂直度，保证桩身垂直。

4）水泥土搅拌桩成桩过程中应严格控制钻进和提升速度、喷粉（浆）高程及数量，确保成桩质量。

5）粉体搅拌桩成桩过程中因故停止喷粉时，应将搅拌头下沉至停灰面以下 1m 处，待恢复喷粉时再喷粉搅拌提升；浆喷搅拌桩如因故停浆，应将搅拌头下沉至停浆点以下 0.5m 处，待恢复供浆时再喷浆搅拌提升。若停机超过 3h，应在原桩位旁边进行补桩处理。

（2）质量检验

1）水泥土搅拌桩质量检验内容应包括桩身完整性、均匀性、桩身强度、单桩或复合地基承载力等。

2）水泥土搅拌桩的桩身完整性、均匀性、无侧限抗压强度检验应符合下列规定：

① 成桩 7d 后，可采用浅部开挖桩头，深度宜超过停浆面下 0.5m，目测检查搅拌的均匀性，量测成桩直径。

② 成桩 28d 后，应采用双管单动取样器在桩径方向 1/4 处、桩长范围内垂直钻孔取芯，观察桩体完整性、均匀性，取不同深度的不少于 3 个试样做无侧限抗压强度试验。

3）水泥土搅拌桩承载力检验宜在成桩 28d 后进行，采用单桩或复合地基载荷试验。

4）对相邻桩搭接要求严格的工程，应在成桩 15d 后选取数根桩进行开挖，检查搭接情况。

4. 《建筑地基基础设计规范》（GB 50007—2011）[60]摘选

1）水泥搅拌桩成桩后可进行轻便触探和标准贯入试验结合钻取芯样、分段取芯样作抗压强度试验评价桩身质量。

2）水泥土搅拌桩复合地基承载力检验应进行单桩载荷试验和复合地基载荷试验。

3）复合地基应进行桩身完整性和单桩竖向承载力检验以及单桩或多桩复合地基载荷试验，施工工艺对桩间土承载力有影响时还应进行桩间土承载力检验。

5. 《建筑地基基础工程施工质量验收标准》（GB 50202—2018）[61]摘选

1）施工前应检查水泥及外掺剂的质量、桩位、搅拌机工作性能，并应对各种计量设备进行检定或校准。

2）施工中应检查机头提升速度、水泥浆或水泥注入量、搅拌桩的长度及标高。

3）施工结束后，应检验桩体的强度和直径，以及单桩与复合地基的承载力。

4）水泥土搅拌桩地基质量检验标准应符合表 2.2 的规定。

表 2.2　水泥土搅拌桩地基质量检验标准

项目	序号	检查项目	允许值或允许偏差		检查方法
主控项目	1	复合地基承载力	不小于设计值		静载试验
	2	单桩承载力	不小于设计值		静载试验
	3	水泥用量	不小于设计值		查看流量表
	4	搅拌叶回转直径	±20mm		用钢尺量
	5	桩长	不小于设计值		测钻杆长度
	6	桩身强度	不小于设计值		28d 试块强度或钻芯法
一般项目	1	水胶比	设计值		实际用水量与水泥等胶凝材料的质量比
	2	提升速度	设计值		测机头上升距离及时间
	3	下沉速度	设计值		测机头下沉距离及时间
	4	桩位	条基边桩沿轴线	≤1/4D	全站仪或用钢尺量
			垂直轴线	≤1/6D	
			其他情况	≤2/5D	
	5	桩顶标高	±200mm		水准测量，最上部 500mm 浮浆层及劣质桩体不计入
	6	导向架垂直度	≤1/150		经纬仪测量
	7	褥垫层夯填度	≤0.9		水准测量

注：D 为桩身直径。

6.《深层搅拌法地基处理技术规范》（DL/T 5425—2018）[62]摘选

（1）施工质量控制要求

1）施工单位在开工前应建立质量保证体系，包括组建质量检查机构、配备质检人员和必要的检测设备，并制订质量检查制度及实施办法等。

2）深层搅拌法施工质量控制应以过程控制为主，施工过程中应保证机具平稳，并严格控制垂直度、回转速度、提升速度、水泥浆液密度、供浆流量等参数，保证掺入比满足设计要求且搅拌均匀。

3）水泥质量应符合《通用硅酸盐水泥》（GB 175—2023）及其他水泥标准的规定。搅拌水泥浆液所用水应符合混凝土拌和用水要求。选用水泥应按批次进行质量检测。

4）外加剂和掺合料产品应严格按室内试验和现场试验确定的种类和用量进行控制。

5）搅拌设备应配备经计量认证的监测计量仪器。

6）搅拌叶片直径每个单元工程应检测一次，偏差应控制在 3%以内；回转速度、提升速度偏差应控制在 5%以内。

7）单桩施工搅拌桩的垂直偏差不得超过 1%，有搭接要求时垂直度偏差不得超过 0.5%，桩位偏差不得大于 20mm，无搭接要求的桩位偏差不得大于 50mm。垂直度及桩位偏差每个机位均应进行检测。

8）成桩直径和桩长不得小于设计值。对于防渗墙施工，垂直度偏差、桩位偏差控制应能保证墙体有效墙厚满足设计要求。

9）水泥浆材料配制称量误差应控制在 1% 以内。水泥浆存放时宜控制浆体温度在 5～40℃，当气温在 10℃ 以上时，不应超过 3h，气温在 10℃ 以下时浆液存放不应超过 4h。水泥浆超过存放时间时，应作弃浆处理。冬期施工时，搅拌用水应进行加热，并采取保温措施。

10）搅拌机喷浆提升（下沉）速度、回转速度应符合施工工艺的要求。施工中应定时检查计算掺入比，发现不满足规定时应立即查找原因并及时修正。

11）施工过程中应详细记录搅拌钻头每米下沉（提升）时间、注浆与停浆时间。记录深度误差不得大于 50mm，时间误差不得大于 5s，施工中发现的问题及处理情况均应注明。

12）施工记录应及时、准确、完整、清晰。

13）施工的关键工序、重要部位和现场检验检测时，宜留存影像资料。

（2）质量检测要求

1）施工完成后，对于竖向承载桩，应对桩径、桩长、桩位偏差、桩体抗压强度、桩体均匀性、复合地基承载力进行检验，必要时进行压缩模量检验；对于堤坝防渗墙和支护挡墙，应重点检验墙体深度、墙体抗压强度、渗透系数、允许比降、墙体有效厚度，以及墙体均匀性、完整性、连续性等指标。

2）竖向承载桩可采用如下方法进行质量检验：

① 成桩后 3d 内，可用轻型动力触探（N_{10}）检查每米桩身的均匀性。检验数量为施工总桩数的 1%，且不少于 3 根。

② 成桩 7d 后，采用浅部开挖桩头至超过停浆面下 0.5m，目测检查搅拌的均匀性，量测成桩直径，检查量为总桩数的 5%。

③ 竖向承载水泥土搅拌桩地基竣工验收时，承载力检验应采用复合地基载荷试验或单桩载荷试验。载荷试验应在桩身强度满足试验荷载条件时，并宜在成桩 28d 后进行。检验数量为桩总数的 0.5%～1%，且每项单体（项）工程不应少于 3 点。

3）基槽开挖后，应检验桩位、桩数、桩径与桩体质量。

4）竖向承载搅拌桩地基质量检验标准应符合表 2.3 的规定。

表 2.3　竖向承载搅拌桩地基质量检验标准

项目	序号	检查项目	允许偏差或允许值	检查方法
主控项目	1	水泥质量	设计要求	查产品合格证书或抽样送检
	2	水泥用量	参数指标	查看计量装置
	3	桩体强度	设计要求	按规定办法
	4	地基承载力	设计要求	按规定办法

7.《水运工程水泥土搅拌桩复合地基质量检测及评定规程》(DB32/T 3582—2019)[63]摘选

1)水运工程水泥土搅拌桩复合地基根据不同阶段和工程特点,选取不同的质量检测方法,如表 2.4 所示。

表 2.4　水运工程水泥土搅拌桩复合地基质量检测内容及方法

检测项目	检测方法	检测内容	适用范围
成桩质量	钻孔取芯法、标准贯入试验	检测桩身质量及完整性、搅拌均匀性;检测桩身强度	各类工程必测项目
单桩竖向抗压承载力	单桩竖向抗压、静载试验	检测单桩竖向抗压承载力,估算复合地基承载力	无其他试验检测资料时,可选测;设计要求检测单桩竖向抗压承载力时
复合地基承载力	复合地基静载试验	检测复合地基承载力	大中型工程必测项目,小型工程在有特殊要求时选测
抗渗性	室内渗透性试验、现场注水试验	检测水泥土搅拌桩防渗墙抗渗性	有防渗要求时需做抗渗性检测;室内渗透性试验必测,现场注水试验选测

2)工艺性试桩及评判。

① 工艺性试桩前,由设计单位提供桩身室内强度和现场强度的具体要求。施工单位以此为依据,开展室内配合比试验和工艺性试桩。当室内配合比试验得到的试块抗压强度不满足设计要求时,应反馈给设计单位,重新调整配合比,直至满足要求后,方可进行工艺性试桩。

② 对试桩必须进行成桩质量检测,且应将现场桩身强度与同龄期室内标准养护试块抗压强度、设计现场抗压强度(如设计无现场抗压强度要求,可取设计室内抗压强度的 0.25~0.33,粉喷桩取低值,湿喷桩取高值)进行对比。

3)检测数量。水运工程水泥搅拌复合地基的抽检频率按表 2.5 的要求进行。

表 2.5　水泥土搅拌桩抽检频率一览表

工程类型	检测内容	检测频率	最小抽检数量
小型工程	成桩质量	业主抽检 0.2%,施工单位自检 0.5%	3
	单桩竖向抗压承载力	有特殊要求时选用	—
	复合地基承载力	有特殊要求时选用	—

续表

工程类型	检测内容	检测频率	最小抽检数量
小型工程	渗透性	有特殊要求时选用	—
大中型工程	成桩质量	业主抽检 0.2%，施工单位自检 0.5%	5
	单桩竖向抗压承载力	有特殊要求时选用	—
	复合地基承载力	业主抽检 0.2%，施工单位自检 0.5%	3
	渗透性	有防渗要求时，室内渗透性试验必测	—

2.3.2　搅拌桩质量检测规范检测方法用于边坡加固搅拌桩存在的问题

以上规范检测方法通常从水泥浆量、施工工艺参数、施工流程、施工设备等方面对搅拌桩进行质量控制，在实际施工中仍需要开展工艺性试桩，结合具体工程、具体土质对以上参数进行优化固化，得到适合工程的搅拌桩施工工艺。

上述规范检测方法根据搅拌桩不同的物理化学性质，提出使用不同检测指标反映水泥搅拌桩成桩质量，在各类搅拌桩工程中得到了大量的应用和验证。检测的指标主要包括无侧限抗压强度、单桩和复合地基承载力、桩身均匀性和完整性、桩径等。根据现行规范，水泥搅拌桩施工质量的检测一般采用钻孔取芯法和标准贯入法，并采用综合判据分层评定。通过检测钻孔取芯试样的无侧限抗压强度和标贯击数是否达到要求来判别水泥搅拌桩的施工质量，同时根据现场钻孔资料分析桩长是否达到了设计长度。而深层搅拌桩的均匀性检测是通过肉眼观察钻孔取出的芯样外观状态来判断搅拌桩桩身各部分的搅拌均匀性，具有很大的经验性和不准确性。另外，钻孔取芯法检测时间长，钻孔费用高。钻孔取芯时间一般需在 28d 以后，即使 28d 以后发现了问题也难以及时处理，因此无法对水泥搅拌桩质量实施动态控制。目前，搅拌桩质量检测规范检测方法的不足之处主要归纳为以下几点：

1）不同方法均偏重于检测桩体某一方面指标来间接反映水泥搅拌桩质量，缺乏直观的检测方法，结果较为间接、片面。

2）目前的检测方法受水泥土的龄期影响，往往等到水泥土固化到一定程度才能检测，属于被动控制、事后控制，同时水泥搅拌施工较快。如检验不合格，则会造成大面积返工，浪费资源，影响工期，增加成本。

3）鉴于单一检测方法无法全面对搅拌桩成桩质量进行全面评价，目前很少有规范对使用两种及两种以上检测方法综合评价的要求，同时不同检测方法之间的相关性也少有研究。

另外，为了反映搅拌桩在不同深度强度不同的实际情况，将不同深度的桩身强度采用不同的要求，这种评价标准对路基等沉降控制工程是合理适用的。但在边坡等抗滑稳定控制的工程中，搅拌桩加固体作为提高土体抗滑的主要措施，需要在滑动范围内都要达到一定的抗滑能力。搅拌桩体的质量薄弱部位将是边坡可能失稳区域，为避免因桩体质量薄弱导致的边坡失稳，要求在全部搅拌桩深度范围内，桩身质量都必须达到设计的强度要求，即桩身抗剪强度在全部桩长范围内均匀可靠。搅拌桩不仅要满足桩长、桩径、承载力等搅拌桩质量检验标准，也要满足桩身强度及桩身强度在桩长范围内的均匀性的要求。因此，不同深度桩身采用不同要求的评价方法不能达到边坡抗滑工程安全要求。

本 章 小 结

本章介绍了搅拌桩施工过程中存在的典型质量问题，以及搅拌桩质量检测的常用方法，如挖桩检查法、钻芯取样、静力触探试验法、轻型触探法、标准贯入试验法、静载荷试验法、低应变动测法、电阻率法及化学分析法。梳理了公路、建筑、水运等行业规范中搅拌桩质量控制和质量检测的相关规定，讨论了规范方法在检测边坡工程搅拌桩时存在的问题，在此基础上提出创新搅拌桩质量检测新技术的必要性。

第 3 章　搅拌桩加固软土边坡质量检测新方法和评价标准

水泥搅拌桩具有施工方便、成本低、效率高等优点，常用于各类软土地基处理工程。由于水泥搅拌桩属于隐蔽工程，其成桩质量控制难度较大，易出现水泥土搅拌不均匀、桩身强度不连续等问题。而在软土边坡加固工程中，搅拌桩体的质量薄弱部位很可能导致边坡失稳。因此，软土边坡加固工程对水泥搅拌桩的桩身强度及桩长范围内的均匀性提出了很高的要求，需要对搅拌桩的施工质量进行严格控制。由于规范常用的搅拌桩质量控制和检测方法对边坡加固工程缺乏针对性，因此各类边坡加固工程急需一种方便、合适、高效的方法和手段及时检测并合理评价搅拌桩的桩身质量。

3.1　水泥含量检测搅拌桩质量的可行性

大量试验研究表明，水泥含量与搅拌桩的强度呈明显的相关性[64]。本项目研究课题组开展了不同水泥含量水泥土的无侧限抗压强度试验研究，配制了 14%、16%、18% 水泥含量的水泥土试验，在 7d、14d、28d、90d 四个龄期下进行无侧限抗压强度试验，试验结果见表 3.1。

表 3.1　标准水泥含量试样不同龄期下无侧限抗压强度

水泥含量/%	不同龄期下无侧限抗压强度/MPa			
	7d	14d	28d	90d
14	1.32	1.69	1.94	3.18
16	1.71	2.33	2.71	4.25
18	1.83	2.36	2.28	4.78

将试验结果绘制于图 3.1，对比分析表明，水泥土试样的水泥含量和无侧限抗压强度之间呈现出良好的相关性。水泥土试样的水泥含量越大，水泥充分水化水解等反应后得到的无侧限抗压强度也越大。不同龄期的水泥土试样都呈现出类似的相关性。

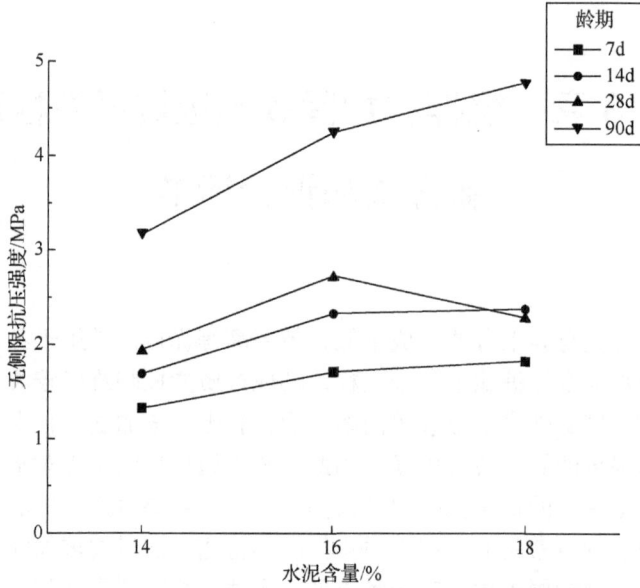

图 3.1　水泥土试样无侧限抗压强度随水泥含量变化关系曲线

图 3.2～图 3.4 为部分现场搅拌桩的水泥含量和无侧限抗压强度。从图 3.2～图 3.4 中可以发现,各水泥搅拌桩在不同深度处的水泥含量和无侧限抗压强度都有所区别,但水泥含量随深度的变化趋势与强度随水泥含量的变化趋势非常相似,搅拌桩芯样的水泥含量较高的部位对应的抗压强度也较高。

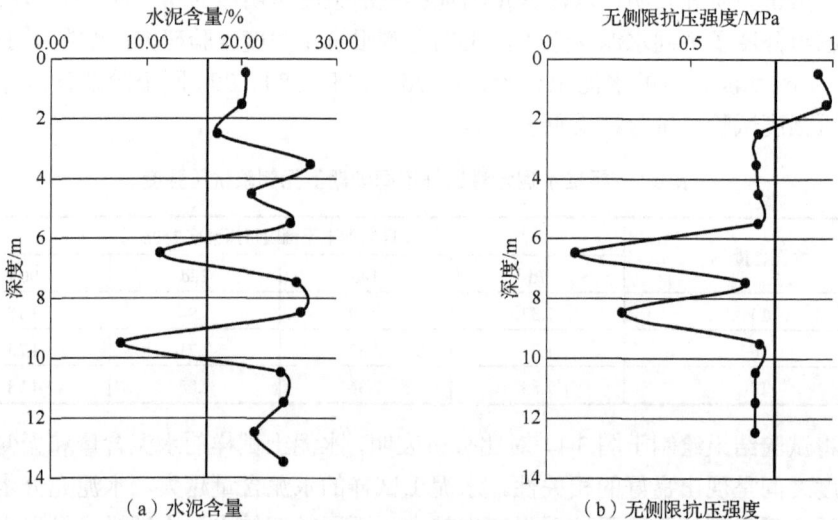

（a）水泥含量　　　　　　　　　　（b）无侧限抗压强度

图 3.2　4-11#桩检测结果深度分布

注: 4-11#指 4 标段一次试验的 11 号桩。

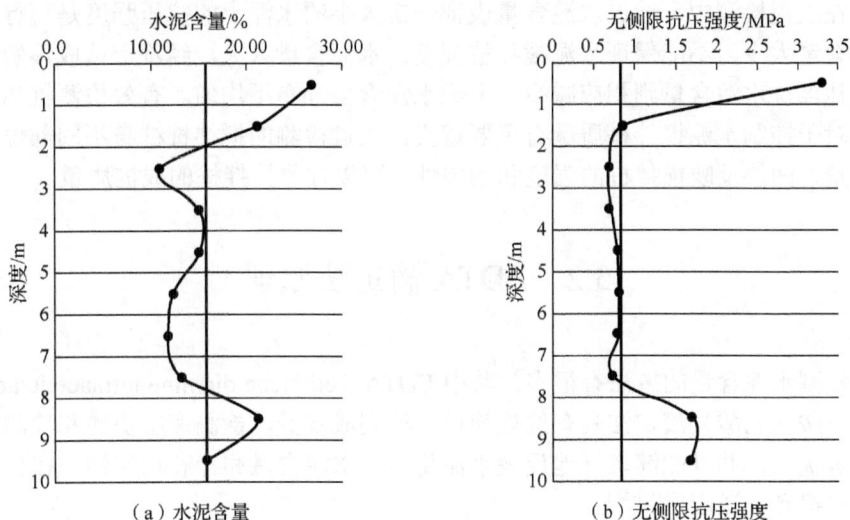

水泥含量/%

无侧限抗压强度/MPa

（a）水泥含量　　　　　　　　　　（b）无侧限抗压强度

图 3.3　四-61#桩检测结果深度分布

注：四-61#指 4 标段二次试验的 61 号桩。

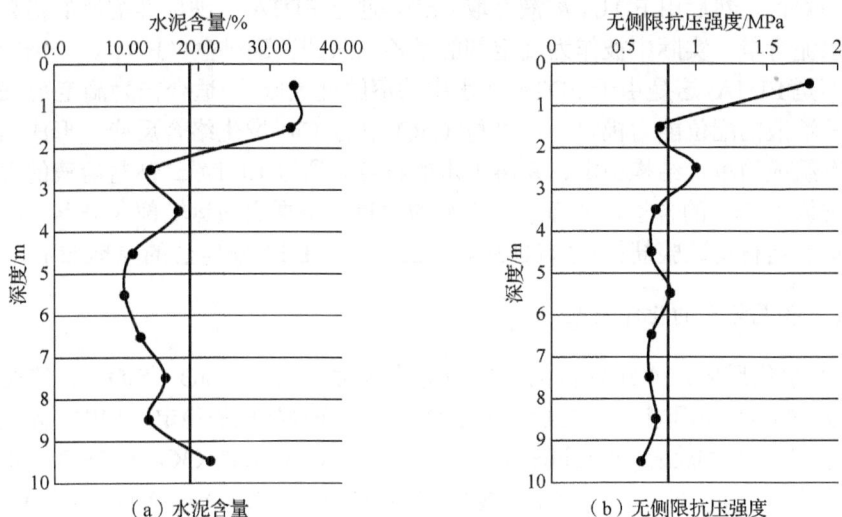

水泥含量/%

无侧限抗压强度/MPa

（a）水泥含量　　　　　　　　　　（b）无侧限抗压强度

图 3.4　四-83#桩检测结果深度分布

注：四-83#桩指 4 标段二次试验的 83 号桩。

　　因此，搅拌桩的水泥含量是水泥搅拌桩施工质量的直接控制指标，也是评价成桩质量的关键指标。一方面，水泥土试样的无侧限抗压强度与水泥含量有关，较高的水泥含量对应搅拌桩在该部位的强度也会更高；另一方面，搅拌桩沿桩身水泥含量的变异系数能够反映水泥含量的离散程度，变异系数越小，搅拌桩的水泥含量分布越均匀，可用于定量评价搅拌桩的拌和均匀性。

在工程检测中，通过水泥含量表征一定大小的水泥土的抗压强度是可行的。水泥含量太少，不能保证水泥搅拌桩强度；水泥含量太大，经济上造成浪费，同时其他部位水泥含量则相应减少，造成水泥含量分布不均匀。有效检测桩体水泥含量对于控制水泥搅拌桩质量有重要意义。通过检测的搅拌桩桩身不同部位的水泥含量，间接反映搅拌桩的强度和均匀性，可以评价搅拌桩的成桩质量。

3.2　EDTA 滴定法原理

检测水泥含量的方法有很多，其中 EDTA（ethylene diamine tetraacetic acid，乙烯二胺四乙酸）滴定法具有原理简单、检测成本低、检测速度快捷和检测精度较高等优点，并且能够较好地反映水泥稳定土水泥含量和拌和均匀性，在公路工程中已得到广泛应用[65-68]。

EDTA 滴定法是一种配位滴定法，自从 1945 年滴定分析中引入 EDTA 类胺羧类配合物，配位滴定方法就成为一种重要的滴定方法。先用 NH_4Cl 溶出水泥稳定土中的 Ca^{2+}，然后用 EDTA 溶液夺取 Ca^{2+}，通过 EDTA 二钠标准溶液的消耗量来确定水泥含量。实际中被作为滴定剂的是乙二胺四乙酸钠盐（EDTA 二钠盐）溶液而不是 EDTA，这是由于 EDTA 在水中的溶解度过低，不适合作为滴定剂。EDTA 二钠盐溶液的配位能力极强，可以与 $CaCl_2$ 中的 Ca^{2+} 发生络合反应，形成的络合物具有组成简单、结构稳定、易溶于水的特点。通过 EDTA 二钠盐溶液的消耗量可以推算出 Ca^{2+} 的含量，从而获得水泥的含量。根据交通运输部《公路工程无机结合料稳定材料试验规程》（JTG 3441—2024），EDTA 滴定法的原理如下。

1. 水泥与土的化学反应

1）水化反应：水泥熟料的主要成分为硅酸三钙（$3CaO \cdot SiO_2$）、硅酸二钙（$2CaO \cdot SiO_2$）和铝酸三钙（$3CaO \cdot Al_2O_3$）等，在搅拌桩的稳定过程中，水泥和土颗粒会发生一系列反应，反应过程中会生成大量的水化硅酸钙（$3CaO \cdot 2SiO_2 \cdot 3H_2O$）、氢氧化钙（$Ca(OH)_2$）、水化铝酸钙（$3CaO \cdot Al_2O_3 \cdot 6H_2O$）、水化铁酸钙（$3CaO \cdot Fe_2O_3 \cdot 6H_2O$）和水化硫铝酸钙晶体（$3CaO \cdot Al_2O_3 \cdot CaSO_4 \cdot 32H_2O$）等产物。

2）硬凝反应：水化反应的产物 $Ca(OH)_2$ 将作为原料参与硬凝反应，由于孔隙水溶液的 pH 上升发生电离反应，因此剩余可游离的 Ca^{2+} 继续与原料成分发生反应，生成了 $3CaO \cdot 2SiO_2 \cdot 3H_2O$ 和 $3CaO \cdot Al_2O_3 \cdot 6H_2O$ 等产物。

2. NH_4Cl 析出 Ca^{2+}

取样碾碎过筛后，加入 10%浓度的 NH_4Cl 溶液浸取 Ca^{2+}，振荡使其充分反应，

NH_4Cl 会与未发生水化反应的原料产物（水泥熟料的主要成分）和未发生硬凝反应的 $Ca(OH)_2$ 充分反应，生成易溶于水的 $CaCl_2$。其化学方程式如下：

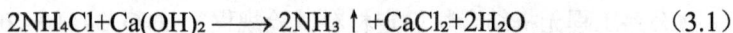

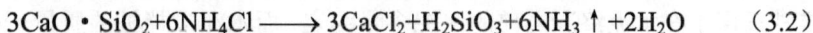

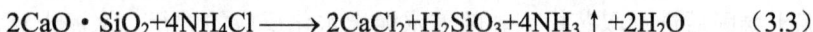

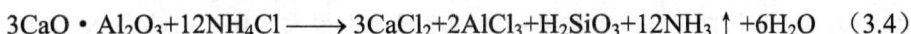

$$2NH_4Cl+Ca(OH)_2 \longrightarrow 2NH_3 \uparrow +CaCl_2+2H_2O \quad (3.1)$$
$$3CaO \cdot SiO_2+6NH_4Cl \longrightarrow 3CaCl_2+H_2SiO_3+6NH_3 \uparrow +2H_2O \quad (3.2)$$
$$2CaO \cdot SiO_2+4NH_4Cl \longrightarrow 2CaCl_2+H_2SiO_3+4NH_3 \uparrow +2H_2O \quad (3.3)$$
$$3CaO \cdot Al_2O_3+12NH_4Cl \longrightarrow 3CaCl_2+2AlCl_3+H_2SiO_3+12NH_3 \uparrow +6H_2O \quad (3.4)$$

3. 加入三乙醇胺隔绝干扰离子

充分振荡后静置 10min，吸取 10mL 清澈的溶液放入锥形瓶，加入 NaOH 溶液，溶液的 pH 会被稳定在一个区间（12～13.5）内，避免 pH 过小，使得 Mg^{2+} 形成 $Mg(OH)_2$ 沉淀，对滴定结果产生影响；Fe^{3+}、Al^{3+}、Mn^{2+}、Mg^{2+} 等溶液中的干扰离子能和钙红指示剂发生反应，生成的化合物稳定系数往往大于 Ca^{2+} 和 EDTA 二钠盐形成的络合物，使得滴定试验发生"不变蓝"的现象，称之为"封闭现象"。加入的三乙醇胺可以和干扰离子生成更加稳定的络合物，避免了"封闭现象"的出现。

4. 加入钙红指示剂后进行滴定

加入钙红并与溶液中的 Ca^{2+} 形成显玫瑰红色的螯合物，用 EDTA 二钠盐进行滴定，使 EDTA 二钠盐夺取 Ca^{2+} 并形成十分稳定的螯合物，滴定直至溶液由红变为蓝色视为结束。詹萍[69]指出使用铬黑 T 指示剂时其反应式如下。

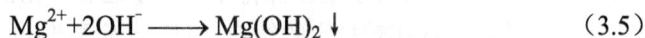

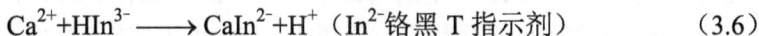

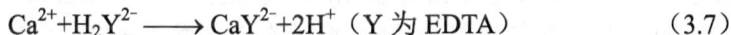

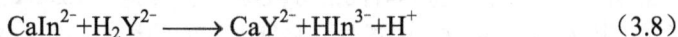

$$Mg^{2+}+2OH^- \longrightarrow Mg(OH)_2 \downarrow \quad (3.5)$$
$$Ca^{2+}+HIn^{3-} \longrightarrow CaIn^{2-}+H^+ \ (In^{2-} \text{铬黑 T 指示剂}) \quad (3.6)$$
$$Ca^{2+}+H_2Y^{2-} \longrightarrow CaY^{2-}+2H^+ \ (Y \text{ 为 EDTA}) \quad (3.7)$$
$$CaIn^{2-}+H_2Y^{2-} \longrightarrow CaY^{2-}+HIn^{3-}+H^+ \quad (3.8)$$

EDTA 滴定法反映的是未生成稳定化合物的 Ca^{2+} 数量，一定龄期下水泥土的 Ca^{2+} 的数量取决于水泥的剂量。从原理上而言，通过与标定曲线进行对比，EDTA 滴定结果可以准确地反映水泥搅拌桩的水泥含量。

3.3 EDTA 滴定法检测精度影响因素研究

《公路工程无机结合料稳定材料试验规程》（JTG 3441—2024）中，EDTA 滴定法仅适用于水泥和石灰稳定材料中的水泥及石灰的剂量检测，将 EDTA 滴定法用于水泥搅拌桩水泥含量检测会受到一定的影响因素限制。根据水泥搅拌桩的特点，本项目课题组提出改进 EDTA 滴定法，用于其水泥含量的检测。

3.3.1　龄期影响

《公路工程无机结合料稳定材料试验规程》（JTG 3441—2024）中，EDTA 滴定法适用于在水泥终凝之前的水泥含量测定，而水泥搅拌桩的质量一般要等到水泥土凝固后进行取芯检测。随着水泥土水化反应的进行，水泥土逐渐形成稳定的结构，水泥土的细度、固结度和酸碱度等产生很大变化，影响了 NH_4Cl 溶液对 Ca^{2+} 的溶解能力。公路工程规范中指出，随着龄期的增长，石灰和水泥稳定材料中的一部分 Ca^{2+} 已经与土中的矿物发生反应，生成新的化合物，因此游离的 Ca^{2+} 减少，用初始的 EDTA 二钠盐标准溶液消耗量的标准曲线确定的灰剂量必然下降。

EDTA 消耗量随着龄期衰减这一现象得到不同学者的普遍认可。但是，EDTA 随龄期的衰减规律及如何减少龄期效应对试验的影响，目前还没有达成统一的观点。顾小安等[70]通过试验研究，得到 EDTA 消耗量随龄期变化规律。其大致可以分为三个阶段：①恒等区，水泥土终凝前期（7h），EDTA 消耗量随龄期增加变化不大，检测比较准确；②衰减区，在 7h～7d 这段时间内，随龄期的增加 EDTA 消耗量急剧减少；③平稳区，在 7d 后，随龄期增长 EDTA 消耗量下降缓慢。曾春霞和高喜胜[71]通过试验指出，水泥稳定材料的 EDTA 消耗量随龄期增加呈衰减趋势，接近 7d 时下降趋势显著。杜素军等[72]指出 EDTA 消耗量随龄期变化规律如下：在拌和 16h 内滴定 EDTA 消耗量变化不大，在 1～3d 内 EDTA 消耗量随龄期明显下降，3d 后 EDTA 消耗量基本保持不变。李延业[73]指出随着龄期的增长，水泥土经过水化反应，形成比较稳定的结构，同时一定酸度的 NH_4Cl 溶液溶解 Ca^{2+} 的能力有限，提出利用 Ca^{2+} 的溶解率对龄期效应进行改进。梁雪森和罗海[74]指出建立各个龄期的 EDTA 消耗量和时间的分段函数，用于解决 EDTA 消耗量龄期效应的问题。陈保平[75]建立了 EDTA 消耗量与龄期之间的关系式，即 $Y=Y_0-X\times(1+\ln T)/1.8$。式中，$Y$ 为不同龄期 EDTA 的消耗量(cm^3)；Y_0 为初始 EDTA 消耗量，即加入石灰或水泥立即试验得到的 EDTA 消耗量；X 为石灰掺量（%）；T 为龄期（d）。向文俊等[76]提出了石灰改良土的 EDTA 消耗量随龄期的增加呈对数衰减的规律，并使用该规律制作了各个龄期的改进标准曲线，在实际现场运用中取得了较好的检测结果。

水泥搅拌桩质量往往在施工后 28d 取芯检测，水泥含量检测时需要考虑龄期效应的影响。建议在施工完成后尽快完成水泥含量检测，否则在不同的龄期应该用不同的 EDTA 二钠盐标准溶液曲线，只有这样才能在不同龄期都能测出实际的水泥剂量。

通过以上分析，试验配制水泥含量为 12%、15%、18%、20%、22%、25% 的水泥土，在养护 1h、3h、6h、12h、1d、3d、7d、14d、28d 后测定 EDTA 消耗量，结果如图 3.5 所示。随着龄期的增加，EDTA 消耗量减少速率逐渐减小，则在龄期对数坐标中，EDTA 消耗量与龄期近似表现为对数线性关系，如图 3.6 所示。图 3.7 为对应于各个养护龄期的 EDTA 消耗量标准曲线。现场试验时，通过 EDTA 随龄期衰减方程，计算出相应龄期的 EDTA 标准曲线，将试样 EDTA 消耗量代入该标准曲线，即可得到该试样的水泥含量。

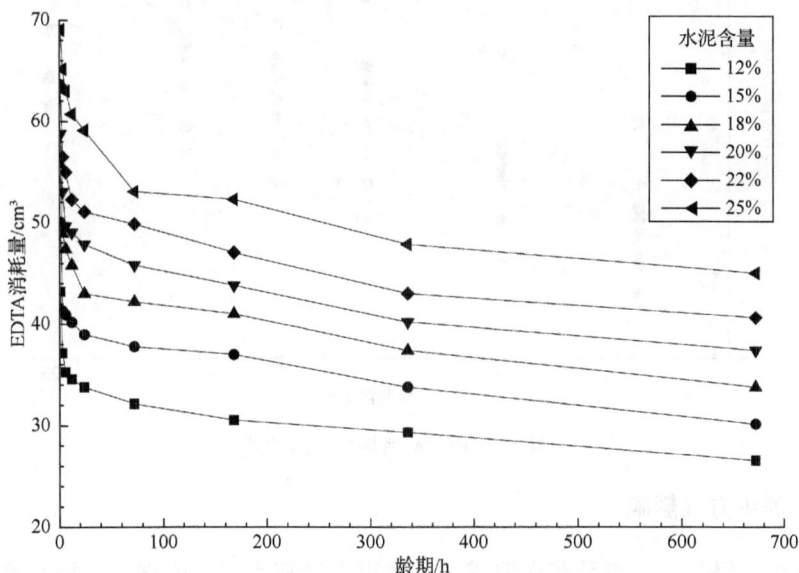

图 3.5　不同水泥含量水泥土 EDTA 消耗量随龄期变化曲线

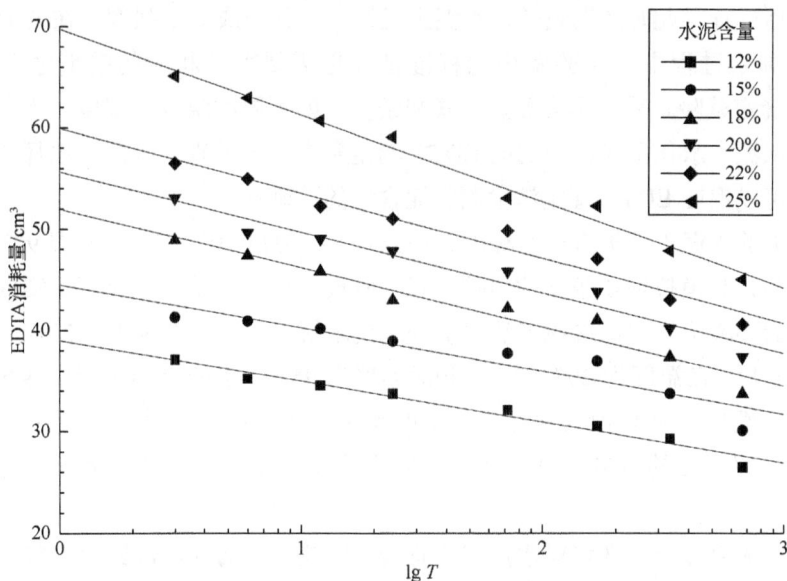

图 3.6　龄期对数坐标中不同水泥含量水泥土龄期与 EDTA 呈线性关系

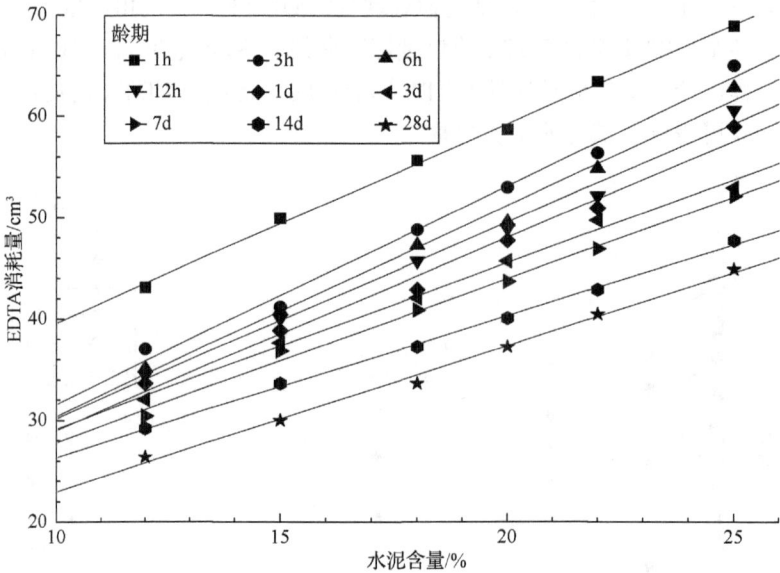

图 3.7 EDTA 消耗量标准曲线

3.3.2 养护方式影响

公路工程中，一般是在水泥或石灰稳定土拌和完成后就进行取样并检测水泥含量，因此不需要考虑标准试样的养护方法；而水泥搅拌桩的检测通常在施工完成 28d 后进行，此时龄期较长，水泥土已经凝硬并形成一定强度。在 EDTA 标准曲线的制定过程中，实验室内的标准试样也需要养护相应的龄期之后再进行 EDTA 滴定试验。采用不同养护方式和条件，如不同的温度、湿度、土压力等，会影响水泥土水化反应，得到的 EDTA 滴定量有一定差别。因此，选择合适的养护方式可以保证 EDTA 滴定法检测水泥含量的准确性。

常见的水泥土养护方式有标准养护方式（在恒温 20℃±2℃、恒湿 90%±2% 环境中养护）和模拟现场条件的养护方式（脱模后使用原状素土包裹压实放置在恒温恒湿的环境下）。《深层搅拌法地基处理技术规范》（DL/T 5425—2018）中规定试块成形后，在温度为 20℃±2℃，相对湿度为 95% 以上的标准环境中养护，但这与实际水泥搅拌桩养护条件存在一定的差别。水泥搅拌桩施工过程中可认为是在饱和淤泥等土的包裹中进行养护，周围的原土体水分会形成水压差自动补给桩体。

研究成果显示，环境对水泥固化有较大影响。上海测绘勘察研究院在进行水泥搅拌桩现场试验时发现，现场试样与室内试样完全不同。在龄期为 1 年时，取出现场的芯样进行电镜研究，发现芯样的颗粒表面及孔隙中存在大量的纤维硅酸盐结构，但是相同龄期室内的水泥土颗粒上还没有形成纤维状硅酸盐结构。房后国等[77]通过不同养护条件下水泥土强度试验对比，指出在养护间养护和水下养护水泥土强度差别很大，同时认为养护方法对短龄期水泥土强度的影响相对较大。闵紫超[78]通过室内试验指出养护温度对水泥土的强度影响很大，实际计算水泥土强度时，应考虑温度对水泥土强度的影响。

现场水泥搅拌桩是在封闭地下环境中成桩并逐步形成强度，不同的温度、湿度、土压力等条件会影响水泥土水化反应，从而影响检测精度。为了研究试验养护方式和 EDTA 消耗量关系，分别采用标准养护与模拟现场条件的养护方式进行养护；试验用土为淤泥质黏土，天然含水率为 37.9%；设置水泥土水灰比为 0.50，考虑到施工可能采用的水泥含量在 15%~20%，所以设置水泥含量为 15%、20%的两组试样，分别在龄期为 3d、7d、14d、28d、60d 的养护后，将试样敲碎并过孔径为 4mm 的标准筛，测定每组的 EDTA 消耗量，获得了多条 EDTA 消耗量随龄期的变化曲线，对其进行对比分析。为模拟现场情况，试验过程中将标准试验样脱模成型后埋在相应土层的原状素土中，对于地下水位以下的土层，需保持在素土表面浸水，再将标准样和素土密封放在温度为 20℃、相对湿度为 90%的地下室内，达到相应龄期后，进行 EDTA 滴定试验，根据试验结果绘制标准曲线，以尽量模拟现场土层条件。

不同养护方式的 EDTA 滴定结果见表 3.2，同时将试样在滴定时的含水率情况列于表中以供参考。以龄期为横坐标，EDTA 溶液消耗量为纵坐标，将试验结果绘制在图 3.8 中。两种养护方式对 EDTA 滴定的影响非常大，相同水泥含量下，标准养护的试样滴定时的消耗量更小，消耗量的差额在 3~7d 逐渐增大，并且在 7d 左右达到了差额的最大值。另外，随着龄期的增长，两种养护方式滴定量的差距越来越小，慢慢趋于稳定，这说明试样在室内养护方式下对 EDTA 试验前期的影响更大。如果想要将 EDTA 滴定法应用在水泥搅拌桩 3~28d 龄期的检测中，应当选择和工程相似的模拟养护方式，以减小误差。

表 3.2　不同养护方式的 EDTA 滴定结果　　　　（单位：mL）

养护方式	不同龄期下的 EDTA 溶液消耗量				
	3d	7d	14d	28d	60d
标准养护，15%水泥含量	20.31	16.09	15.14	14.89	14.70
标准养护，20%水泥含量	23.76	19.92	18.32	17.69	16.68
模拟养护，15%水泥含量	21.71	18.79	16.86	15.74	14.56
模拟养护，20%水泥含量	24.41	22.72	19.54	18.24	17.44

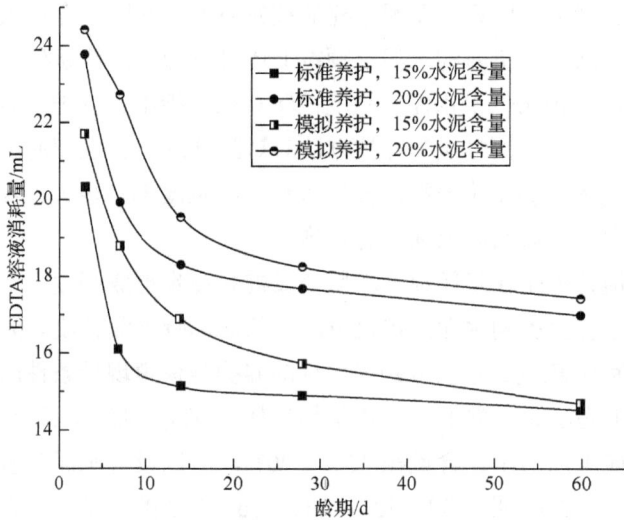

图 3.8　不同养护方式 EDTA 滴定结果

将不同养护方式含水率随龄期的变化情况列于表 3.3。表 3.3 中，原位素土中含水率比较稳定，其水量充足，和空气隔绝避免了试样水分的挥发，使土中养护的试样的含水率变化较慢，且一直大于恒温恒湿环境中养护的试样的含水率。含水率的大小一方面影响水泥水解水化进程，另一方面影响水泥土中土和水的相对含量。此外，恒温恒湿状态的标准养护状态下，水泥的水化过程和硬化过程都会加快，水泥块会生成更多的凝胶物质，这样的结构会更加稳定，强度也会高于现场实际强度，但 EDTA 消耗量却较低，这样就会导致严重的误差。除了含水率外，也应当考虑围压等其他因素对滴定结果的影响。

表 3.3　不同养护方式下试样含水率随龄期的变化情况　　　　（单位：%）

养护方式	不同龄期下的含水率				
	3d	7d	14d	28d	60d
标准养护，15%水泥含量	37.21	37.12	36.70	37.01	36.42
标准养护，20%水泥含量	37.61	37.10	37.23	36.97	36.33
模拟养护，15%水泥含量	36.76	35.55	35.04	34.25	33.12
模拟养护，20%水泥含量	36.43	35.70	35.20	33.91	33.28

在制定 EDTA 标准曲线时，应采用天然养护方式，以尽量模拟现场土层条件。这类养护方式下，水泥搅拌桩实际被素土天然养护，受到土体的围压，并会和素土进行物质交换反应。对于地下水位以下的土层，且应该将试样脱模后养护在现场取回的对应土层当中，且应当适当洒水保证试验在恒定含水率下养护。另外，其承受着原土层的挤压和物质交换作用，可以充分还原施工现场的环境。再将标

准样和素土整体密封放在温度为 20℃、相对湿度为 90%的养护环境中，达到相应龄期后，进行 EDTA 滴定试验，根据试验结果绘制标准曲线。

3.3.3　含水率影响

《公路工程无机结合料稳定材料试验规程》（JTG 3441—2024）中规定，制作标准样时土的含水率应等于工地预期达到的最佳含水率，从而减少含水率的变化对水泥检测的影响。但是，水泥搅拌桩现场施工中土层及水位等地质条件较为复杂，不同深度处土层含水率往往变化很大；同时，由于取样过程中浸水、蒸发、环境等因素的影响，也会一定程度上导致土样含水率发生变化，这与室内标准样含水率存在一定的差别，并对试验精度产生一定的影响。

李伟杭和张肖宁[79]指出，当水泥土含水率低时，水泥从土颗粒中分离出来，实际试验时过筛和试样中的水泥含量则相应增多，检测结果偏大；而当含水率较高时，水泥和土凝结成团，用力过筛后大多是粗颗粒，比较面积较小，水泥含量较小，检测结果偏小。陈保平[75]指出含水率不同会对水泥水化反应产生很大影响，影响水泥土中的 pH，从而影响土中游离 Ca^{2+} 的含量，影响 EDTA 滴定试验结果。

含水率较大有利于水泥的水化反应；而含水率很低时无法保证水泥有足够的水分反应，会使反应速率减缓。水泥搅拌桩中的水分一般能满足水泥水化反应的要求，但是土样含水率较大时，一定量土样中水泥含量则相对减少。为降低含水率的影响，课题组提出试验过程中采用 100g 干土 EDTA 的消耗量指标，绘制水泥含量标准曲线。其换算关系如下：100g 干土 EDTA 消耗量=100g 湿土 EDTA 消耗量×（1+含水率）。

3.3.4　土性影响

水泥搅拌桩成桩过程中往往通过多个土层，其土层成分和性质存在较大差异。水泥搅拌桩搅拌成桩后，水泥与土之间发生一系列的物理化学反应，水泥水化产生的 Ca^{2+} 部分被黏土颗粒吸附交换，部分参与水泥水化反应形成水化硅酸钙（calcium silicate hydrate，CSH）等胶凝物质。因此，不同土层的土由于黏粒含量、细度等物理化学性质不同，掺加相同量的水泥，EDTA 消耗量也不同。

图 3.9 为本试验的两个土层土的 EDTA 消耗量随时间的变化曲线，从中可以看出两类不同的土层 EDTA 消耗量在相同养护龄期条件下存在一定差别，说明土层性质对水泥水化进行和水化产物生成均存在一定影响。对于穿越多个土层的水泥搅拌桩，应采用相应土层的标准曲线进行检测。

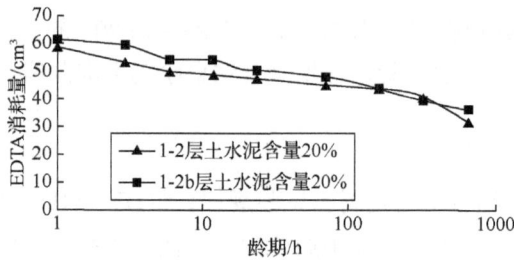

图 3.9　不同种类土 EDTA 消耗量随时间的变化曲线

3.3.5　试样粒径影响

对于取样滴定时试样的粒径大小，一直是 EDTA 滴定法检测水泥含量研究中比较有争议的影响因素之一。过筛和筛孔孔径大小对 EDTA 滴定的影响，相关研究研究人员没有统一的结论。李海波[80]指出鉴于水泥稳定土水泥含量检测时一次试样只有 300g，很难具有代表性，因此当大面积施工，检测数量较多时，采用不过筛直接测定水泥含量的方法具有一定的应用价值。宁新华和林初锋[81]指出室内制作标准曲线标准样和现场检测水泥含量试样都应过筛，这样可以使检测样本比较均匀，检测结果离散性较小。沈卫国等[82]使用不同粒径大小所检测的结果差别不大，但过 2.36mm 的标准筛的检测结果平行样之间的离散性较小。潘慧平[83]通过试验指出使用 4.75mm 的筛比 2.36mm 的筛结果离散性更小，因此试验时建议使用 4.75mm 的筛。王向利[84]指出 EDTA 消耗量的大小与试验时土样的比表面积有关，颗粒越小，比表面越大，水泥含量附着越多，测定得到的水泥含量相对较多。李伟杭和张肖宁[79]指出不过筛和过筛相比，不过筛更为准确。王钦胜和耿金红[85]通过试验指出采用 2.5mm 和 9.5mm 孔径过筛试验离散性都很小，建议采用 9.5mm 的孔径筛进行试验。通过试验统计，分析得到过筛比不过筛试验离散性小，同时建议 4.75mm 是最佳孔径尺寸。因此，不同学者的研究结论不一致，主要的分歧在于是否过筛及合适的过筛孔径这两点上。因此，从试样粒径对试验影响的角度研究粒径对试验影响的规律，提出适合提高试验精度的方法。

《公路工程无机结合料稳定材料试验规程》（JTG 3441—2024）规定，为了减少现场检测和室内试验的差别，对原规范进行修订。规定制作标准曲线和现场试验都不敲碎过筛，直接取样，放入其质量是试样质量 2 倍的 NH_4Cl 溶液中搅拌并滴定。但是，水泥搅拌桩的水泥含量较高，水泥土超出终凝时间（12h 以后），已经形成一定强度，水泥土固化成块，无法直接搅拌试验。因此，EDTA 滴定法运用于搅拌桩水泥含量检测，水泥土试样需要敲碎才能试验。这就需要考虑是否过筛、过筛孔径大小如何选择等问题。

为研究试样粒径与 EDTA 消耗量的关系，配置水泥含量为 25% 的水泥土（按

土的质量计，如 2%指 100g 土中掺加 2g 水泥），在课题组提出的模拟现场条件的
环境中养护 14d 后，敲碎后分别过 7mm、4mm、2mm、1mm、0.5mm 的标准筛，
选取 4～7mm、2～4mm、1～2mm、0.5～1mm 4 种不同粒径范围的水泥土各 500g，
同时取一定质量水泥土分别过 4mm、2mm、0.5mm 的标准筛，分别选取 4mm 以
下、2mm 以下、0.5mm 以下粒径的试样各 500g，用规范的方法测定其 EDTA 消
耗量。试验用土为工地淤泥质黏土，呈流塑状态，抗剪强度低，压缩性高，天然
含水率为 47.0%，孔隙比为 1.336，塑性指数为 20.6，液性指数为 1.14，水泥采用
工地海螺牌普通硅酸盐水泥 P42.5 级。

　　将不同粒径范围的试样 EDTA 消耗量及统计量（统计量即平均值、标准差、变
异系数）列于表 3.4，将各粒径的 EDTA 消耗量的平均值绘制成柱形图，如图 3.10
所示。

表 3.4　不同粒径范围水泥土试样 EDTA 消耗量及统计指标

粒径范围/mm	EDTA 消耗量/cm³					平均值/cm³	标准差/cm³	变异系数/%
0.5～1	29.2	29.2	29.2	29.3	29.2	29.2	0.04	0.15
1～2	22.2	22.1	22.4	22.2	22.3	22.2	0.11	0.51
2～4	17.0	17.2	17.4	17.1	17.6	17.3	0.24	1.40
4～7	10.3	11.6	10.7	11.5	10.4	10.9	0.61	5.62

　　从表 3.4 中可以看出不同粒径范围的水泥土试验 EDTA 消耗量相差很大，达
到数倍的关系。事实上，超过水泥土终凝时间检测时，水泥与土已经固化成块，
实际检测时，将土敲碎成颗粒，溶解的游离 Ca^{2+} 来自破碎颗粒表面的水泥。比表
面积与粒径成反比关系，检测出的水泥含量和该试样的粒径成反比关系。因此，
EDTA 消耗量理论上和粒径成反比关系。如图 3.10 所示，随着水泥土试验颗粒粒
径增加，EDTA 消耗量呈线性减少趋势。

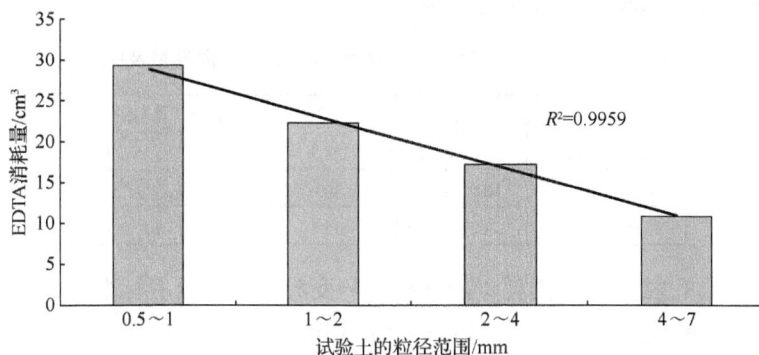

图 3.10　不同粒径范围水泥土 EDTA 消耗量平均值

注：R^2 为拟合优度。

由表 3.4 所示各粒径范围试验 EDTA 消耗量的统计量可以看出，随着水泥土试样的粒径增大，EDTA 滴定平行样离散性增加。在粒径范围在 4~7m 时，水泥土试验误差与平均值比即变异系数为 5.62%，超过了规范 5%的要求。

因此，EDTA 消耗量受水泥土试样的粒径影响较大，实际试验时需要通过过筛统一颗粒粒径的范围，减少粒径的差异对试验产生的误差。同时，4mm 以上粒径范围的水泥土离散性较大，超过了规范的要求，因此建议选择 4mm 以下的标准筛过筛进行试验。

为研究不同孔径的筛对试验的影响，将分别过 0.5mm、2mm、4mm 筛的水泥土试样 EDTA 消耗量和统计量列于表 3.5。将标准筛的孔径与 EDTA 消耗量平均值绘制在坐标图上，得到图 3.11。

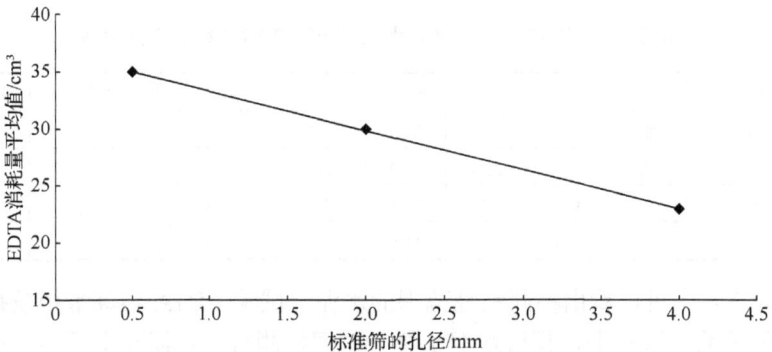

图 3.11　标准筛的孔径与 EDTA 消耗量平均值关系

从图 3.11 可以看出，随着通过标准筛孔径的增加，EDTA 消耗量呈线性减少趋势。这是由于随着孔径的增加，试样颗粒的粒径增加，检测时试样的比表面积减少，测得的 EDTA 消耗量随之减小。

表 3.5　通过不同孔径标准筛水泥土试样 EDTA 消耗量及统计量

筛的孔径/mm	EDTA 消耗量/cm³					平均值/cm³	标准差/cm³	变异系数/%
4	23.6	22.7	23.1	22.2	23.2	23.0	0.53	2.32
2	30.0	30.3	30.0	30.1	30.0	30.1	0.13	0.43
0.5	35.0	35.1	35.2	35.2	35.1	35.1	0.08	0.24

分析不同孔径 EDTA 消耗量的标准差和变异系数，随着标准筛的孔径增加，EDTA 滴定试验的离散性增加。4mm 的试验误差与平均值比为 2.32%，满足规范中误差不得大于均值 5%的要求,因此选择 4mm 以下的标准筛都能满足试验要求。标准筛孔径减小，试验精度提高，但是标准筛的孔径越小，过筛越困难，人工碎

土耗费的人力越大。实际运用时，可以根据工程实际条件合理选择孔径大小。同时，不同过筛孔径的 EDTA 消耗量相差很大，试验时制作标准曲线和现场试验选用的标准筛孔径必须相同。由于过 2mm 筛以后，变异系数降到 0.5%以下，试验结果离散小，因此本试验为减少试验离散性和误差，选用 2mm 的标准筛。

3.3.6　取样质量影响

《公路工程无机结合料稳定材料试验规程》（JTG 3441—2024）规定，为了减少试验过程水泥稳定土试样间的离散性，用于水泥含量检测的试样质量应达到 300g。公路工程中对施工水泥含量检测频率一般要求为 2000m^2 检测 6 个试样，而水泥搅拌桩，以桩身 20m 为例，每一根搅拌桩通常有 20～100 个试样，反映每米水泥搅拌桩的水泥含量分布情况。因此，水泥搅拌桩的水泥含量检测频率远远大于公路工程中水泥含量的检测频率，若参照公路工程使用 300g 试样试验，不仅造成试验过程烦琐，同时随着试样的增多，NH_4Cl 溶液的消耗量随之增多，试验成本较大。对于水泥搅拌桩水泥含量检测，课题组提出使用 100g 试样试验，实际运用过程中不仅提高了检测效率，同时检测成本大大降低。但是，随着试验试样的质量减少，试验精度必然会降低。

事实上，水泥搅拌桩的水泥含量检测取样质量属于统计学中的取样问题，取样太少，反映的问题不够精确，检验问题不够可靠；取样过多，又会造成人力和物力的浪费。因此，需要一个合理的检测的量，以满足实际需求。对于运用 100g 试样试验，需要解决两个问题：①100g 土样制作标准曲线时，平行样之间的误差是否满足规范 5%的要求；②100g 样品能否代表某一区间段桩的实际水泥含量。

为了验证 100g 试样平行样之间的误差是否满足规范 5%要求，试验配置 5%、15%、25% 3 种不同配比的水泥土试样（按土的质量计，如 2%指 100g 土中掺加 2g 水泥），在课题组提出的模拟现场条件的环境中养护，分别在养护 1d、7d、28d 后，敲碎过 2mm 的标准筛，用规范的方法测定其 EDTA 消耗量，每组 12 个平行样，每份 100g。试验用土为搅拌桩处理的两种常见土质，即粉砂和淤泥质土。其中，粉砂为灰色，饱和，稍密，具中偏低～中等压缩性，天然含水率为 26.6%，孔隙比为 0.784；淤泥质土为流塑状态，抗剪强度低，压缩性高，天然含水率为 47.0%，孔隙比为 1.336，塑性指数为 20.6，液性指数为 1.14。水泥采用工地海螺牌普通硅酸盐水泥 P·O42.5 级。

将不同种类土在不同龄期不同水泥含量下的 EDTA 消耗量 12 组平行样试验结果列于表 3.6；将各个龄期的不同水泥含量的 EDTA 消耗量平行样间的变异系数绘制成柱形图，如图 3.12 所示。

表 3.6　不同种类土在不同龄期、不同水泥含量下的 EDTA 消耗量的统计量

龄期/d	水泥含量/%	粉砂			淤泥质土		
		平均值/cm³	标准差/cm³	变异系数/%	平均值/cm³	标准差/cm³	变异系数/%
1	5	12.52	0.05	0.40	11.28	0.09	0.80
	15	25.82	0.40	1.56	23.31	0.24	1.03
	25	33.21	1.03	3.09	31.62	0.34	1.08
7	5	11.63	0.29	2.45	9.54	0.13	1.32
	15	21.29	0.57	2.66	18.99	0.29	1.51
	25	29.68	0.93	3.13	28.75	0.45	1.57
28	5	10.67	0.14	1.29	8.93	0.15	1.66
	15	17.56	0.33	1.88	17.04	0.24	1.41
	25	24.93	0.96	3.87	23.32	0.73	3.14

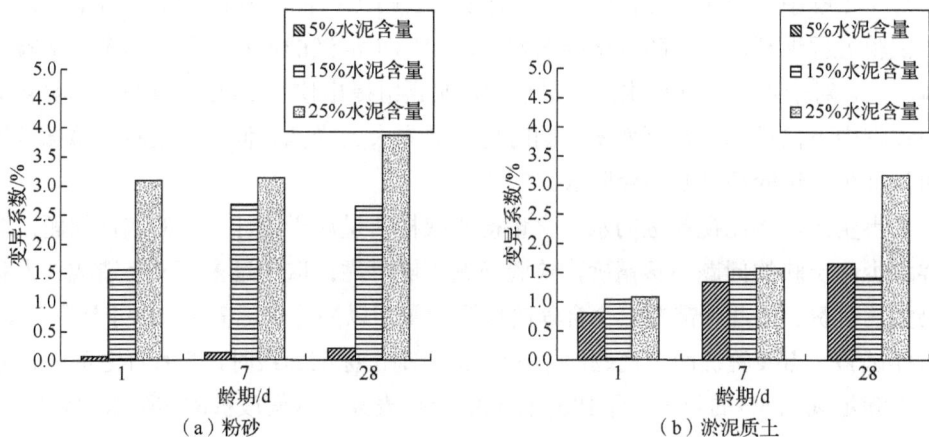

图 3.12　不同土样各个龄期的不同水泥含量的 EDTA 消耗量平行样间的变异系数

由表 3.6 可以看出，不同土质不同水泥含量在不同龄期下的平行样之间的误差相差明显，但是均未超过 5%，因此 100g 试样平行样之间的误差可以满足水泥搅拌桩水泥含量检测的要求。因此，对于提出的第一个问题，通过试验验证，以 100g 土样制作标准曲线时，平行样之间的误差能满足规范 5% 的要求。

如图 3.12 所示，随着水泥含量的增多，试验的离散性增加；随着水泥土的养护龄期的增加，试验的离散性也增加。这是由于随着水泥含量和水泥土龄期的增加，水泥土的强度增加，破碎和过筛后的颗粒形状和大小分布越不均匀，导致平行样间的离散性增加。

将该规律实际运用于制作标准曲线时，对于水泥含量较高，或者养护龄期较长的水泥土，可以根据实际情况适当增加几组平行样，以提高试验精度。

对于问题二，检测水泥搅拌桩的水泥含量取样属于统计学中的取样问题，获取一定数量的样本，通过样本的平均值及均匀度反映整体桩的水泥含量及均匀性。在我们的认知中，取样的数量越多，越能反映桩的真实情况；但取样的数量太大，又会造成人力和物力的浪费。统计学中利用算术平均值的标准差来估计当用试验结果的平均值 $\bar{x}$ 来表示总体均值时所产生的误差，算术平均值的标准差越小，所取的试样均值越接近于总体均值，取样越具有代表性。在总体 N 很大时，算术平均值可以由式（3.9）近似计算得到：

$$S_{\bar{x}} = \frac{S}{\sqrt{n}} \qquad (3.9)$$

式中，$S_{\bar{x}}$ 为算术平均值的标准差；S 为观测值的标准差；n 为样本数量。

也就是说，算术平均值的标准差是观测值标准差的 $1/\sqrt{n}$。由式（3.9）可以看到，观测试验数量越多，即 n 越大，平均值的标准误差就越小，如图 3.13 所示。但是，当 n 超过某一数值后，其影响就很小。因此，理论上只要取样数量 n 达到一定值，在一定的可靠度下，100g 取样质量的算术平均值标准差满足要求，该 n 值即是合理的检测数量。现场检测时，通过取样的标准差和可以接受的误差范围，获得合理的取样质量。

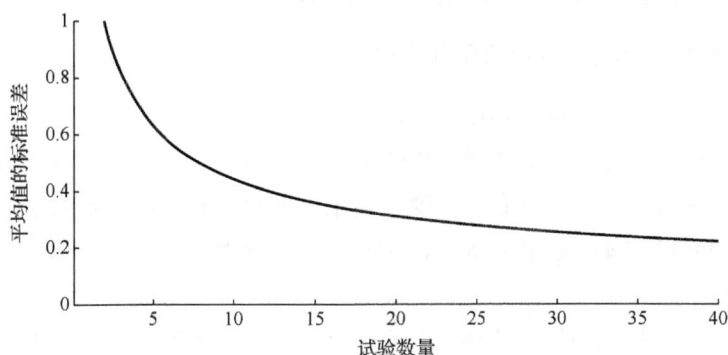

图 3.13　试验数量和平均值的标准差关系

通过对以上影响因素的改进，已成功将 EDTA 滴定法运用于水泥搅拌桩水泥含量检测。但是，其在实际运用中常常遇到一些问题，主要问题为搅拌桩搅拌不均匀时水泥含量分布范围较大，超过了预先制作的标准曲线的测量范围，此时只能通过线性外推法估算水泥含量，结果往往误差较大。若要实现水泥搅拌桩搅拌后快速检测水泥含量，需要对 EDTA 标准曲线做出改进，满足在 3h~28d 内任意龄期检测的要求；水泥含量检测法检测搅拌桩的成桩质量属于新方法，对于该方法与常规方法检测的相关性、检测频率及合理的评价标准尚未形成，需要大量的现场试验结果统计，为今后工程运用提供建议。

3.4 改进的 EDTA 标准曲线的制作与应用

3.4.1 改进的 EDTA 标准曲线的制作

EDTA 滴定法通常用于测定公路工程的水泥或石灰稳定土的水泥含量，而当水泥搅拌桩被用于软土边坡加固时，考虑到水泥搅拌桩水泥含量检测和公路工程水泥石灰稳定土灰剂检测之间的差异，基于上述影响因素分析结果，对 EDTA 滴定法进行一些改进，改进后的 EDTA 滴定法的标准曲线避免了龄期产生的误差。

1. 滴定仪器与试剂

滴定仪器如下：酸式滴定管（50cm³）、滴定台、滴定管夹、大肚移液管（10cm³）、洗耳球、三角烧瓶（200cm³）、具塞三角烧瓶（500cm³）、烧杯（300cm³）。

滴定试剂如下：配置 0.1mol/m³ EDTA 二钠标准溶液，配置 10% NH₄Cl 溶液、1.8% NaOH（内含三乙胺醇）溶液，钙红指示剂。

2. EDTA 消耗量标准曲线制作步骤

（1）标准水泥含量试样制作与养护

标准曲线制作使用淤泥质重粉质壤土，从场地取完土样并密封包装后及时运回实验室并存放。将土体恢复至天然含水率，焖料 72h，使含水率均匀。水泥采用项目用的海螺牌 425 硅酸盐水泥，按照工程情况采用水灰比 0.50（水与水泥的质量之比）。

制备的试样按照不同的水泥含量分为 8 组，分为 0%、10%、15%、16%、18%、20%、25%、30%，在养护龄期为 1d、3d、7d、14d、28d、60d 后进行 EDTA 滴定试验，其中水灰比都为 0.50（水与水泥的质量之比）。标准试样的制作过程如下：

1）配置时分别称取相应质量的湿土、水泥和水，将水泥和水先拌和均匀，配置成水灰比为 0.50 的水泥浆。将称好的土样和配置好的水泥浆放入搅拌容器中，开启搅拌机搅拌，搅拌期间应关闭搅拌机并将容器内壁上附着的水泥土拌和。

2）将拌和均匀的土样装入套有保鲜袋的纸杯中，振捣试样至密实，试验所用模具如图 3.14 所示。将试样放置于 20℃的地下室内养护 1d，其间保持环境相对湿度为 90%，如图 3.15 所示。待试样成型后从保鲜膜中取出。

图 3.14　试验所用模具

图 3.15　制备好的试样

3）将成型的试样埋入装有天然含水率的土层土体的整理箱中，如图 3.16 所示。需保持素土表面浸水，并且使得素土对试样产生一定的围压。使用塑料袋将整体密封好并盖上整理箱，以免含水率发生变化。对于每种水泥含量制备试样，均在模具上贴上标签注明土样、水泥含量等信息。

图 3.16　放入素土中养护

（2）测定标准试样的 EDTA 消耗量

在龄期达到 1d、3d、7d、14d、28d、60d 的养护后，使用规范 EDTA 滴定法对每组试样分别进行滴定试验，获得不同水泥含量下的 EDTA 消耗量随龄期的变化曲线。EDTA 滴定过程如下：

1）准备试剂如下：

① 10% NH_4Cl 溶液：将 4500mL 蒸馏水和 500g NH_4Cl（分析纯）放置在聚乙烯桶中充分搅拌，使得 NH_4Cl 充分溶解。

② 0.1mol/m^3 的 EDTA 二钠标准溶液：在量筒中加入准确称量的 37.23g EDTA 二钠试剂，使用微微加热后的蒸馏水溶解试剂，定容到 1000mL 后充分搅拌均匀。

③ 1.8% NaOH 溶液：将 18g NaOH（分析纯）和 1000mL 蒸馏水放置搅拌桶

中充分拌匀，待试剂完全溶解之后加入 2mL 的三乙醇胺（分析纯）再次搅拌均匀。

④ 钙红指示剂：预先将 K_2SO_4 放置在 105℃的烘箱中烘干 1h，再将 K_2SO_4 和钙试羟酸钠按照 100：1 的比例混合，研磨至粉末状后放入遮光密封瓶中备用。

2）取出部分试样敲碎，使用 4mm 孔径的标准筛筛选出水泥土碎样颗粒。称取过筛后的 150g 试样装入 500mL 的光口锥形瓶内；保留剩余土样 20g 左右，用于测定含水率。

3）将 200mL 的 10% NH_4Cl 溶液倒入盛放试样的锥形瓶中。将装有土样和 NH_4Cl 的锥形瓶以 150 次/min 的速率振荡 3min，为保持稳定的振荡力度和速度，课题组配置了往复式振荡器。振荡后将锥形瓶放置沉淀 10min（若 10min 后溶液没有沉淀完全，依旧是浑浊的悬浮液，可适当延迟沉淀时间，直至澄清的悬浮液出现为止），如图 3.17 所示，并记录所需时间。

4）使用移液管吸取 10mL 澄清悬浮液放置在 200mL 的三角瓶中，三角瓶中再加入 50mL 的 1.8% NaOH 溶液，此时溶液的 pH 为 12.5～13.0。接着，在三角瓶中加入 0.2g 左右的钙红指示剂，摇匀后的溶液呈玫红色。

使用酸式滴定管缓慢滴出 EDTA 二钠标准溶液，直至三角瓶里的试液由红色转变为蓝色，记录变色时 EDTA 二钠试剂的消耗量（精确到 0.1mL），如图 3.18 所示。

图 3.17　将 150g 试样装入 500mL 锥形瓶　　　　图 3.18　EDTA 滴定
　　　　　摇匀后澄清悬浮液

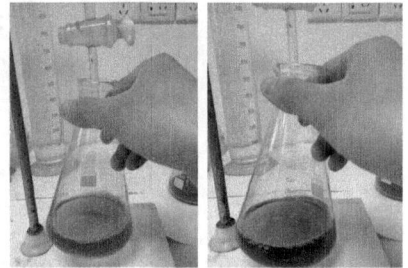

5）清洗所用到的广口瓶、烧杯和三角瓶并烘干，为下组试验备用。

6）其他各组试样重复以上过程，并记录汇总所有试样的 EDTA 消耗量。

7）试验结束，打扫实验室，处理试验垃圾，整理仪器。

3. 绘制改进的 EDTA 标准曲线

EDTA 滴定法检测到的 Ca^{2+} 主要由桩身水泥土提供。同一龄期、相同水泥含量的水泥土，由于土样的含水率不同，选取相同质量土样进行 EDTA 滴定得到的 EDTA 消耗量也会不同；另外，水泥搅拌桩桩身不同深度的土体本身的含水率也有一定差别。因此，需要通过将水泥土换算成一定质量的干土，以消除水泥土含水率对 EDTA 消耗量的影响。

将 150g 湿土 EDTA 消耗量通过以下公式换算成 100g 干土的 EDTA 消耗量：

$$V_{100} = \frac{2}{3}(1+w)V \tag{3.10}$$

式中，w 为试样含水率；V 为滴定试验得到的 150g 湿土的 EDTA 消耗量；V_{100} 为换算成 100g 干土的等价 EDTA 消耗量。

换算后得到的标准试样的 EDTA 消耗量见表 3.7。根据表 3.7 中换算后的消耗量，按照规范所述，以水泥含量为横坐标，100g 干土的 EDTA 消耗量为纵坐标，可以绘制特定龄期下的 EDTA 标准曲线，如图 3.19 所示。

表 3.7　不同含量、不同龄期标准试样的 EDTA 消耗量

水泥含量/%	不同龄期下的 EDTA 消耗量/mL					
	1d	3d	7d	14d	28d	60d
0	1.2	1.2	1.0	1.0	1.0	1.1
10	14.7	14.4	14.0	13.3	12.5	12.1
15	17.4	17.0	16.9	16.5	16.3	15.0
16	18.4	18.1	17.8	17.4	17.2	16.4
18	19.6	19.5	19.3	18.7	18.6	18.0
20	20.7	20.6	20.3	19.7	19.5	18.3
25	24.2	23.6	23.0	22.3	21.6	21.3
30	27.3	26.8	26.7	26.0	25.6	25.2

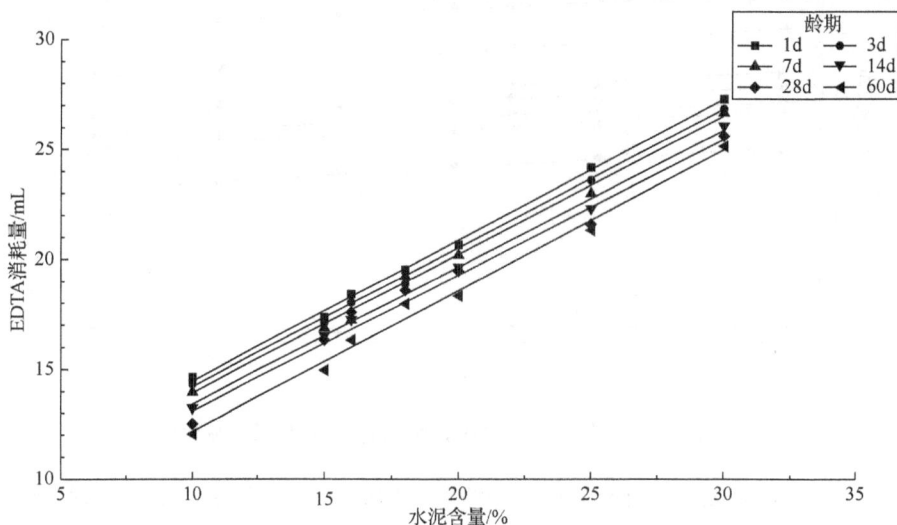

图 3.19　EDTA 消耗量标准曲线

图 3.19 可用于快速获得一定龄期水泥土试样的水泥含量。通过 EDTA 滴定法测得现场水泥土试样的 EDTA 消耗量，在图 3.19 中代入对应龄期的 EDTA 消耗量

标准曲线，即可反算得到该水泥土试样的水泥含量。

但在实际工程中，规范采用的 EDTA 标准曲线有一定使用限制。水泥搅拌桩的检测龄期为 28d，但由于边坡加固工程需要检测试样数量较多，很难做到在一天内完成打桩取芯—碾碎过筛—试验滴定等一系列工作，这就直接造成了实际滴定龄期的不确定性，仍按照 28d 龄期的标准曲线计算水泥含量会使滴定结果存在 2～7d 龄期的误差。如果按照传统方法，需要在前期绘制 28d 附近多个龄期的标准曲线，显然会造成较大的工作量。如果遇到如气候等不可抗因素导致的取样时间延后等情况，而前期工作中没有准备对应龄期的标准曲线，则会极大地影响检测的效率和准确性。另外，搅拌桩工程若存在质量问题，需要做到随时检测及时反馈，制作多个龄期的标准曲线进行检测会太过烦琐[86-89]。

对于上述传统标准曲线在工程应用中存在的问题，课题组基于 EDTA 影响因素得到了改进的 EDTA 标准曲线。根据表 3.7 中换算后的消耗量，以龄期的对数为横坐标，100g 干土的 EDTA 消耗量为纵坐标，绘制出不同水泥含量的 EDTA 消耗量随龄期的变化关系，如图 3.20 所示。

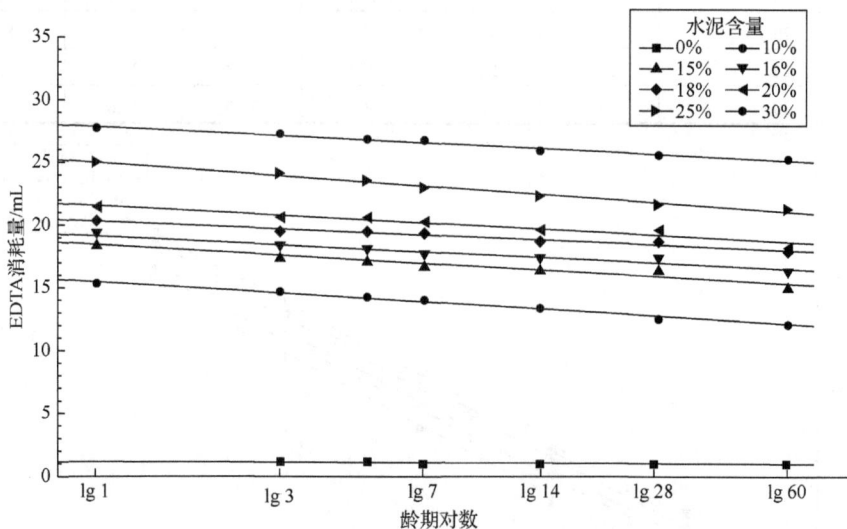

图 3.20　不同水泥含量的 EDTA 消耗量随龄期对数的变化关系

由图 3.20 可知，EDTA 消耗量会随着龄期的增长而衰减，与 3.2 节得到的规律相符。同一水泥含量试样的 EDTA 消耗量随龄期有着明显的对数线性关系，各水泥含量标准试样的 EDTA 消耗量随龄期呈对数线性关系的公式可表示如下：

10%标准水泥含量试样：

$$y = 15.56 - 1.96 \lg x \tag{3.11}$$

15%标准水泥含量试样：

$$y = 18.41 - 1.75 \lg x \tag{3.12}$$

16%标准水泥含量试样：

$$y = 19.22 - 1.55 \lg x \tag{3.13}$$

18%标准水泥含量试样：

$$y = 20.31 - 1.27 \lg x \tag{3.14}$$

20%标准水泥含量试样：

$$y = 21.59 - 1.66 \lg x \tag{3.15}$$

25%标准水泥含量试样：

$$y = 25.07 - 2.25 \lg x \tag{3.16}$$

30%标准水泥含量试样：

$$y = 27.89 - 1.55 \lg x \tag{3.17}$$

式中，y 为标准曲线的 EDTA 消耗量；x 为滴定龄期。

　　根据上述公式，可以得到任意龄期下的各标准水泥含量试样的 EDTA 消耗量。结合规范，即可得到该龄期下的 EDTA 标准曲线。也可以利用插值法得到任意龄期下各标准水泥含量的 EDTA 消耗量，两种方法得到的水泥含量检测结果相差不大。

3.4.2　改进的 EDTA 标准曲线的应用

　　改进的 EDTA 滴定法考虑了龄期对 EDTA 消耗量的影响，可以用于测定任意龄期时搅拌桩试样的水泥含量。以现场试验 1-26#桩为例，试样的实际水泥含量检测龄期为 33d，具体检测步骤如下：

　　1）现场每米取一组搅拌桩试样进行 EDTA 滴定试验，结合试样含水率换算得到标准质量试样的 EDTA 消耗量。

　　2）通过图 3.20 得到 EDTA 消耗量随龄期的衰减方程，根据 3.3.1 节所示公式计算得到 10%、15%、16%、18%、20%、25%、30%标准水泥含量试样 EDTA 消耗量分别为 12.3mL、15.4mL、16.5mL、18.0mL、18.8mL、21.4mL、24.9mL。结合规范，即可得到 33d 龄期的 EDTA 标准曲线，如图 3.21 所示。

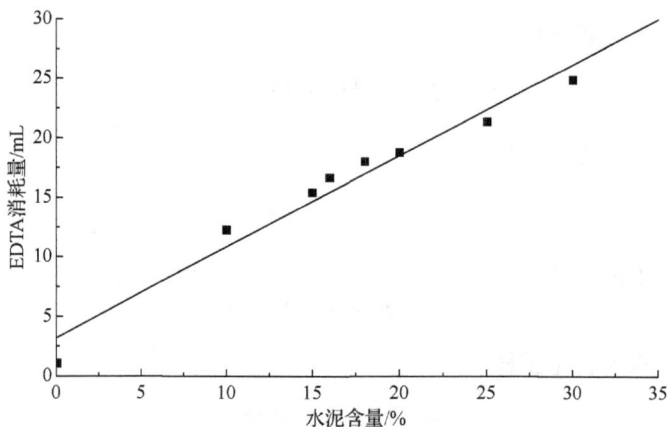

图 3.21　33d 龄期的 EDTA 标准曲线

3）将标准质量试样的 EDTA 消耗量代入对应龄期的标准曲线，即可得到搅拌桩各深度试样的水泥含量。1-26#桩的水泥含量检测结果见表 3.8 和图 3.22，可以根据搅拌桩的水泥含量分布及水泥含量变异系数判别搅拌桩的拌和均匀性。

表 3.8　1-26#桩的水泥含量检测结果

深度/m	含水率/%	EDTA 消耗量/cm³	水泥含量/%
0.5	32.03	51.2	34.6
1.5	43.72	46.1	31.1
2.5	39.37	36.7	24.7
3.5	34.95	31.5	21.1
4.5	38.41	32.4	21.8
5.5	44.25	20.2	13.4
6.5	34.86	23.0	15.3
7.5	32.94	12.2	7.9
8.5	42.86	25.4	17.0
9.5	31.32	26.8	17.9
10.5	31.95	24.4	16.3
11.5	33.39	27.7	18.5
12.5	34.39	30.1	20.2
13.5	40.82	22.6	15.0
平均值			19.6

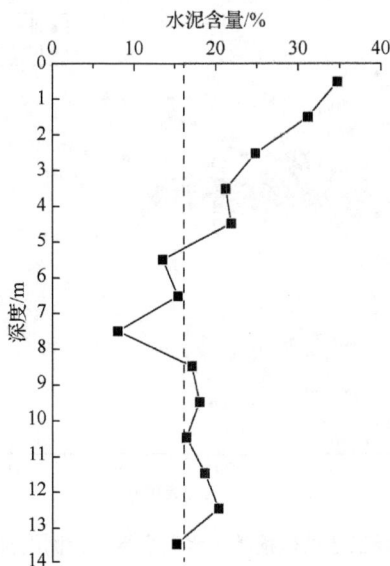

图 3.22　1-26#桩的水泥含量检测结果

3.5　搅拌桩质量评价标准

3.5.1　搅拌桩强度与水泥含量的相关性

　　室内试验表明，水泥土水泥含量和抗压强度之间具有良好的相关性，但在实际工程的复杂条件下，两种检测方式的结果的相关性还需要进一步验证。

　　在水泥搅拌桩成型 28d 后，通过钻机取样取出桩体芯样。桩身范围内，每隔 1m 选择 1 个芯样带回实验室，按前文所述方法进行水泥含量检测。九乡河边坡加固工程的两次现场成桩试验共检测了 63 根搅拌桩，试验桩的水泥含量设计值有 16%、18%、20%。将水泥搅拌桩现场试验中各芯样检测得到的水泥含量和无侧限抗压强度绘制于图 3.23，可以看出搅拌桩各芯样的抗压强度主要集中于 0.6~1.0MPa，水泥含量主要集中于 10%~25%。对于图 3.23 中强度低于 0.6MPa 的芯样，基本分布于桩体的 6~9m 处，该部分芯样仍有一定量的水泥含量，强度较低可能是由于土体本身性质导致的。6~9m 处属于桩体薄弱部位，由于 6~9m 深度桩体强度的特殊性，仅将现场试验桩非 6~9m 部分的芯样绘制于图 3.24。虽然各芯样抗压强度随水泥含量的增长幅度较小，但搅拌桩的抗压强度与水泥含量仍呈现出较好的相关性。

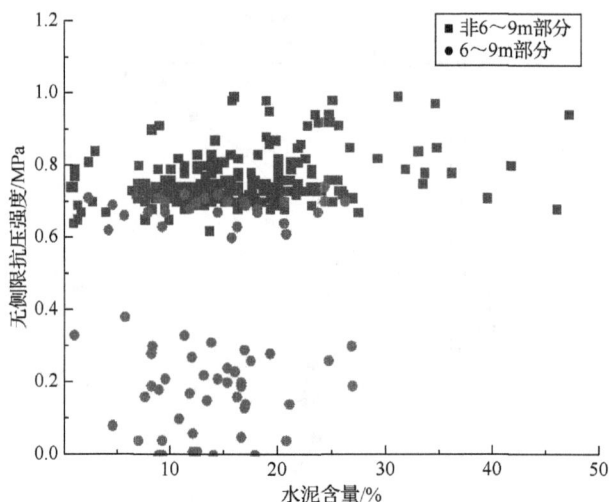

图 3.23　现场工艺试验搅拌桩水泥含量与无侧限抗压强度关系

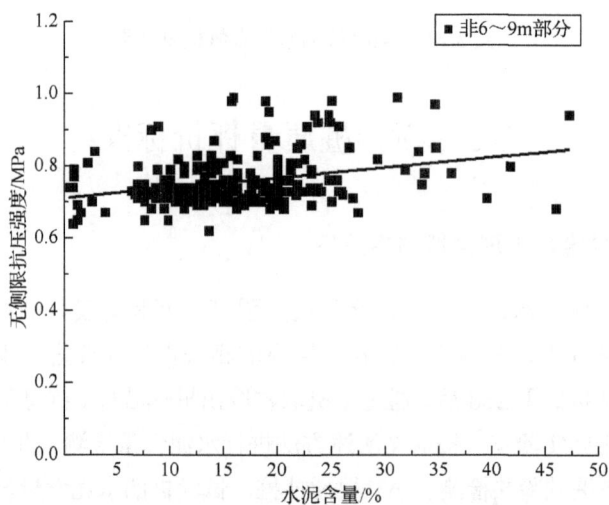

图 3.24　搅拌桩水泥含量与无侧限抗压强度关系（非 6～9m 部分）

　　将九乡河边坡加固工程第二次现场试验水泥搅拌桩的平均无侧限抗压强度和平均水泥含量关系绘于图 3.25 中，其中横坐标为桩长范围内的平均水泥含量，纵坐标为桩长范围内的平均无侧限抗压强度。在不考虑其他影响因素的条件下，芯样的无侧限抗压强度越高，也就代表其水泥含量越高。从图 3.25 可知，水泥含量的平均值大致和无侧限抗压强度的平均值呈正相关的关系，随着被检测的水泥搅拌桩平均水泥含量增加，水泥搅拌桩的平均无侧限抗压强度呈现增大趋势，说明实际工程使用水泥含量检测法测得水泥含量与无侧限抗压强度之间也呈正相关的关系。另外，可以注意到，在平均无侧限抗压强度为 0.8MPa 时，平均水泥含量在 16%左右，满足依托搅拌桩工程的设计强度，验证了水泥含量检测法在强度方面具有可靠性。

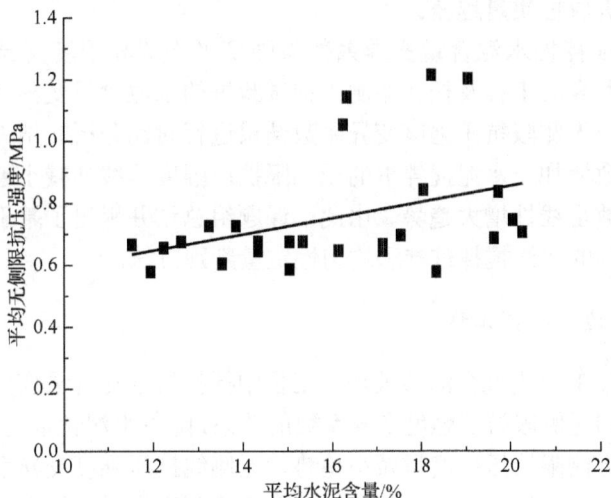

图 3.25　水泥搅拌桩平均水泥含量和平均无侧限抗压强度的关系

同时，由图 3.25 可知，随着检测的水泥搅拌桩平均水泥含量增加，水泥搅拌桩的平均无侧限抗压强度随之增大，说明水泥含量与钻芯取样抗压强度试验有很好的相关性。因此，水泥含量检测方法结果和无侧限抗压强度检测结果一致，试验成果验证了水泥含量检测法的准确性，用检测水泥含量的方法能够控制搅拌桩质量并能说明质量差或好的原因。

3.5.2　搅拌桩均匀程度与水泥含量变异系数的相关性

搅拌桩的成桩质量一方面与搅拌桩的桩身强度有关，另一方面也与桩身强度分布有关。搅拌桩芯样的水泥含量与其抗压强度具有相关性，因此根据单桩水泥含量的分布也能够反映桩体的抗压强度分布，进而可以判别搅拌桩的均匀程度，评价搅拌桩的成桩质量[80-83]。

在搅拌桩成桩过程中，由于搅拌机械的切削搅拌作用，实际上不可避免地会留下一些未被粉碎的大小土团。在拌入水泥后将出现水泥浆包裹土团的现象，而土团间的大孔隙基本上已被水泥颗粒填满，所以在加固后的水泥土中形成一些水泥较多的微区，而在大小土团内部则没有水泥。只有经过较长的时间，土团内的土颗粒在水泥水解产物渗透作用下，才逐渐改变其性质。因此，在水泥土中不可避免地会产生强度较大和水稳性较好的水泥石区和强度较低的土块区，两者在空间相互交替，从而形成一种独特的水泥土结构。由此可见，搅拌越充分，土块被粉碎得越小，水泥分布到土中越均匀，则水泥土结构强度的离散性越小，其宏观的总体强度也越高。在搅拌桩搅拌均匀程度的判别中，水泥搅拌桩拌和越不均匀，水泥含量检测变异系数越大，水泥搅拌桩桩身整体强度越低，抗压强度也更不均匀，水泥搅拌桩成桩质量越差。

为了分析搅拌桩水泥含量变异系数与强度平均值和强度变异系数之间的关系，课题组对九乡河工程及杨林船闸工程试验桩的水泥含量变异系数、无侧限抗压强度平均值及无侧限抗压强度变异系数结果进行对比分析。结果表明，随着水泥含量变异系数增加，水泥搅拌桩的无侧限抗压强度呈线性减小趋势，无侧线抗压强度变异系数呈线性增大趋势。由此，课题组总结并提出了基于水泥含量均值和变异系数指标的水泥搅拌桩拌和均匀性定量判别方法。

1. 九乡河边坡加固工程

图3.26和图3.27为九乡河边坡加固工程中搅拌桩水泥含量变异系数与平均无侧限抗压强度和无侧限抗压强度变异系数的关系，随着水泥含量变异系数的增加，水泥搅拌桩的无侧限抗压强度呈减小趋势，无侧线抗压强度变异系数呈线性增大的趋势。水泥搅拌桩拌和越不均匀，水泥含量检测变异系数越大，水泥搅拌桩桩身整体强度越低，无侧限抗压强度也更不均匀，水泥搅拌桩成桩质量越差。同时，在水泥搅拌桩水泥含量变异系数超过45%时，水泥搅拌桩平均无侧限抗压强度基本低于 0.8MPa 的设计值，且无侧限抗压强度的变异系数也较大，说明成桩质量较差。另外当水泥含量变异系数大于45%时，强度标准值约等于设计强度 0.8MPa，体现了用45%水泥含量变异系数作为桩体是否均匀评价标准的可靠性。

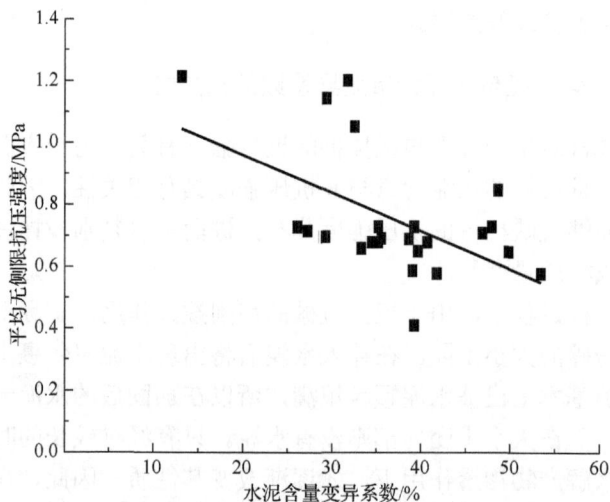

图 3.26　水泥含量变异系数与平均无侧限抗压强度的关系

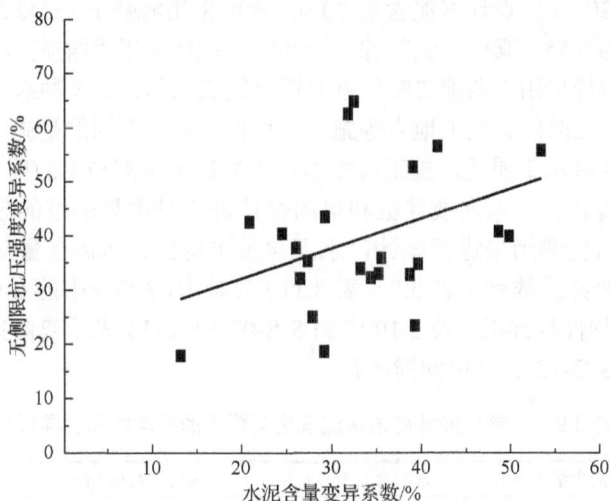

图 3.27　水泥含量变异系数与无侧限抗压强度变异系数的关系

　　试验桩结果表明，水泥含量变异系数可以很好地体现水泥搅拌桩的均匀性，在保证水泥含量变异系数达标的情况下，往往也可以保证水泥含量平均值和强度平均值达到合格要求。

2. 杨林船闸工程

　　通过杨林船闸水泥搅拌桩试桩试验研究搅拌均匀性与搅拌桩质量的关系。试验桩采用 3 种不同的搅拌工艺及搅拌刀具，分别为强制性框式搅拌刀头、双向搅拌刀头（图 3.28）和单向搅拌刀头（图 3.29）。

图 3.28　双向搅拌刀头

图 3.29　单向搅拌刀头

设计桩长 20.5m，设计水泥含量 20%，水泥采用海螺 P·O42.5 号普通硅酸盐水泥，水灰比为 0.55。其中，强制性搅拌和双向搅拌采用"四搅三喷"双向搅拌施工工艺，单向搅拌采用"四搅二喷"单向搅拌施工工艺。这 3 种水泥搅拌桩施工设计水泥含量、施工时间、施工地点等施工条件都相同，不同的是施工工艺。施工工艺决定水泥搅拌桩施工质量，施工质量本质上取决于水泥与土的拌和均匀程度。

将强制性搅拌桩、双向搅拌桩和单向搅拌桩 3 种类型的桩的芯样无侧限抗压强度和水泥含量检测结果进行统计，水泥含量平均值、水泥含量变异系数、强度平均值和强度变异系数列于表 3.9～表 3.11 中。其中，表 3.9 中的 S-Q-01、S-Q-03～S-Q-13 表示强制性搅拌桩，表 3.10 中的 S-S-02～S-S-13 表示双向搅拌桩，表 3.11 中的 S-D-01～S-D-12 表示单向搅拌桩。

表 3.9 强制性搅拌桩的水泥含量与强度的平均值和变异系数

桩号	水泥含量平均值/%	水泥含量变异系数/%	强度平均值/MPa	强度变异系数/%
S-Q-01	24	14.8	1.48	14.8
S-Q-03	21.9	17.4	1.52	6.8
S-Q-04	24.2	14.2	1.58	5.7
S-Q-05	20.5	19.3	1.45	16.4
S-Q-06	19.9	18.3	1.56	11
S-Q-07	22.2	24	1.39	13.7
S-Q-08	28.3	21.8	1.47	15.2
S-Q-09	23.7	25	1.51	8.3
S-Q-10	24.2	20.8	1.59	5.3
S-Q-11	22	19.3	1.59	8.1
S-Q-12	22.9	24.6	1.58	12.9
S-Q-13	23.6	13.8	1.36	16.9

注：无 S-Q-02 号桩，此桩为施工试桩，无检测结果。

表 3.10 双向搅拌桩的水泥含量与强度的平均值和变异系数

桩号	水泥含量平均值/%	水泥含量变异系数/%	强度平均值/MPa	强度变异系数/%
S-S-02	17.3	32.2	1.01	37.8
S-S-03	21.6	29.3	1.29	18.5
S-S-04	20.9	38.4	1.25	30
S-S-05	20.2	32.7	1.07	32.1
S-S-06	16.7	44.1	0.94	46.7
S-S-07	23.1	33.1	1.15	27
S-S-08	23.7	26.3	1.28	31.3
S-S-09	25.2	17.6	1.24	34.6
S-S-10	19.7	38	1.35	21.9
S-S-11	21.3	30.7	1.31	20.5
S-S-12	19.6	24.8	1.23	21.9
S-S-13	22.4	28.1	1.25	24.1

表 3.11　单向搅拌桩的水泥含量与强度的平均值和变异系数

桩号	水泥含量平均值/%	水泥含量变异系数/%	强度平均值/MPa	强度变异系数/%
S-D-01	21.3	41.2	1.26	27.2
S-D-02	15.2	82.9	0.91	71.5
S-D-03	14.2	68	0.78	76.5
S-D-04	14.6	48.6	0.94	44.1
S-D-05	15.6	72.5	0.64	101.7
S-D-06	10	80.2	0.58	91.3
S-D-07	10.58	76.5	0.65	84.9
S-D-08	13.9	64.3	0.64	90.7
S-D-09	11.2	42.8	0.59	84.6
S-D-10	10.5	73.6	0.67	74.8
S-D-11	8.5	41.9	0.58	82.9
S-D-12	14.2	54.3	0.74	72.3

由表 3.9～表 3.11 可知，随着检测的水泥搅拌桩平均水泥含量增加，水泥搅拌桩的平均无侧限抗压强度随之呈线性增大。另外，每种搅拌类型搅拌桩水泥含量变异系数在一定范围内，如强制性搅拌桩的大致在 13.8%～24.6%范围，双向搅拌桩的大致在 17.6%～44.1%范围，单向搅拌桩的大致在 41.2%～82.9%范围。因此，不同的搅拌工艺，水泥与土拌和的均匀程度不同，水泥含量变异系数分布范围也不同，说明水泥含量的变异系数可以表示水泥搅拌桩的拌和均匀性。

同时，为了分析每种搅拌类型桩水泥含量变异系数与强度平均值和强度变异系数的关系，将表 3.9～表 3.11 中的数据分别绘制在以水泥含量变异系数为横坐标，每根桩的无侧限抗压强度平均值或无侧限抗压强度变异系数为纵坐标的坐标轴中，如图 3.30 和图 3.31 所示。由图 3.30 和图 3.31 可得，随着水泥含量变异系数的增加，水泥搅拌桩的无侧限抗压强度呈线性减小趋势，无侧限抗压强度变异系数呈线性增大趋势。水泥搅拌桩拌和越不均匀，水泥含量检测变异系数越大，水泥搅拌桩桩身整体强度越低，抗压强度也更不均匀，水泥搅拌桩成桩质量越差。同时，在水泥搅拌桩水泥含量变异系数超过 50%时，水泥搅拌桩平均抗压强度基本低于 0.84MPa 的设计值，成桩质量较差。

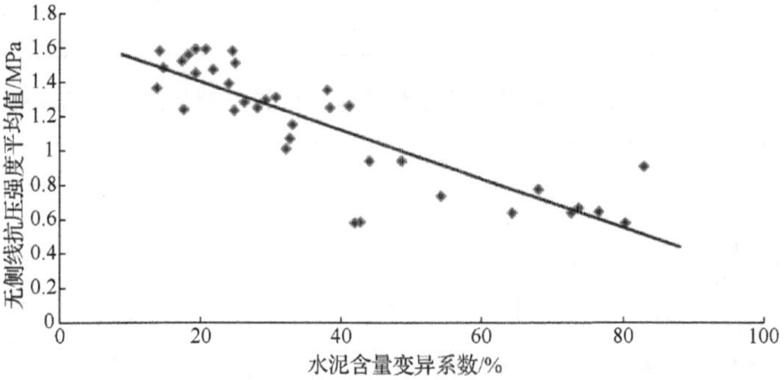

图 3.30　水泥含量变异系数与无侧限抗压强度平均值的关系

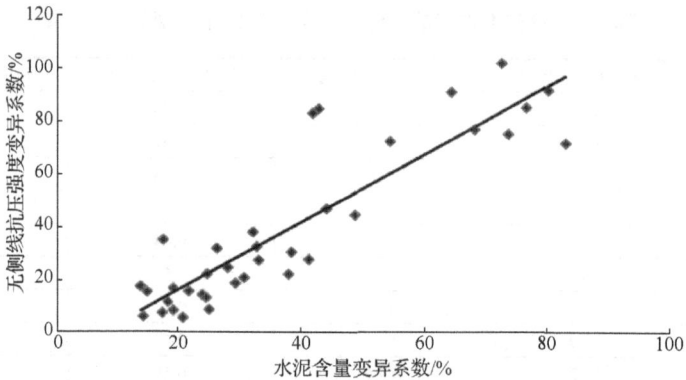

图 3.31　水泥含量变异系数与无侧限抗压强度变异系数的关系

　　分析这 3 种不同搅拌工艺的搅拌桩检测结果，可知水泥与土拌和均匀程度是水泥搅拌桩成桩质量的关键因素。因此，可以通过水泥含量变异系数定量表示水泥搅拌桩拌和均匀程度，判别水泥搅拌成桩质量，反映质量缺陷的原因，具有推广应用价值。

　　采用改进的水泥含量检测法检测工程桩，将不同搅拌工艺的搅拌桩水泥含量的变异系数范围及均值与成桩质量列于表 3.12 和表 3.13 中。从表 3.12 和表 3.1.3 中可以看出，在变异系数低于 45% 时，水泥搅拌桩成桩质量能满足要求。基于上面的统计，根据水泥搅拌桩水泥含量的特点，将水泥搅拌桩均匀程度进行归类，为以后的工程提供借鉴。

表 3.12　检测的不同种类搅拌桩的水泥含量均值、变异系数范围及搅拌桩的成桩质量

搅拌桩种类	水泥含量平均值/%	水泥含量变异系数/%	成桩质量
第一次双向搅拌试验桩	9.1～21.6	25.3～84.5	较差
单向搅拌试验桩	8.5～21.3	41.2～82.9	差
双向搅拌试验桩	16.7～25.2	17.6～44.1	较好
强制性搅拌试验桩	19.9～28.3	13.8～24.6	良好
上游工程桩强制性搅拌施工桩	6.7～28.2	11.9～43.8	较好
路鼎公司施工桩	13.8～23.7	3.4～29.9	良好

表 3.13　不同种类搅拌桩的水泥含量均值、变异系数及搅拌桩的成桩质量

搅拌桩种类	水泥含量平均值/%	水泥含量变异系数/%	成桩质量
第一次双向搅拌试验桩	14.5	66.6	较差
单向搅拌试验桩	13.7	67.1	差
双向搅拌试验桩	21	32.3	较好
强制性搅拌试验桩	23.1	21.3	良好
上游工程桩强制性搅拌施工桩	17.3	34.5	较好
路鼎公司施工桩	18.4	18.5	良好

通过水泥含量的变异系数定量表示水泥掺合料的均匀性，可以确定水泥掺合料的质量，并反映出质量不佳的原因，具有实用价值。检测水泥含量和变异系数的方法可较准确地反映水泥搅拌桩的搅拌均匀性。

3.5.3　水泥搅拌桩平均水泥含量的估计

水泥搅拌桩水泥含量检测法不仅可以检测抽取的试样水泥含量，获得试样水泥含量随深度变化曲线，分析水泥搅拌桩成桩质量，而且可以通过抽取样本的水泥含量平均值估计水泥搅拌桩总体水泥含量。获得水泥搅拌桩整桩平均水泥含量，对于控制水泥搅拌桩质量有重要意义。抽取一定试样，通过试样的平均值估计总体的平均值属于数理统计中的抽样问题。

水泥搅拌桩水泥含量分析方法尚未得到工程广泛运用，因此需要通过数理统计的方法确定合理的每根桩检测频率，以反映水泥搅拌桩整体水泥含量。在抽样调查中，太大的样本量会浪费人力、财力，而太小的样本量则会降低调查结果的准确度，因此合理地估计将要进行的一次抽样调查所需的样本量 n 是抽样调查面临的一个问题。对于水泥搅拌桩水泥含量抽样，通常希望控制实际总体均值 $\overline{Y}$ 与样本均值 $\overline{y}$ 的相对误差 r 在可以接受的范围 α 内，要求

$$P\left\{\left|\frac{\overline{y}-\overline{Y}}{\overline{Y}}\right|<r\right\}=1-\alpha \tag{3.18}$$

由统计学中心极限定理，当 n 很大时，$\overline{y}$ 近似服从正态分布 $N(\overline{Y},\sigma_{\overline{y}}^2)$，其中

$\sigma_{\overline{y}}^2=\left(\dfrac{N-n}{N}\right)\dfrac{S^2}{n}$，$S$ 表示均值标准差。

由于

$$1-\alpha=P\left\{\left|\frac{\overline{y}-\overline{Y}}{\overline{Y}}\right|<r\right\}=P\left\{\left|\frac{\overline{y}-\overline{Y}}{\sigma_{\overline{y}}^2}\right|<\frac{r\overline{Y}}{\sigma_{\overline{y}}}\right\} \tag{3.19}$$

因此

$$\frac{r\overline{Y}}{\sigma_{\overline{y}}}=u_{\frac{\alpha}{2}} \tag{3.20}$$

式中，$u_{\frac{\alpha}{2}}$ 为标准正态分布 $N(0,1)$ 的上侧 $\dfrac{\alpha}{2}$ 分位数。

由此可得

$$\left(\frac{r\overline{Y}}{u_{\frac{\alpha}{2}}}\right)^2=\sigma_{\overline{y}}^{\,2}=\left(\frac{N-n}{N}\right)\frac{S^2}{n} \tag{3.21}$$

得出

$$n = \left(\frac{u_{\frac{\alpha}{2}}S}{r\overline{Y}}\right)^2 \bigg/ \left[1 + \frac{1}{N}\left(\frac{u_{\frac{\alpha}{2}}S}{r\overline{Y}}\right)^2\right] \tag{3.22}$$

由于水泥搅拌桩水泥含量检测 N 值很大，以 20m 的桩长为例，检测水泥含量每组需要 100g 试样，N 值大约为 15 万，因此可将式（3.22）近似为

$$n = \left(\frac{u_{\frac{\alpha}{2}}S}{r\overline{Y}}\right)^2 \tag{3.23}$$

在实际检测中，可以根据前期检测的数据先进行少量抽样，预先估计出 $\frac{S}{\overline{Y}}$（变异系数），代入式（3.23）中即可得到估计样本容量。水泥搅拌桩水泥含量检测法在实际运用中，样本水泥含量均值与水泥搅拌桩总体水泥含量均值之间的误差为 2 百分点，即实际含量为 20% 的水泥搅拌桩，检测出样本的均值含量范围在 20%±2% 内是可以接受的。因此，可以取 r 值为 0.1。对于一般工程，取保证率 90%，$u_{\frac{\alpha}{2}}$ 取值为 1.645。代入式（3.23）中，n 值即成为变异系数的函数。

根据现场检测统计出的不同工艺的搅拌水泥含量变异系数范围和均值，结合水泥搅拌桩水泥均匀性判定标准，计算在搅拌桩不同均匀度范围内最少取样的数量，将结果列于表 3.14。

表 3.14　不同水泥含量变异系数范围内的最小取样数量

变异系数/%	<30	30～45	45～80	>80
最小取样数量	24	55	100	>174
桩身均匀程度	非常均匀	均匀	较不均匀	极不均匀
桩身质量评定	良好	好	较差	差

由表 3.14 可以看出，搅拌桩的取样数量随着均匀性变差而增大。实际运用时，可以通过事先检验抽出的样本或工程经验的变异系数范围，合理选择检测样本的数量，利用样本的均值准确反映水泥搅拌桩的实际水泥含量。

在水泥搅拌桩变异系数不超过 80%，对水泥搅拌桩搅拌均匀性进行判定时，检测数量需要 100 以上才能保证精度。对于本试验的取样装置，就可以取出 20m 桩身范围 100 个试样。同时，继续提高样本数量没有实际意义，可以直接利用样本水泥含量随深度变化曲线和样本水泥含量的均匀性反映质量问题。其实，对于实际工程桩检测，检测数量至少在 5 根以上，每根桩只要检测到 20 个试样的水泥含量即可充分评价该工程的搅拌桩是否为均匀（若桩长 20m，每间隔 1m 取样即可）。

3.5.4　搅拌桩质量评价指标及标准

搅拌桩的成桩质量一方面与搅拌桩的桩身强度有关，另一方面也与桩身强度分布有关。大量室内与现场试验表明，搅拌桩芯样的水泥含量与其抗压强度具有相关性，根据单桩水泥含量的分布能够反映桩体的抗压强度分布，进而可以判别搅拌桩的均匀程度，评价搅拌桩的成桩质量。因此，可以采用改进的 EDTA 滴定法对实际工程中的搅拌桩开展水泥含量检测，并基于搅拌桩水泥含量检测的结果对搅拌桩的成桩质量进行判别和评价。

对于边坡等抗滑工程，推荐搅拌桩每根试桩自上到下全部桩长范围内每间隔 1m 取一组试样进行检测。

水泥搅拌桩质量评定采用统计方法，依据水泥含量的平均值与变异系数评定单桩及群桩成桩质量的好坏。其具体评价标准如下：

1）单桩的水泥含量平均值要求不小于设计值。这是由于取样部位在桩中心向外 1/3 半径位置，该部位搅拌均匀性最好，离喷浆出口较近，含浆量较高，因此有水泥含量均值不小于设计值的要求。

2）单桩水泥含量的变异系数参照表 3.15 中的标准进行判别。基于室内试验和现场搅拌桩试验结果，将水泥搅拌桩的均匀程度按表进行归纳，将搅拌桩的搅拌均匀程度分为非常均匀、均匀、不均匀、极不均匀 4 个等级，对应的搅拌桩成桩质量分别为优良、合格、基本合格、不合格。

表 3.15　根据水泥含量变异系数对水泥搅拌桩均匀性定量判别范围

桩体均匀程度	非常均匀	均匀	不均匀	极不均匀
水泥含量变异系数/%	<30	30～45	45～80	>80
成桩质量	优良	合格	基本合格	不合格

本 章 小 结

本章通过文献总结、室内试验等方法，提出了基于水泥含量指标的搅拌桩质量检测新方法和评价标准，主要研究内容和成果有：

1）开展了室内水泥土试验和现场搅拌桩试验，结果表明水泥土的强度与水泥含量呈现明显的相关性，水泥含量较高的搅拌桩部位对应的强度也通常较高；

2）研究了养护龄期、养护方式、含水率、土性、试样粒径、取样质量等因素对 EDTA 法检测精度的影响，提出采用模拟养护、含水率换算、过 4mm 筛分、

100g 取样质量等措施改进 EDTA 滴定法。考虑 EDTA 消耗量的龄期衰减效应，制作 EDTA 消耗量随龄期变化的对数坐标曲线，实现对任意龄期水泥土试样水泥含量的精准测量；

　　3）根据水泥土的水泥含量、无侧限抗压强度试验结果，建立了试样水泥含量与抗压强度、单桩水泥含量变异系数与抗压强度平均值之间的关系，提出以水泥含量平均值、变异系数为指标的搅拌桩质量评价标准。

第 4 章　水泥土强度特性研究

对于不同的水泥搅拌桩工程，由于土体的沉积环境不同，土体结构强度往往存在较大差别，且工程现场水文地质条件各异，所使用的水泥品种也不同，且相同水泥配比条件下得到的不同地区的水泥土强度特性也具有明显差异。因此，为得到满足实际工程需要的水泥搅拌桩水泥配比，必须在设计时开展对应的水泥配比试验研究，并综合考虑影响水泥土强度特性的因素进行分析，得到适合实际工程土质的水泥配比[87]。

对于软土边坡加固工程，搅拌桩桩体质量薄弱部位很可能导致边坡的失稳破坏，这要求搅拌桩在全部桩长范围内都需达到设计的抗剪强度。然而，目前在水泥搅拌桩相关工程中存在如下问题：①相关规范［如《建筑地基处理技术规范》（JGJ 79—2012）］只要求对搅拌桩的无侧限抗压强度进行检测，忽略了抗剪强度的相关检测，无法保证搅拌桩抗剪强度能够满足工程需求；②如若增加抗剪强度的相关检测，会大大增加取样、质量检测的工作量和成本。

本章通过室内水泥配比试验，研究水泥土无侧限抗压强度、抗剪强度随水泥配比的变化规律，主要包括水泥掺入比、水灰比、龄期等因素；探究水泥土抗压抗剪强度之间的相关性。

4.1　水泥土加固机理

软土与水泥采用机械搅拌加固的基本原理是基于水泥土的物理化学反应。水泥土的物理化学反应过程与混凝土的硬化机理不同，混凝土的硬化主要是在粗填充料（比表面不大、活性很弱的介质）中进行水解和水化作用，所以凝结速度较快；而在水泥土中，由于水泥的含量很少（仅占被加固土重的 7%～20%），水泥的水解和水化反应完全是在具有一定活性介质的土的围绕下进行的，所以硬化速度缓慢且作用复杂，因此水泥土强度增长的过程也比混凝土慢。

1. 水泥的水解和水化反应

普通硅酸盐水泥主要成分包括 CaO、SiO_2、Al_2O_3、Fe_2O_3 及 SO_3 等。用水泥加固软土时，水泥颗粒表面的矿物很快与软土中的水发生水解和水化反应，生成

Al(OH)$_3$、含水硅酸钙、含水铝酸钙及含水铁酸钙等化合物。其中，硅酸三钙（3CaO·SiO$_2$）含量最高，约占水泥土全重的 50%，是决定水泥土强度的主要因素；硅酸二钙（2CaO·SiO$_2$）在水泥土中含量也较高，它主要影响后期强度；铝酸三钙（3CaO·Al$_2$O$_3$）和铁铝酸四钙（4CaO·Al$_2$O$_3$·Fe$_2$O$_3$）占比较少，其水化速度快，能够促进早凝；硫酸钙（CaSO$_4$）占比很少，但其能反应生成一种被称为水泥杆菌的化合物，可有效减少土中的自由水。其具体反应过程如下：

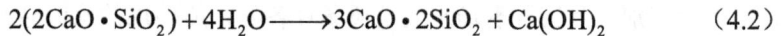

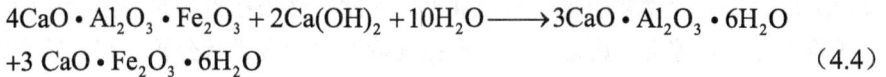

$$2(3CaO \cdot SiO_2) + 6H_2O \longrightarrow 3CaO \cdot 2SiO_2 \cdot 3H_2O + 3Ca(OH)_2 \qquad (4.1)$$

$$2(2CaO \cdot SiO_2) + 4H_2O \longrightarrow 3CaO \cdot 2SiO_2 + Ca(OH)_2 \qquad (4.2)$$

$$3CaO \cdot Al_2O_3 + 6H_2O \longrightarrow 3CaO \cdot Al_2O_3 \cdot 6H_2O \qquad (4.3)$$

$$4CaO \cdot Al_2O_3 \cdot Fe_2O_3 + 2Ca(OH)_2 + 10H_2O \longrightarrow 3CaO \cdot Al_2O_3 \cdot 6H_2O$$
$$+ 3\,CaO \cdot Fe_2O_3 \cdot 6H_2O \qquad (4.4)$$

$$3CaSO_4 + 3CaO \cdot Al_2O_3 + 32\,H_2O \longrightarrow 3CaO \cdot Al_2O_3 \cdot 3CaSO_4 \cdot 32H_2O \qquad (4.5)$$

2. 离子交换和团粒化作用

黏土和水结合发生反应时会产生胶体特性的产物，如土中的 SiO$_2$ 遇水后，形成硅酸胶体微粒，其表面带有 Na$^+$ 或 K$^+$，它们能和水泥水化生成的 Ca^{2+} 进行吸附交换，电荷被中和，电荷吸附的水膜变薄，泥浆颗粒絮凝，使较小的土颗粒形成较大的土团粒，从而使土体强度提高。

水泥水化产生胶凝离子，该凝胶离子有巨大的比表面积，约比原水泥颗粒大1000 倍，因而可产生很大的表面能，有强烈的吸附活性，土团粒在此吸附作用下进一步结合，从而提高水泥土的强度，从宏观上看就形成了具有坚固联结的固化土。

3. 凝硬反应

随着水泥水化反应进入一定阶段，溶液中析出大量的 Ca^{2+}，其在碱性环境下能与黏土矿物的部分 SiO$_2$ 及 Al$_2$O$_3$ 发生化学反应，逐渐生成不溶于水的稳定结晶化合物，这些晶体结构在空气与水中会产生硬化，增大了水泥土的强度。此外，由于晶体自身具有不易受水侵入的结构，因此可显著增强水化水泥的水稳定性。而火山灰作用通过提供游离的 Ca^{2+}，形成水化铝酸钙及水化硅酸钙等胶体结构。火山灰作用产生的胶体与水泥水化产生的胶体结构相比，更能增强胶体对土体的凝结作用，显著提高水泥的力学强度等性能。

4. 碳酸化作用

水化物中存在游离的 Ca(OH)$_2$，Ca(OH)$_2$ 能吸收外界的 CO$_2$，生成的 CaCO$_3$ 沉淀物不溶于水。水泥土中的孔隙可能被该沉淀所填充，从而加强了水泥土的强度和抗渗性。不过，碳酸化作用的速度较慢，对水泥土强度的影响程度较小。

4.2　水泥土无侧限抗压强度室内试验研究

4.2.1　试验材料与方案

水泥土的无侧限抗压强度与水泥含量、水泥种类和水灰比及软土的性质等有关，不同的配比参数对应不同的水泥土强度，满足设计强度要求的最低水泥含量和水灰比即为经济合理的搅拌桩水泥设计配合比。

本试验用土取自南京市栖霞区，选用九乡河河道两种典型软土，即 3-1 土层淤泥质土（以下简称 3-1 土层）和 3-3 土层淤泥土样（以下简称 3-3 土层），颗粒级配曲线如图 4.1 所示。本试验对试验用土进行了基本物理性质试验，包括天然含水率、天然孔隙比、干重度、液塑限等试验。本书所涉试验步骤均按《土工试验方法标准》（GB/T 50123—2019）执行。土体物理力学指标见表 4.1。水泥采用海螺牌 P·O42.5 普通硅酸盐水泥，其性能指标见表 4.2。

表 4.1　土体物理力学指标

土层	天然含水率/%	天然孔隙比	干重度/(kN/m^3)	液限/%	塑限/%	液性指数	塑性指数
3-1 淤泥质土	37.9	1.075	13.2	34.9	21	1.19	13.9
3-3 淤泥	66.8	1.860	9.6	45.5	25.4	1.52	19.6

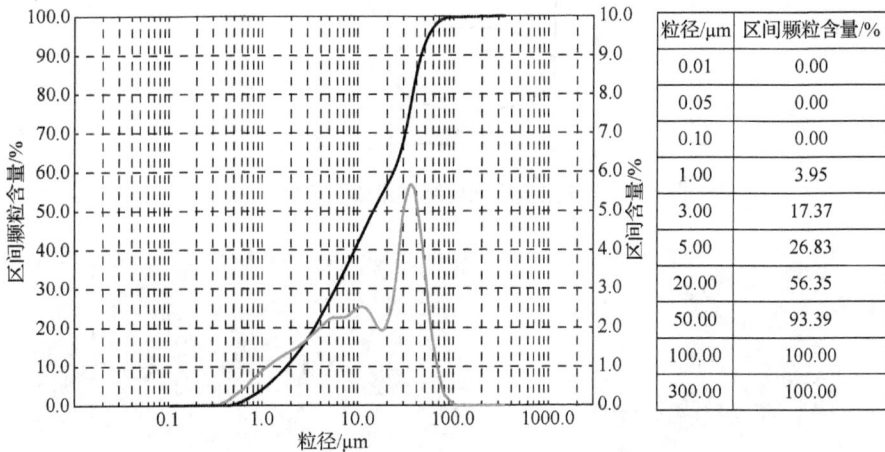

粒径/μm	区间颗粒含量/%
0.01	0.00
0.05	0.00
0.10	0.00
1.00	3.95
3.00	17.37
5.00	26.83
20.00	56.35
50.00	93.39
100.00	100.00
300.00	100.00

图 4.1　颗粒级配曲线

表 4.2　普通硅酸盐水泥性能指标

检测项目	细度/%	初凝时间	终凝时间	安定性	烧失量/%	抗压强度/MPa		抗折强度/MPa	
						3d	28d	3d	28d
实测	1.2	2:15	2:55	合格	1.02	26.6	54.8	5.2	8.3

　　试验设定的水泥含量有 3 组，分别为 14%、16%、18%；设定的水灰比有 3 组，分别为 0.45、0.50、0.55。对每种配比下的试样分别进行 7d、14d、28d、90d 四种不同龄期的无侧限抗压强度试验，对每种水泥配比设置 3 个平行试样，共计 216 个试样。无侧限抗压强度试验在 TSZ 全自动三轴仪上开展。

　　开展水泥土的无侧限抗压强度试验主要分为以下几个步骤。

1. 制备水泥土样

　　为了得到与原状土最为接近的水泥土体强度值，在制样前需将筛分后的土体含水率恢复至天然含水率，焖料 24h 以上，装入塑料桶内浸润备用。称量所需的水泥质量，按比例加水拌和均匀，加入原状土体中，用搅拌机拌和 6min，至均匀后开始制备试样。

　　无侧限抗压强度水泥土试样在无侧限抗压强度制样器皿中开展，该器皿为内径 5cm、高 5cm 的圆筒状制样设备，如图 4.2 所示。水泥土样拌和均匀后，称量所需的水泥土样质量后，将其分层压实至制样设备，待土样成型后轻轻将其推移出器皿，如图 4.3 和图 4.4 所示。

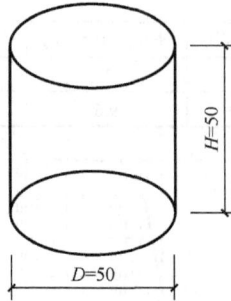

图 4.2　无侧限抗压强度制样器皿（单位：mm）

图 4.3　制样器皿　　　　　　　　图 4.4　制备完成的试样

2. 养护水泥土样

如图 4.5 和图 4.6 所示，将制备的水泥土试样用报纸包裹后放入与原状土相同含水率的土体中进行掩埋养护至设计龄期（7d、14d、28d、90d），在养护土上方覆盖湿润的报纸，定期洒水以保持含水率，并在养护箱上覆塑料膜。本试验中模拟了水泥土搅拌桩施工现场的养护条件，可使试验结果更贴合实际，便于工程应用。

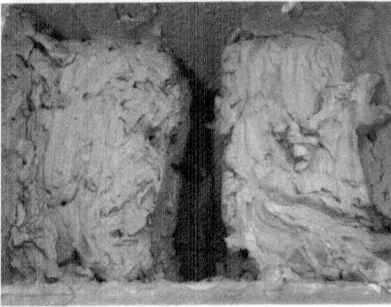

图 4.5　试样置于原状土体

图 4.6　养护箱上覆塑料膜

3. 试验设备与试验流程

按照《土工试验方法标准》（GB/T 50123—2019）中给出的步骤开展无侧限抗压强度试验，试验采用的 TZS 全自动三轴仪如图 4.7 所示。若要得到完整的抗剪强度与无侧限抗压强度之间的关系，还须研究抗剪强度中的另一个指标——内摩擦角 φ。为了得出其相关关系，在进行各参数下的无侧限抗压试验之后，测量破坏试样的破坏角度 θ_f。测得的试样破坏角度如图 4.8 所示。

图 4.7　TZS 全自动三轴仪

图 4.8　测得的试样破坏角度

4.2.2 无侧限抗压强度与水泥含量的关系研究

水泥土的无侧限抗压强度首先受水泥含量的影响。以水泥土的水泥含量为变量，通过对比相同水灰比和龄期下不同水泥含量水泥土试样的无侧限抗压强度变化规律，可以得到水泥含量对水泥土无侧限抗压强度的影响规律，判定满足设计强度要求的水泥土的最优水泥含量。根据试验结果，选取相同水灰比和养护龄期的水泥土样，以无侧限抗压强度 q_u 为纵坐标，水泥含量为横坐标，绘制无侧限抗压强度与水泥含量的关系曲线，如图 4.9 和图 4.10 所示。

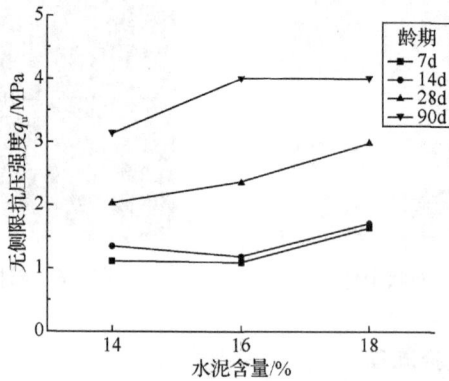

（a）3-1 土层，水灰比 0.45

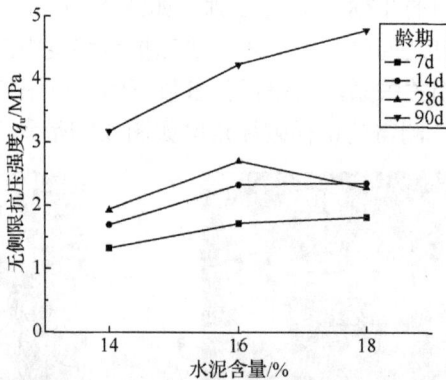

（b）3-1 土层，水灰比 0.50

图 4.9 水泥土试样无侧限抗压强度与水泥含量的关系曲线（3-1 土层）

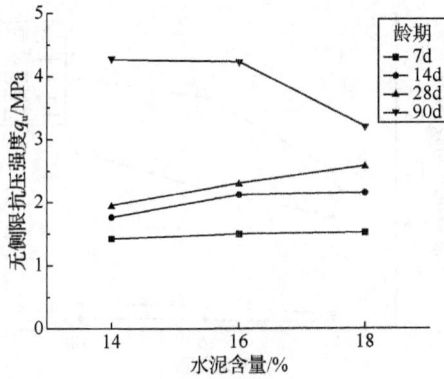

（c）3-1土层，水灰比0.55

图 4.9（续）

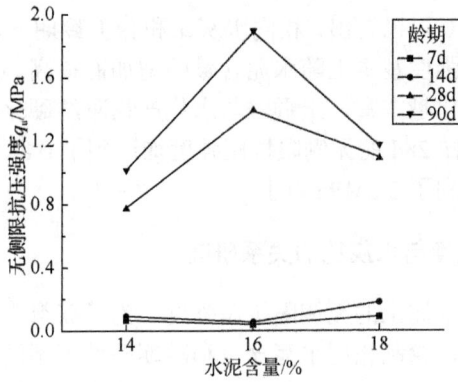

（a）3-3土层，水灰比0.45

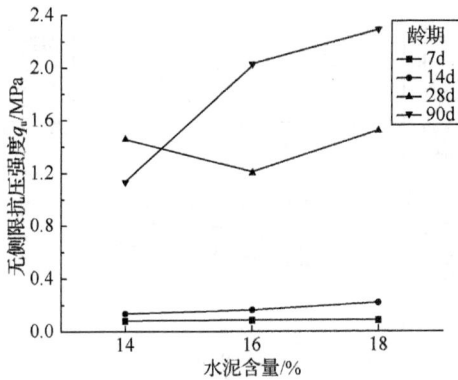

（b）3-3土层，水灰比0.50

图 4.10　水泥土试样无侧限抗压强度与水泥含量的关系曲线（3-3 土层）

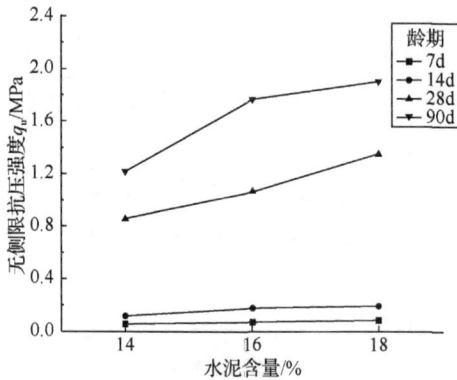

（c）3-3土层，水灰比0.55

图 4.10（续）

　　由图 4.9 和图 4.10 可以看出，相同水灰比和养护龄期下，3-1 土层和 3-3 土层水泥土的无侧限抗压强度基本上随水泥含量的增加而提高，这是由于水泥含量越大，水泥的水解和水化越丰富，土颗粒与水化产物凝结硬化作用增强。水泥含量在 16% 时，水泥土试样 28d 的无侧限抗压强度均达到了 0.8MPa 以上，90d 对应的无侧限抗压强度都达到了 1.2MPa 以上。

4.2.3　无侧限抗压强度与水灰比的关系研究

　　水灰比也会影响水泥土的无侧限抗压强度。为了获得水泥土无侧限抗压强度随水灰比的变化规律，绘制相同水泥含量和龄期条件下不同水灰比的水泥土试样无侧限抗压强度变化曲线，如图 4.11 和图 4.12 所示，其中无侧限抗压强度 q_u 为纵坐标，试样水灰比为横坐标。

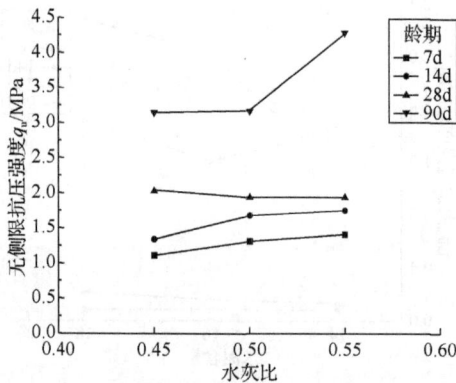

（a）3-1土层，水泥含量14%

图 4.11　水泥土试样无侧限抗压强度与水灰比的关系曲线（3-1 土层）

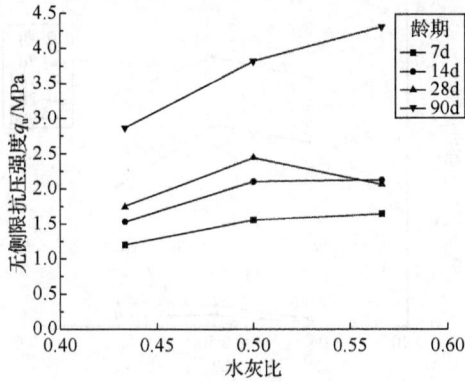

（b）3-1土层，水泥含量16%

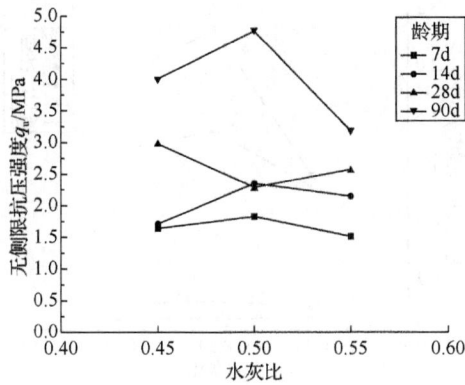

（c）3-1土层，水泥含量18%

图 4.11（续）

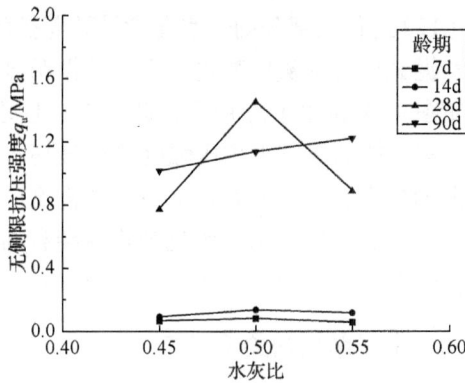

（a）3-3土层，水泥含量14%

图 4.12　水泥土试样无侧限抗压强度与水灰比的关系曲线（3-3 土层）

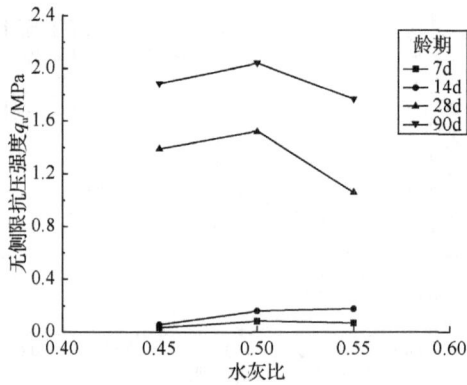

（b）3-3土层，水泥含量16%

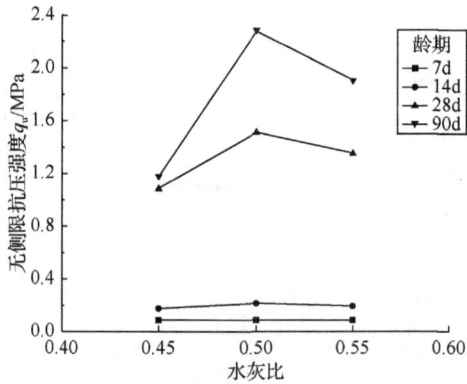

（c）3-3土层，水泥含量18%

图 4.12（续）

分析图 4.11 和图 4.12 可得，大部分同一水泥含量和养护龄期下的水泥土试样，其无侧限抗压强度随水泥试样的水灰比变化关系不是很明显，部分图中大致呈现出先升后降的趋势。如图 4.11 和图 4.12 所示，针对 3-1 土层和 3-3 土层的 16%水泥含量图中，各龄期水泥土样的无侧限抗压强度的峰值基本落在水灰比 0.50 处。相关研究表明，这是因为当水灰比较低时，水泥水化程度也会较低，水化产物不能充分形成[64]；而当水灰比较高时，水泥水化产物内会有部分易吸附的游离水，影响土颗粒与水化产物的进一步凝硬。

4.2.4　无侧限抗压强度与养护龄期的关系研究

水泥土的无侧限抗压强度与养护龄期有密切关系，养护龄期越长，水泥的水解水化反应越充分，对应水泥土试样的无侧限抗压强度也越高。本试验绘制了相同水泥含量和水灰比条件下不同养护龄期的水泥土试样无侧限抗压强度变化曲线，如

图 4.13 和图 4.14 所示，其中无侧限抗压强度 q_u 为纵坐标，养护龄期为横坐标。

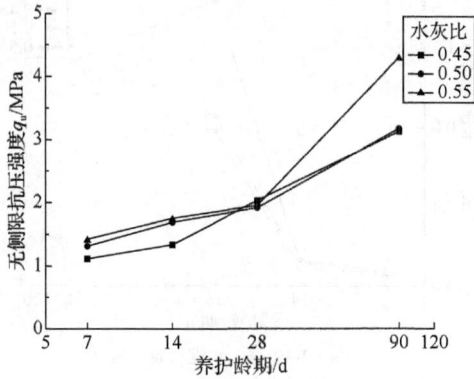

（a）3-1 土层，水泥含量14%

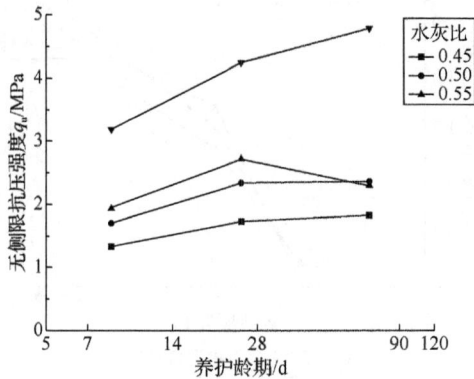

（b）3-1 土层，水泥含量16%

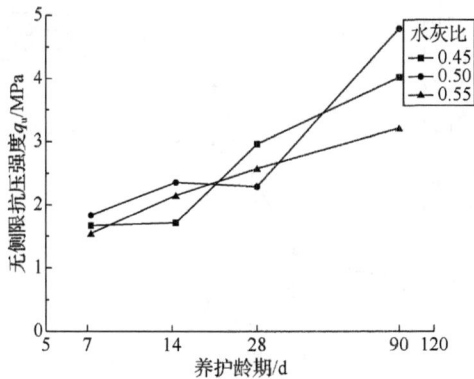

（c）3-1 土层，水泥含量18%

图 4.13　水泥土试样无侧限抗压强度与养护龄期的关系曲线（3-1 土层）

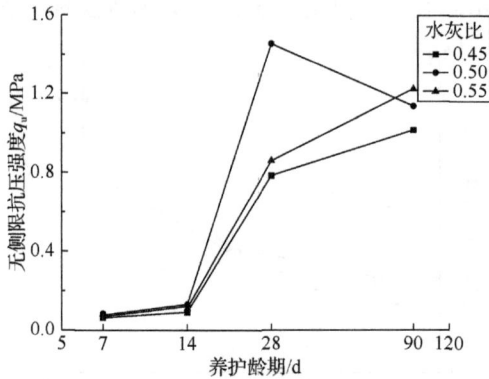

（a）3-3 土层，水泥含量14%

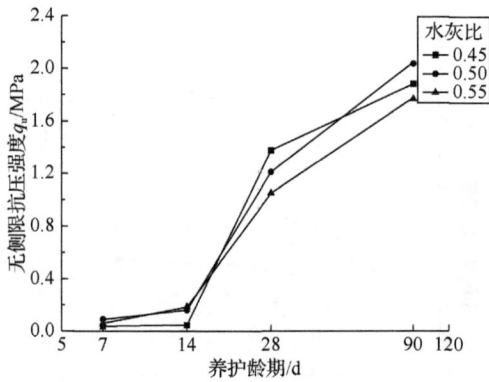

（b）3-3 土层，水泥含量16%

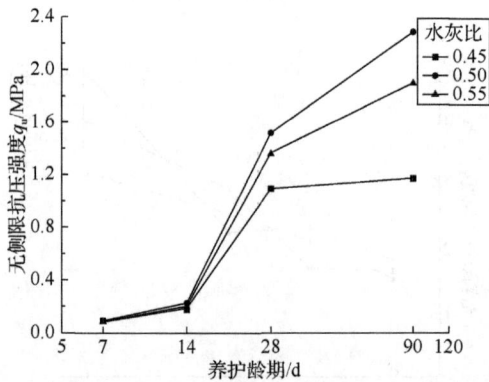

（c）3-3 土层，水泥含量18%

图 4.14　水泥土试样无侧限抗压强度与养护龄期的关系曲线（3-3 土层）

由图 4.13 和图 4.14 可得，绝大部分相同水泥含量和水灰比下的水泥土样，无侧限抗压强度随试样的养护龄期的增加不断增大，说明养护时间越长，水泥土的强度越高。从图 4.13 和图 4.14 中还可以看出，大部分水灰比为 0.45 时的水泥土样的无侧限抗压强度受龄期影响最显著，其无侧限抗压强度值在 7d 龄期到 28d 龄期呈现快速上升趋势。对比于水灰比为 0.45 的水泥土样，水灰比为 0.50 和 0.55 的水泥土样，其无侧限抗压强度受龄期影响的增大趋势较为缓和。

对于 3-1 土层，以 7d 龄期的无侧限抗压强度为基准，当水泥含量为 14%时，14d 龄期的水泥土强度平均约为 7d 水泥土强度的 1.24 倍，28d 龄期的水泥土强度平均约为 7d 水泥土强度的 1.55 倍，90d 龄期的水泥土强度平均约为 7d 水泥土强度的 2.74 倍；当水泥含量为 16%时，14d 龄期的水泥土强度平均约为 7d 水泥土强度的 1.29 倍，28d 龄期的水泥土强度平均约为 7d 水泥土强度的 1.76 倍，90d 龄期的水泥土强度平均约为 7d 水泥土强度的 3.0 倍；当水泥含量为 18%时，14d 龄期的水泥土强度平均约为 7d 水泥土强度的 1.24 倍，28d 龄期的水泥土强度平均约为 7d 水泥土强度的 1.58 倍，90d 龄期的水泥土强度平均约为 7d 水泥土强度的 2.38 倍。这说明水泥含量为 16%的水泥土的后期强度依然能够保证一定的增长速率。计算得知，水泥含量为 16%试样的 28d 龄期强度达到 90d 龄期强度的 58.9%，在实际应用中，使用该参数的水泥桩可以用早期强度预测 90d 的强度。由图 4.13 和图 4.14 可知，水泥土强度在 28～90d 龄期内仍有较大幅度的增长，但增长速度较前期有所放缓。其中，水灰比为 0.50 时试样的强度较大，且增长呈现出较好的规律性。

对于 3-3 土层，由图 4.14 可以看出，各水泥含量下水泥土的 7d 强度和 14d 强度都较低，这是由于 3-3 土层天然含水率较高，水泥土强度形成较慢，早期强度较低；14～28d 期间水泥土强度提升较大，能够提供一定的承载力，因此在工程早期施工时应注意大型机械设备产生的附加荷载对工程边坡稳定性的影响；28～90d 期间水泥土的强度进一步提高，各水泥含量中仅有 16%水泥含量的配比能够满足设计要求。

4.3　水泥土变形模量特性研究

水泥土的变形模量是计算复合地基沉降及边坡变形的重要力学参数，通常以 E_{50} 度量，即当试样的应力达到无侧限抗压强度峰值的 50%时，应力与对应应变的比值。水泥土变形模量的取值直接决定了复合地基沉降及边坡变形计算结果的准确性，在实际工程中应根据工程情况进行相应的试验以获得准确的变形模量，才能确保工程安全可靠[88-90]。

　　本节根据无侧限抗压强度试验结果，对水泥土试样的弹性模量与无侧限抗压强度的比值进行研究分析，分析水泥土变形模量随水泥配比、龄期等因素的变化规律；研究水泥土无侧限抗压强度和变形模量之间的关系规律，为软土边坡加固工程提供参考依据。

　　水泥土变形模量也称割线模量，坐标原点与应力-应变关系曲线上某一点连线倾角的正切值即为水泥土在该状态下的割线模量。但是，水泥土并非理想弹性材料，在单向受压条件下应力和应变关系通常呈非线性，其不同应力状态下的割线模量也在不断变化，不利于应用，故在工程上引入平均变形模量 E_{50}。E_{50} 是指当试样的应力达到无侧限抗压强度峰值的 50% 时，应力与对应应变的比值，可表示为

$$E_{50} = \frac{0.5q_{up}}{\varepsilon_{50}} \qquad (4.6)$$

式中，q_{up} 为水泥土无侧限抗压强度峰值；ε_{50} 为应力达到无侧限抗压强度峰值的 50% 时对应的应变。

　　进一步分析变形模量与水泥配比及龄期的关系。以水泥含量为横坐标，绘制了不同龄期、不同水灰比条件下 3-1 土层和 3-3 土层水泥土变形模量随水泥含量的变化关系曲线，如图 4.15 和图 4.16 所示。从图 4.15 和图 4.16 中可以看出，同一龄期、水灰比条件下，大部分水泥土的变形模量随水泥含量的增加而增长，但是变化幅度并不明显。

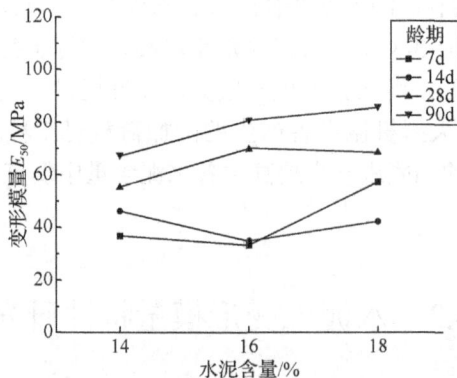

（a）3-1 土层，水灰比 0.45

图 4.15　水泥土试样变形模量随水泥含量的变化关系曲线（3-1 土层）

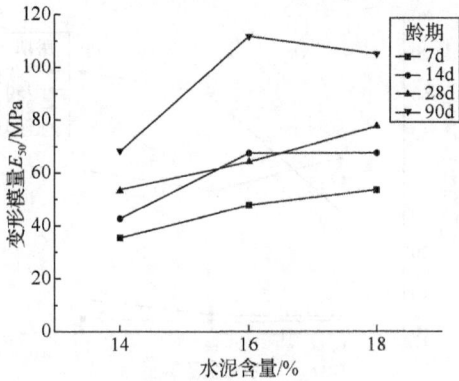

（b）3-1土层，水灰比0.50

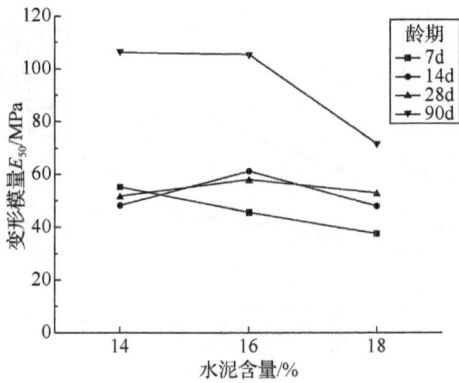

（c）3-1土层，水灰比0.55

图 4.15（续）

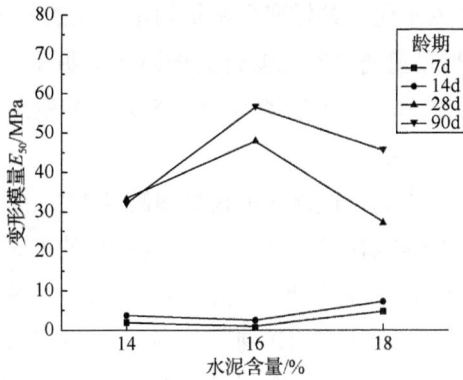

（a）3-3土层，水灰比0.45

图 4.16　水泥土试样变形模量随水泥含量的变化关系曲线（3-3 土层）

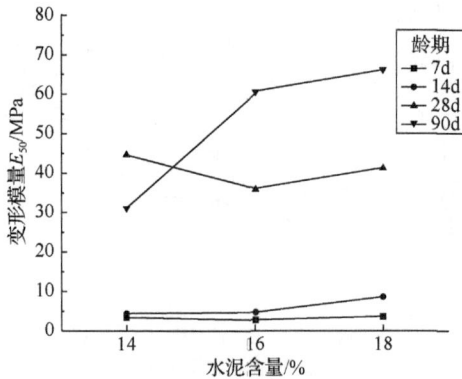

（b）3-3土层，水灰比0.50

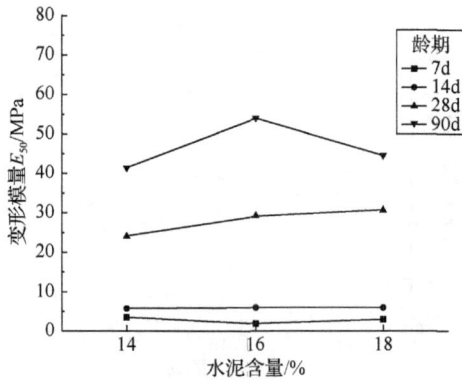

（c）3-3土层，水灰比0.55

图 4.16（续）

　　图 4.17 和图 4.18 为水泥土试样变形模量随水灰比的变化关系曲线，图中各土层水泥土的大部分变形模量随水灰比变化的规律并不明显。在推荐选用的 16%水泥含量条件下，3-1 土层和 3-3 土层的水泥土的大部分变形模量在水灰比为 0.50 时的值稍大于其他两种水灰比。

　　图 4.19 和图 4.20 为水泥土试样变形模量随龄期的变化关系曲线，可以看出水泥土的绝大部分变形模量随着龄期的增长有较为明显的增长。其中，3-1 土层水泥土变形模量随龄期呈现出平稳的增长趋势；而 3-3 土层水泥土的变形模量在 0～14d 内增长较为缓慢，14～90d 开始迅速增长到一定值。3-1 土层和 3-3 土层的差异在于含水率不同，3-3 土层的含水率明显大于 3-1 土层，造成 3-3 土层水泥土强度形成较慢，早期强度较低。

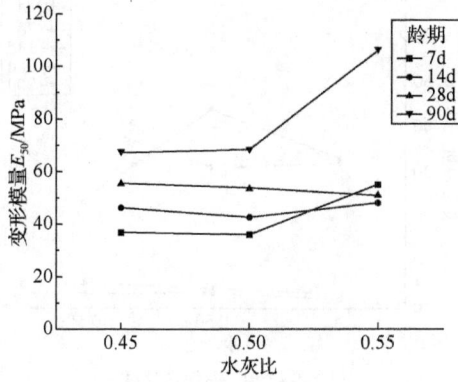

（a）3-1土层，水泥含量14%

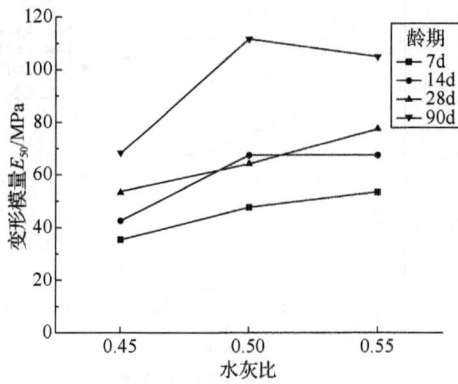

（b）3-1土层，水泥含量16%

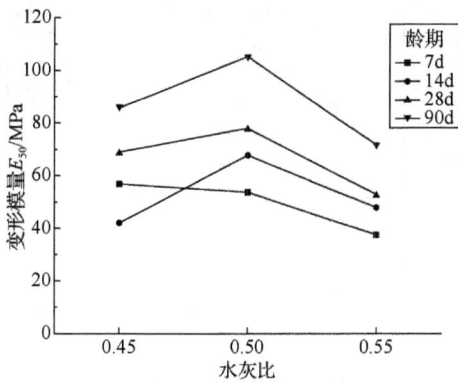

（c）3-1土层，水泥含量18%

图 4.17　水泥土试样变形模量随水灰比的变化关系曲线（3-1 土层）

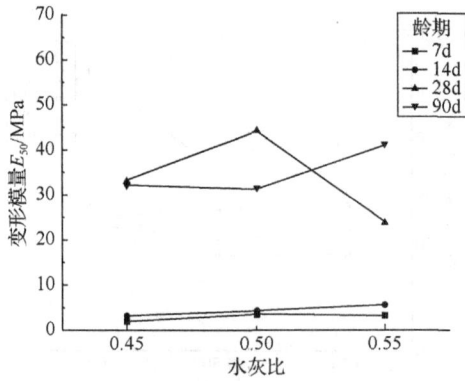

（a）3-3土层，水泥含量14%

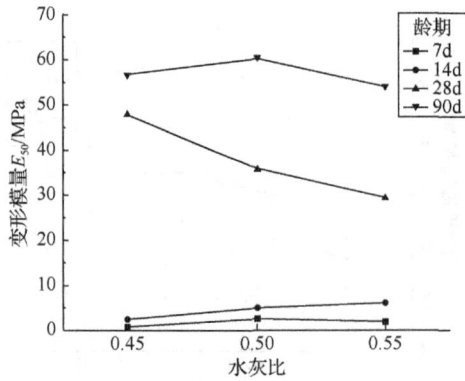

（b）3-3土层，水泥含量16%

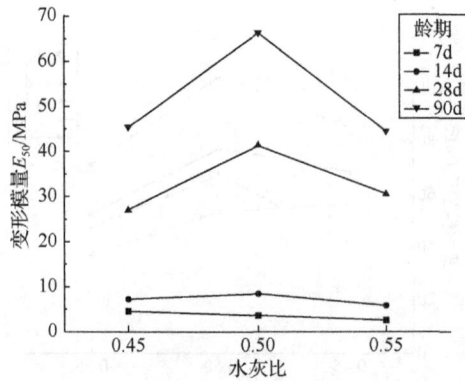

（c）3-3土层，水泥含量18%

图 4.18　水泥土试样变形模量随水灰比的变化关系曲线（3-3 土层）

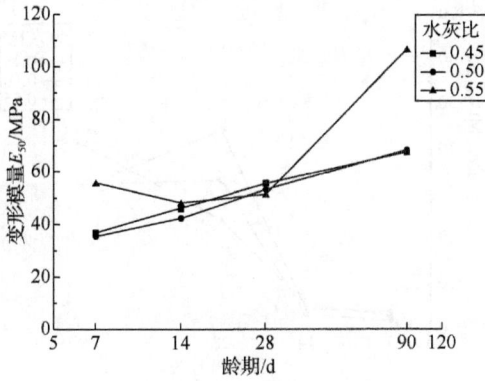

（a）3-1土层，水泥含量14%

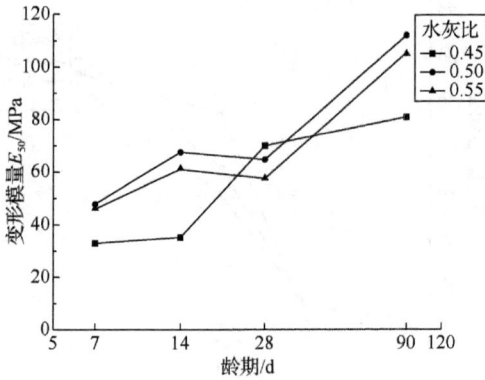

（b）3-1土层，水泥含量16%

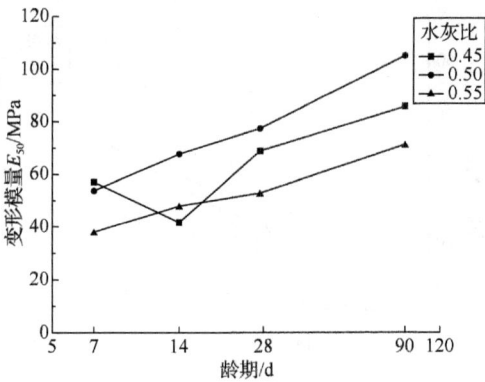

（c）3-1土层，水泥含量18%

图 4.19 水泥土试样变形模量随龄期的变化关系曲线（3-1 土层）

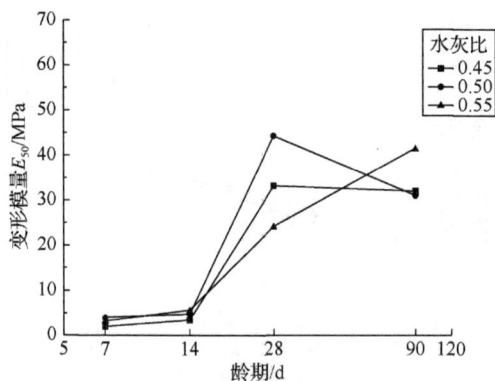

（a）3-3土层，水泥含量14%

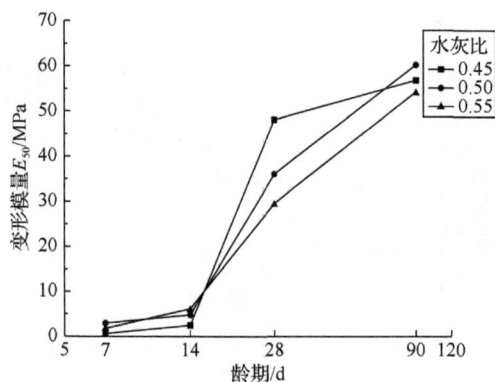

（b）3-3土层，水泥含量16%

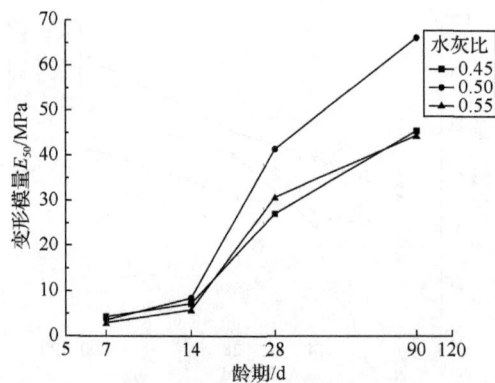

（c）3-3土层，水泥含量18%

图 4.20　水泥土试样变形模量随龄期的变化关系曲线（3-3 土层）

综合图 4.19 和图 4.20 不难发现，水泥土变形模量随各影响因素的变化趋势与其无侧限抗压强度的变化趋势相似。因此，可以通过研究水泥土变形模量与其无侧限抗压强度的相关性来快速获得水泥土的变形模量。

4.4 水泥土抗剪强度室内试验研究

以往的工程经验表明，水泥土的水泥含量、水灰比、龄期等因素必然对水泥土的抗剪强度产生影响，但其相关的关系曲线、规律性如何尚且不得而知。为此，课题组在得到水泥土样剪切应力-应变关系的基础上，开展系列试验对水泥土抗剪强度与水泥含量、水灰比、龄期等影响因素的相关关系进行研究，得出满足工程需求的水泥土抗剪强度各参数，以指导工程施工。

4.4.1 试验材料与方案

本试验用土取自南京市栖霞区，选用九乡河河道两种典型软土，即 3-1 土层淤泥质土（以下简称 3-1 土层）和 3-3 土层淤泥土样（以下简称 3-3 土层）。本试验对试验用土进行了基本物理性质试验，包括天然含水率、天然孔隙比、干重度、液塑限等试验。本书所涉试验步骤均按《土工试验方法标准》（GB/T 50123—2019）执行。土体物理力学指标见表 4.3。水泥采用海螺牌 P·O42.5 普通硅酸盐水泥。

表 4.3 土体物理力学指标

土层	天然含水率/%	天然孔隙比	干重度/(kN/m³)	液限/%	塑限/%	液性指数	塑性指数
3-1 淤泥质土	37.9	1.075	13.2	34.9	21	1.19	13.9
3-3 淤泥	66.8	1.860	9.6	45.5	25.4	1.52	19.6

试验用设备和器具主要包括应变控制式直剪仪、JJ-5 型水泥砂浆搅拌机、天平、位移计（百分表）、秒表、环刀、削土刀、锯条等。

试验设定水泥含量及水灰比均与无侧限抗压强度试验保持一致，其中水泥含量分别为 14%、16%、18%，水灰比分别为 0.45、0.50、0.55，各试样分别进行 7d、14d、28d、90d 四个龄期下的抗剪强度试验。试验在应变控制式直剪仪上开展，垂直压力分别取 50kPa、100kPa、150kPa、200kPa。试验得到水泥土试样的应力-应变关系曲线，并可得出抗剪强度指标（黏聚力与内摩擦角）。

开展的直接剪切试验主要包括以下步骤。

1. 制备水泥土样

制样前测出储存土体的含水率，并根据原状土的物理性质指标，将其恢复至天然含水率。焖料 24h 以上，装入塑料桶内浸润备用。按照试验方案，设置 3 个水灰比、3 个水泥含量的快剪试验，共分为 9 组进行快剪试样的制备。

制样前，将水与 P·O42.5 水泥分别按照 0.45、0.50、0.55 三种比例放入 JJ-5 型水泥砂浆搅拌机中搅拌，配成水泥浆；将水泥浆分别按照 14%、16%、18% 三种水泥含量加入土料中，一起放入搅拌机中拌和均匀。搅拌时慢搅 60s，快搅 60s，停止 60s，共搅拌 5min。在间隔的过程中，用切刀将粘在搅拌头上的水泥土刮净，再重新搅拌。

制样时，先将环刀洗干净、擦干，然后在环刀内壁均匀涂抹一层薄凡士林以便试样脱离；将涂抹好的环刀刀口向下放在大的压铁上；将土放入已放置好的环刀中，再拿一个内壁未涂抹凡士林的环刀刀口向上放在制样的环刀上，取小的压铁放入其内，放入压样器中，在最上方放平铁板，缓慢转动转臂将其压实。

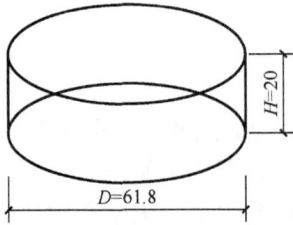

图 4.21 快剪试验试样尺寸
（单位：mm）

直接剪切试验的水泥土样应用环刀制备，环刀为内径 6.18cm，高 2cm 的圆筒状制样设备。快剪试验试样尺寸如图 4.21 所示。

水泥土样拌和均匀后，称量所需的水泥土样质量，将其分层压实至制样设备，待土样成型后轻轻将其推移出环刀。制备完成的快剪试样如图 4.22 所示。

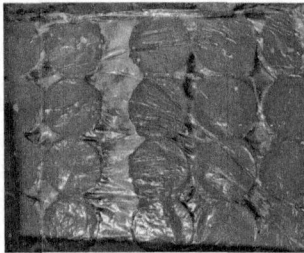

（a）未脱模

（b）脱模后

图 4.22 制备完成的快剪试样

2. 养护水泥土样

快剪试样养护方式同无侧限抗压试样。为了使试样更好地成型，将制备好的试样覆盖上保鲜膜，24h 后脱去环刀；将试样用报纸包裹，放入已恢复至天然含水率的土体中掩埋养护至设计龄期（7d、14d、28d、90d）。本试验模拟了水泥土搅拌桩施工现场的养护条件，可使试验结果更贴合实际，便于工程应用。

3．开展快剪试验

本试验步骤参照《土工试验方法标准》（GB/T 50123—2019）进行。首先从养护土体内取出达到龄期的快剪试样，由于水泥土试样经过养护体积有膨大，因此需要使用锯条打磨试样边缘并用刮刀刮平，使其大小刚好嵌入剪切盒中；然后将打磨好的试样装入剪切盒，对准上下盒，插入固定销，将试样对准盒口后徐徐推入剪切盒内。

开始试验时转动手轮，使上盒前端钢珠刚好与测力计接触。调整测力计读数为零。顺次加上加压盖板、钢珠、加压框架，安装垂直位移计，测记起始读数。施加垂直压力（按照 50kPa、100kPa、150kPa、200kPa 施加），拔去固定销，转动手轮，使试样在 3～5min 内剪损。

4.4.2　水泥土抗剪强度参数与水泥含量的关系研究

本试验得到了相同水灰比和龄期条件下不同水泥含量水泥土试样的抗剪强度参数，根据试验结果，绘制出水泥土抗剪强度参数随水泥含量的变化关系曲线，部分结果如图 4.23～图 4.25 所示。由图 4.23～图 4.25 可知，黏聚力大致随着水泥含量的增加呈增长的趋势，18%水泥含量的黏聚力基本都大于 14%水泥含量的黏聚力。随着水泥含量的变化，土体中会形成以土体为主体的硬化水泥体结构，这种结构的形成会影响水泥土内部的火山灰反应，从而影响水泥土的强度增长。但随着水泥含量的不断增加，水泥与土颗粒间的水解和水化作用就越明显，充斥在土颗粒中的硅酸钙、硅铝酸钙和胶凝物等生成物就越多，水泥土的强度就越高。内摩擦角随水泥含量的增加大致呈现出递减的规律。

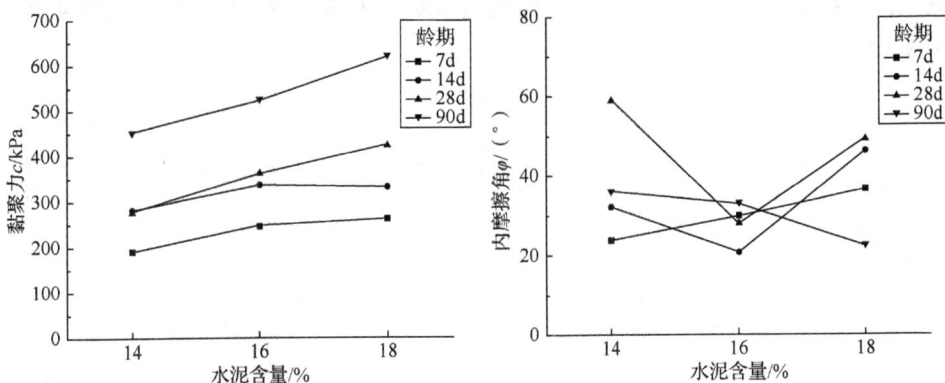

图 4.23　水泥土试样抗剪强度参数随水泥含量的变化关系曲线（3-1 土层，水灰比 0.45）

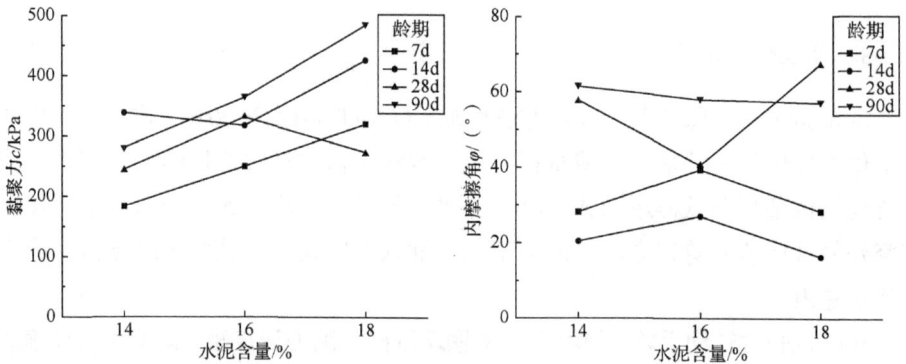

图 4.24　水泥土试样抗剪强度参数随水泥含量的变化关系曲线（3-1 土层，水灰比 0.50）

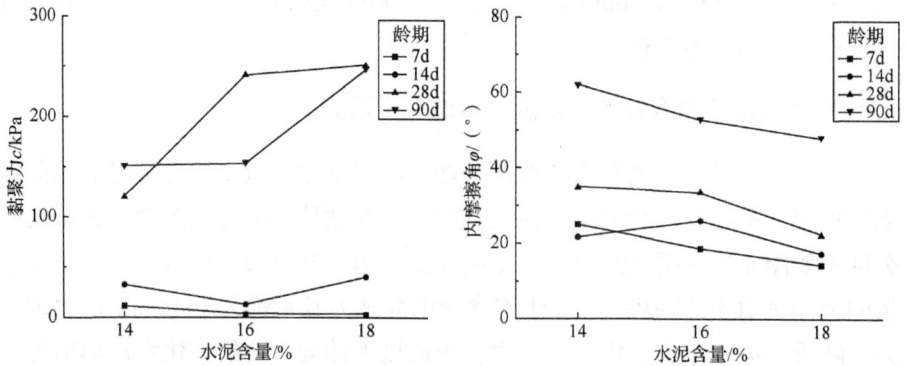

图 4.25　水泥土试样抗剪强度参数随水泥含量的变化关系曲线（3-3 土层，水灰比 0.50）

4.4.3　水泥土抗剪强度参数与水灰比的关系研究

本试验给出了相同水泥含量和龄期条件下不同水灰比水泥土的抗剪强度参数，根据试验结果，绘制出水泥土抗剪强度与水灰比关系曲线，部分结果如图 4.26～图 4.29 所示。

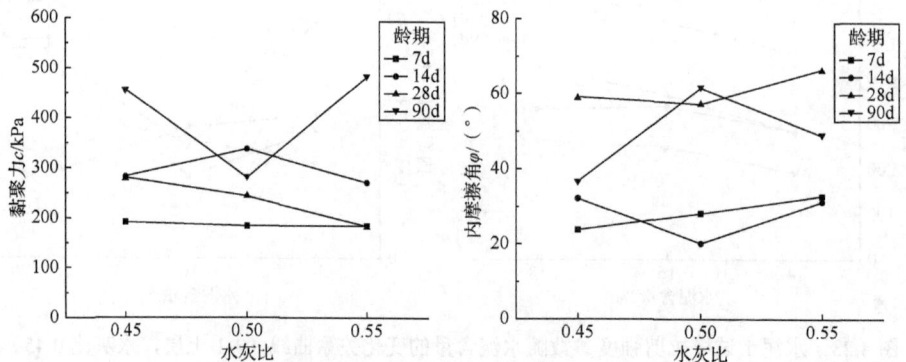

图 4.26　水泥土试样抗剪强度参数随水灰比的变化关系曲线（3-1 土层，水泥含量 14%）

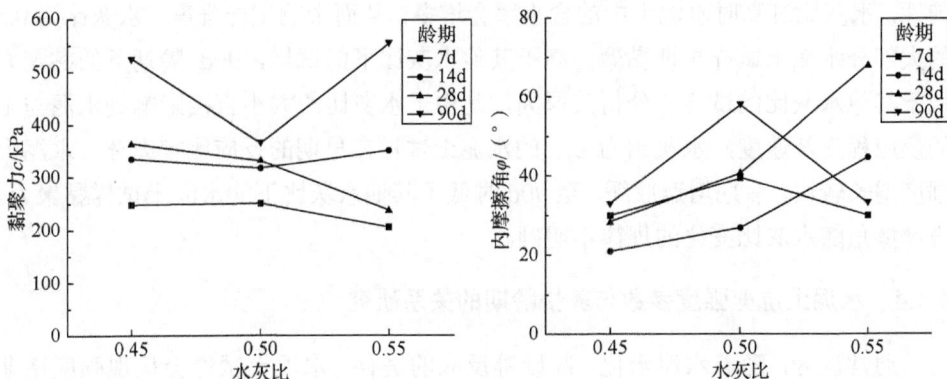

图 4.27　水泥土试样抗剪强度参数随水灰比的变化关系曲线（3-1 土层，水泥含量 16%）

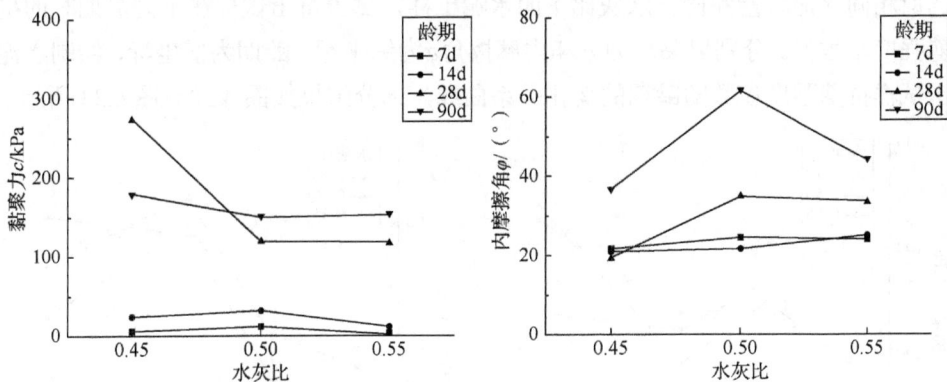

图 4.28　水泥土试样抗剪强度参数随水灰比的变化关系曲线（3-3 土层，水泥含量 14%）

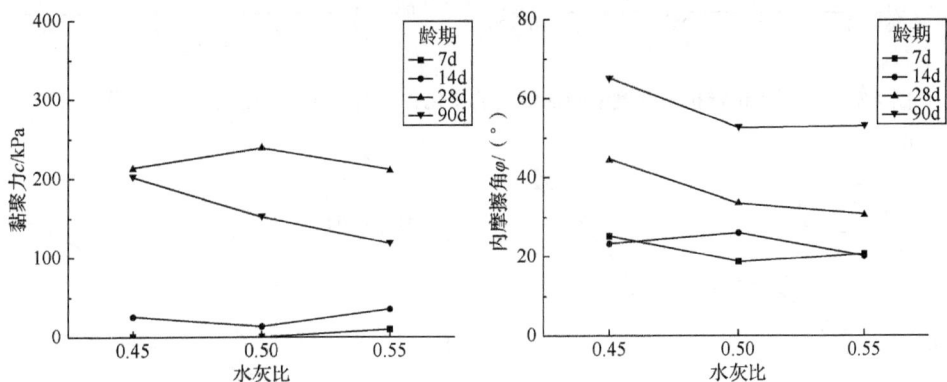

图 4.29　水泥土试样抗剪强度参数随水灰比的变化关系曲线（3-3 土层，水泥含量 16%）

　　由图 4.26～图 4.29 可知，试样黏聚力随水灰比的变化趋势不明确。但考虑到实际搅拌桩工程施工中，水灰比过低时水泥浆可能会拌和不均匀，影响水泥土的均匀性，水灰比过高时水泥土中的含水率会增多，从而影响试样强度。水灰比为 0.5 的大部分水泥土试样早期黏聚力高于其他水灰比下的试样，90d 龄期下的黏聚力低于其他水灰比的试样。分析其原因，是由于水灰比的大小直接影响到水泥与土的反应程度及速度，水灰比为 0.5 的水泥土试样在早期的反应比较充分，水泥土强度增长较快，后期增速放缓，至 90d 时低于其他水灰比下的水泥土试样黏聚力。内摩擦角随水灰比变化的规律不明确。

4.4.4 水泥土抗剪强度参数与养护龄期的关系研究

通常认为，随着水泥水化、凝硬等反应的进行，水泥土试样会呈现强度逐渐提高的趋势；大量研究表明，水泥土试样的抗剪强度也与其龄期密切相关[91-93]。选取相同水泥含量和同一水灰比下的水泥土样，试验得出试样在不同龄期时的抗剪强度参数值。分别以黏聚力 c 和内摩擦角 φ 为纵坐标，龄期为横坐标，绘制水泥土试样抗剪强度参数随龄期的变化关系曲线，部分结果如图 4.30～图 4.33 所示。

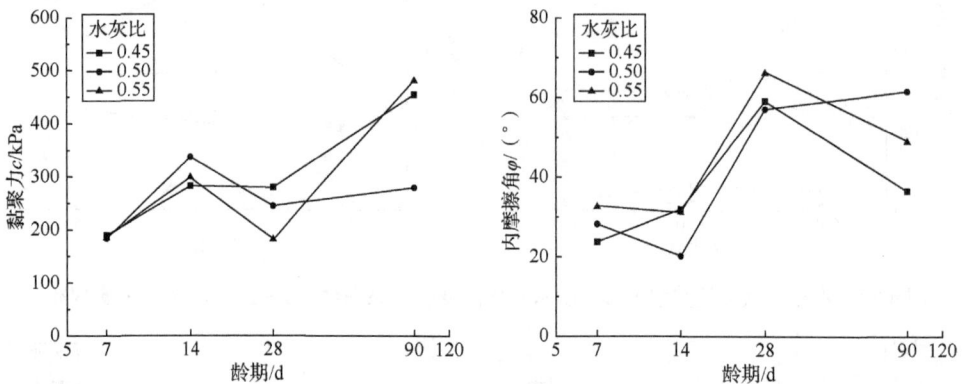

图 4.30 水泥土试样抗剪强度参数随龄期的变化关系曲线（3-1 土层，水泥含量 14%）

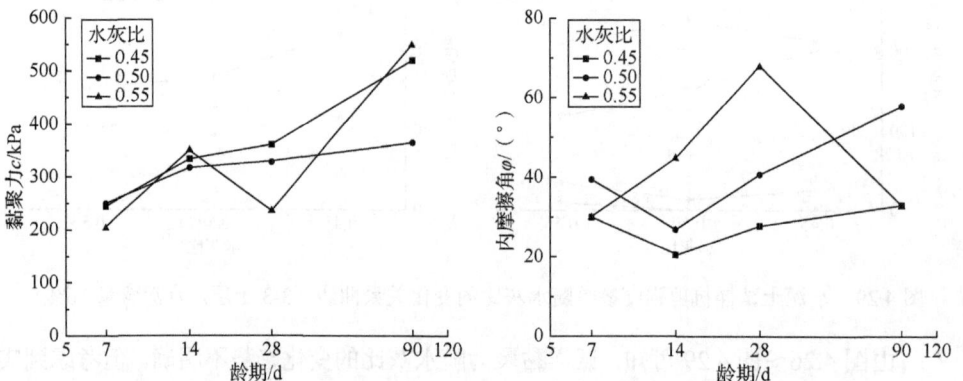

图 4.31 水泥土试样抗剪强度参数随龄期的变化关系曲线（3-1 土层，水泥含量 16%）

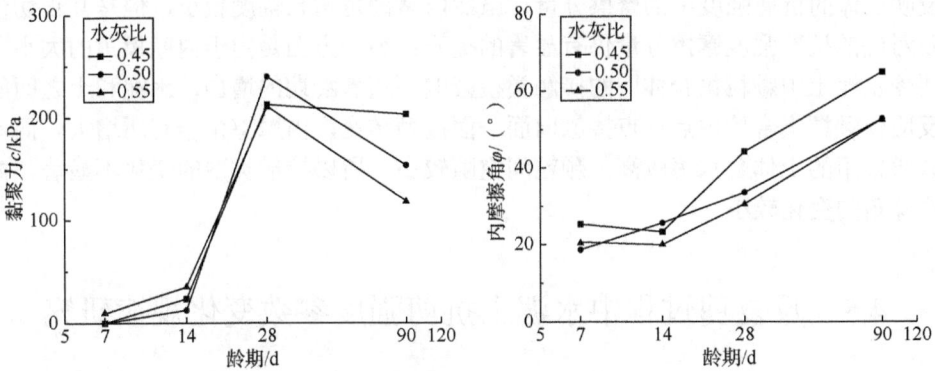

图 4.32　水泥土试样抗剪强度参数随龄期的变化关系曲线（3-3 土层，水泥含量 16%）

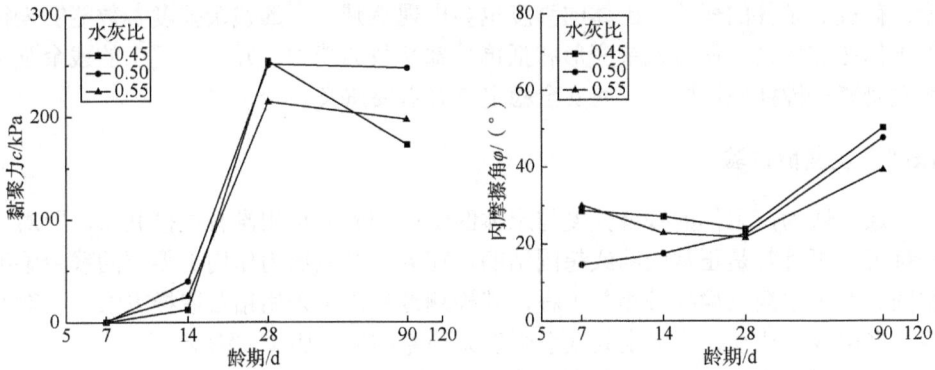

图 4.33　水泥土试样抗剪强度参数随龄期的变化关系曲线（3-3 土层，水泥含量 18%）

由图 4.30～图 4.33 可以看出，同一水泥含量、水灰比条件下水泥土试样的黏聚力整体呈现出随龄期的增长而增加的规律。3-1、3-3 土层未改良时的黏聚力分别为 12.8kPa 和 5.3kPa，改良后两土层土体的黏聚力都有了明显的增长。具体地，3-1 土层土体 7d 龄期的黏聚力增长了 14.3～25 倍，14d 龄期的黏聚力增长了 22.1～33.4 倍，28d 龄期的黏聚力增长了 14.1～38.6 倍，90d 龄期的黏聚力增长了 21.9～48.6 倍；3-3 土层土体 14d 龄期的黏聚力增长了 1.9～7.5 倍，28d 龄期的黏聚力增长了 22.1～51.6 倍，90d 龄期的黏聚力增长了 9.4～46.8 倍。其中，由于 3-3 土层含水率较高，掺入水泥后强度形成仍然缓慢，因此表现出 7d、14d 龄期的黏聚力增长不明显，但到 28d、90d 龄期时试样的强度迅速提升，基本满足工程设计采用的 125kPa。

内摩擦角方面，3-1、3-3 土层未改良时的内摩擦角分别为 7.2°和 3.9°，改良后土体的内摩擦角也有了一定提升。具体地，3-1 土层土体的内摩擦角提高了 2.3～9.5 倍，3-3 土层土体的内摩擦角提高了 3.7～16.7 倍。对比发现，随着龄期增加，内摩擦角的增长幅度较小。这一方面是因为内摩擦角的正切值其实能够更直观地反映土体的抗剪强度中的摩擦分量，虽然内摩擦角增长幅度较小，但是其正切值及对应的抗剪强度摩擦分量仍有显著的提升；另一方面是由于内摩擦角的大小主要受水泥土中颗粒集合体间的接触类型影响，随着龄期的增加，水泥和土之间的反应使颗粒集合体由点—点接触向面—面接触转变，内摩擦角会有所增大。而本试验采用的土体含水率较高，颗粒间空隙较小，所以接触类型的变化不显著，内摩擦角的变化较小。

4.5   反复剪过程中水泥土抗剪强度参数变化规律研究

目前各类边坡工程中较多采用土体峰值强度进行计算分析，实际上，由于环境、荷载等条件的变化，土体的强度也会出现衰减。土的残余强度参数能够表征岩土体在破坏之后保持残余变形和抵抗外部荷载的能力，开展水泥土的残余强度参数研究对搅拌桩加固工程的安全稳定具有重要意义。

4.5.1   反复剪试验

通常认为，土体的残余强度与土体的结构和应力历史没有直接联系，即对同一种土，不管其是正常固结或超固结的，在同一有效压力作用下得到的残余强度相同。对于水泥土搅拌桩相关工程，其检测过程通常采用钻芯取样方法，会对水泥土产生较大扰动，而测定其残余强度无须考虑应力历史的影响。

反复直剪强度试验是指使用应变控制式直接剪切仪在一定条件下，对黏性土或有软弱面的原状土试样进行反复剪切，直到剪应力达到稳定值，可以用于测定土体的残余强度参数。其试验过程和数据整理与直接剪切试验基本相同。

开展水泥土反复直剪强度试验，其中第一次重复剪对应反复直剪试验中的第二次剪切，第二次重复剪对应反复直剪试验中的第三次剪切。反复剪试验水泥土的应力-应变变化规律与直剪试验基本相同。将某一水泥配比、龄期条件下的水泥土在同一垂直荷载、不同剪切次数的应力-应变绘制于图，可得到不同剪切次数下的剪应力-应变曲线。试样选用 3-3 土层土体，其物理力学性质见表 4.3。

图 4.34 所示为试验得到的两种典型的剪应力-应变曲线。图 4.34（a）中，第一次剪切过程中水泥土试样破坏时达到的峰值较大，且剪应力随剪应变的增长而迅速增加，达到峰值后试样破坏。第二次剪切时剪应力的增长速率较小，且增长速率随着剪应变的增加而逐渐减小，曲线逐渐平缓；另外，第二次剪切的剪应力峰值也明显比第一次剪切时小。第三次剪切时剪应力的变化规律与第二次相似，剪应力峰值也与第二次剪切相近。图 4.34（b）中，第一次、第二次和第三次剪切时剪应力的增长速率随剪应变增加逐渐减小，三次剪切的剪应力变化过程基本一致，且峰值也相差不大。

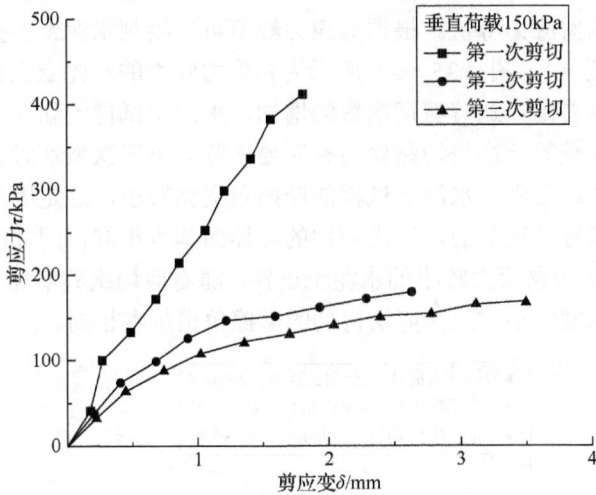

（a）3-3土层，水灰比0.5，水泥含量18%，龄期90d

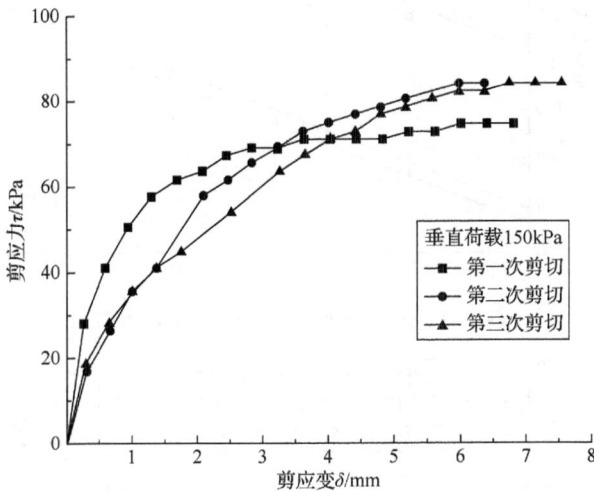

（b）3-3土层，水灰比0.55，水泥含量14%，龄期14d

图 4.34　不同剪切次数下水泥土剪应力-应变曲线

　　图4.34（a）的变化规律主要出现在黏聚力较高的水泥土试样中，这类试样由于黏聚力较高，因此第一次剪切时剪应力峰值较高，当第一次剪切破坏后，水泥土试样抗剪强度中的黏聚力分量迅速减小，甚至趋于 0，因此第二、第三次剪切时主要由摩擦分量提供抗剪强度，剪应力的峰值明显下降。图 4.34（b）中的规律主要出现在黏聚力较低的水泥土试样中，试样第一次剪破时由于水泥土本身黏聚力较低，第二、第三次剪切过程中土体的抗剪强度衰减并不明显，因此剪应力-应变曲线变化不大。

　　根据反复直剪试验，可以得到水泥土在不同剪切次数、不同垂直荷载（竖向压力）条件下的剪应力峰值。根据剪应力峰值可以绘制水泥土的抗剪强度参数曲线，如图 4.35 所示。图 4.35（a）所示为黏聚力较大的水泥土土样反复剪得到的强度曲线，可以看出，随着剪切次数的增加，水泥土试样的黏聚力不断下降，试样在第二次剪切较第一次剪切黏聚力有明显下降，第三次剪切时黏聚力比第二次稍低。三次剪切过程中，水泥土试样的摩擦角变化较小，这是因为摩擦角主要是由剪切面的粗糙程度决定的，三次剪切的破坏面基本相同，因此摩擦角也相近。图 4.35（b）所示为黏聚力较小的水泥土试样，随着剪切次数增加，试样的黏聚力减小，减小的幅度较小；三次剪切得到的摩擦角也基本相同。

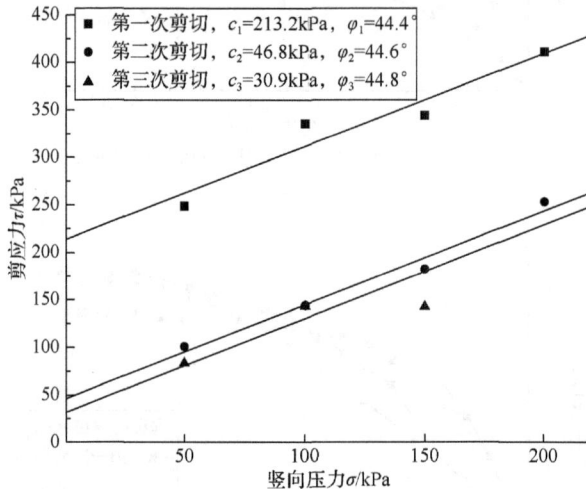

（a）3-3土层，水灰比0.45，水泥含量16%，龄期28d

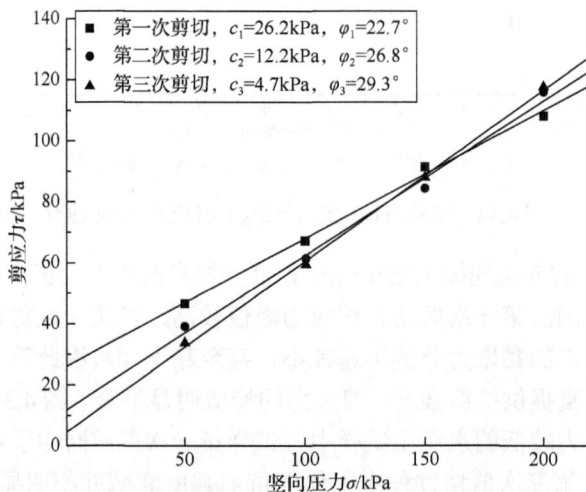

（b）3-3土层，水灰比0.55，水泥含量16%，龄期14d

图 4.35　不同剪切次数下水泥土的抗剪强度参数曲线

4.5.2　反复剪过程中水泥土黏聚力的变化规律

将不同配比水泥土反复直剪得到的黏聚力进行汇总，3-1 土层和 3-3 土层汇总结果分别见表 4.4 和表 4.5。由试验结果可以看出，3-1 土层水泥土的第一次剪切黏聚力较高，在第二次剪切后黏聚力出现了明显的下降，与 4.5.1 节的分析相符合。图 4.36 为 3-3 土层水泥土不同剪切次数下的黏聚力变化图，其水泥配比为水泥含量 14%、水灰比 0.55。结合图 4.36 可以看出，7d 和 14d 龄期下，3-3 土层水泥土第二、第三次剪切的黏聚力与第一次剪切相比变化较小；而 28d、90d 的黏聚力与第二、第三次剪切相比则出现了较大的变化。3-3 土层水泥土的黏聚力随龄期有明显的增长，因此其黏聚力出现了两种不同程度的折减。

表 4.4　反复直剪试验黏聚力汇总（3-1 土层）

水灰比	水泥含量/%	不同龄期第一次剪切的黏聚力/kPa			不同龄期第二次剪切的黏聚力/kPa		
		14d	28d	90d	14d	28d	90d
0.45	14	282.3	279.4	455.4	13.6	131.4	48.6
	16		362.1			14.1	
	18		424.9			109.4	
0.50	14	337.9	244	280.5	67.4	100.9	68.3
	16	317.9	330.5	365.6	100.5	53.3	22.4
	18	427.1	272.3	485.3	74.8	75.8	16.8
0.55	14	301.5	181.4		80.5	175.9	
	16	350.7		551.6	134.7		31.8
	18	351.8		351.5	83.2		199.9

表 4.5　反复直剪试验黏聚力汇总（3-3 土层）

水灰比	水泥含量/%	不同龄期第一次剪切的黏聚力/kPa				不同龄期第二次剪切的黏聚力/kPa				不同龄期第三次剪切的黏聚力/kPa			
		7d	14d	28d	90d	7d	14d	28d	90d	7d	14d	28d	90d
0.45	14	6.6	23.4	273.9	178.6	1.3	6.6	78.5	32.8	1.0	0.2	69.2	7.6
	16	0.0	24.3	213.2	203.0	0.0	3.9	46.8	17.2	0.0	5.7	30.9	15.8
	18	0.0	12.2	255.3	173.5	0.6	0.1	72.1	0.0	0.5	0.0	74.9	0.0
0.50	14	11.2	31.8	119.7	49.9	1.9	9.4	31.8	0.0	1.9	5.6	38.3	0.0
	16	0.0	13.1	240.3	153.4	0.0	27.1	68.3	0.0	0.0	8.4	63.6	
	18	0.0	39.9	250.6	248.2	0.0	26.7	22.5	0.0	0.0	10..3	0.0	0.0
0.55	14	1.4	10.3	116.9	154.3	2.0	1.2	43.1	55.2	0.5	0.0	26.3	36.5
	16	9.3	35.5	210.4	117.9	2.9	15.9	88.8	134.6	0.8	0.0	67.4	67.4
	18	0.0	26.2	215.0	198.4	0.0	12.2	72.0	96.3	0.0	4.7	71.0	58.0

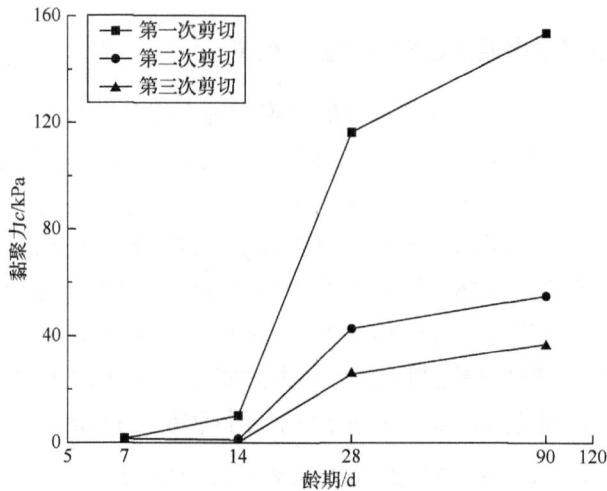

图 4.36　不同剪切次数的水泥土黏聚力变化曲线（3-3 土层，水泥含量 14%，水灰比 0.55）

4.5.3　反复剪过程中水泥土摩擦角的变化规律

　　将 3-1 土层和 3-3 土层水泥土反复直剪试验得到的摩擦角汇总于表 4.6 和表 4.7，可以看出 3-1 土层水泥土第一次和第二次剪切得到的摩擦角有一定差别，且无明显规律。3-1 土层部分试样的摩擦角相差较大，可以发现此类试样两次剪切的黏聚力反而相差不大，这与前文得到的规律有所矛盾。究其原因，从绘制 3-1 土层水泥土两次剪切得到的抗剪强度参数曲线（图 4.37），可以看出第二次剪切得到的各竖向压力下的剪应力峰值都小于第一次，但第二次剪切时得到的水泥土剪应力峰值在竖向压力 50kPa 时也较高，而竖向压力为 200kPa 时剪应力峰值明显小于第一次剪切结果。这是由于直剪试验中通常存在一定的试验误差，进而导致拟合得到的强度包络线趋于水平，因此得到的黏聚力偏高而摩擦角较低。

表 4.6　反复直剪试验摩擦角汇总（3-1 土层）

水灰比	水泥含量/%	14d 龄期不同剪切次数摩擦角/(°)		28d 龄期不同剪切次数摩擦角/(°)		90d 龄期不同剪切次数摩擦角/(°)	
		第一次	第二次	第一次	第二次	第一次	第二次
0.45	14	32	50.9	59.2	16.7	36.5	51.1
	16			28.2	58.2		
	18			50.1	52.6		
0.50	14	20.3	43.3	57.5	45.1	61.8	51.6
	16	27	40.9	40.9	54.0	58.1	55.1
	18	16.2	44.4	67.4	45.2	57.4	55.0
0.55	14	31.3	36.6	66.5	13.4		
	16	44.9	31.8			33.2	53.4
	18	37.3	44.8			66.4	25.7

表 4.7　反复直剪试验摩擦角汇总（3-3 土层）

水灰比	水泥含量/%	不同龄期第一次剪切的摩擦角/(°)				不同龄期第二次剪切的摩擦角/(°)				不同龄期第三次剪切的摩擦角/(°)			
		7d	14d	28d	90d	7d	14d	28d	90d	7d	14d	28d	90d
0.45	14	21.7	21.2	19.4	36.3	25.6	28.5	29.6	34.5	25.7	30.4	28.5	35.9
	16	25.5	23.5	44.4	65.2	27.1	26.1	44.6	38.2	26.6	28.3	44.8	36.9
	18	28.8	27.0	23.9	50.6	30.5	30.1	44.4	35.9	31.4	30.7	37.2	33.6
0.50	14	24.9	21.6	35.0	62.1	29.6	30.4	43.6	27.2	30.4	31.8	37.5	19.5
	16	18.9	25.8	33.5	52.8	21.3	22.5	43.1	42.6	20.8	30.6	39.1	
	18	14.4	17.3	22.4	47.9	15.2	22.3	52.2	50.8	17.2	28.5	49.7	49.5
0.55	14	24.1	25.2	33.6	44.0	25.2	29.5	35.1	45.3	26.3	30.6	36.2	44.7
	16	20.7	20.1	30.6	53.1	24.9	26.3	32.2	30.4	26.8	31.1	33.5	41.3
	18	30.3	22.7	21.6	39.4	31.2	26.8	36.4	34.0	32.9	29.3	33.4	40.8

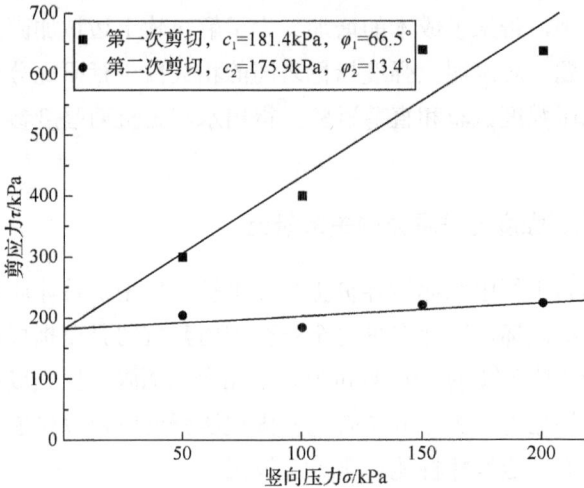

图 4.37　不同剪切次数下水泥土的抗剪强度参数曲线
（3-1 土层，水灰比 0.55，水泥含量 14%，龄期 28d）

从表 4.7 可以看出，与 3-3 土层第一次剪切得到的摩擦角相比，其第二次剪切和第三次剪切得到的水泥土摩擦角也相差很小，这与 4.5.1 节得到的结论相符。

总体而言，剪切次数的增加对水泥土摩擦角的影响较小，而对于黏聚力较大的水泥土试样，在设计和计算中则需要考虑反复剪切引起的黏聚力衰减。

4.6　水泥土强度相关性研究

当水泥搅拌桩用于岸坡加固时，软基边坡的加固对桩身水泥土的抗剪强度有着较高的要求。然而，现行规范对桩身水泥土的抗剪强度并没有明确的规定或说明，加之目前针对水泥土均是开展无侧限抗压强度的试验研究，如若再开展抗剪强度的试验研究不仅增加了工作量，而且增加了试验经费。依据莫尔-库仑理论，水泥土的破坏是剪切破坏，在破裂面上，法向的应力与抗剪强度之间存在着函数关系，因此在理论上可以根据水泥土的无侧限抗压强度判定其抗剪强度大小。

根据《地基处理手册》（第三版）相关内容，黏聚力与无侧限抗压强度的比值为 0.2～0.3。在软土边坡加固工程的岸坡加固设计过程中，黏聚力值依据经验及安全考虑设定。此黏聚力 c 值未经过试验验证，存在一定的风险，且有可能出于安全考虑选值较小，带来了成本的增加。为了解决软土边坡加固工程抗剪强度无法快速判定的问题，对水泥土强度指标之间的相关性进行研究分析（对水泥土试样进行无侧限抗压强度试验和直剪试验，得出水泥土抗剪强度参数与抗压强度的关系曲线）。

4.6.1　水泥土抗压强度与黏聚力的关系研究

软土边坡加固工程中水泥搅拌桩主要提供抗剪作用，桩体质量薄弱部位很可能导致边坡的失稳破坏，因此在桩身全长范围内其抗剪强度指标都需要满足设计要求。实际上，依据莫尔-库仑破坏准则，水泥土无侧限抗压强度与其抗剪强度存在一定相关性，根据这一关系并结合无侧限抗压强度就可以快速判断其抗剪强度指标的范围，进而判定搅拌桩能否满足边坡工程需求。

本节针对抗剪强度中的黏聚力分量和摩擦角分量两个强度指标，基于水泥土无侧限抗压试验和快剪试验，开展水泥土抗压强度与抗剪强度参数的相关性研究。研究水泥土无侧限抗压强度 q_u 与黏聚力 c 的关系，以及无侧限抗压试验得到的破坏角 α 与快剪试验得到的内摩擦角 φ 的相关关系。

在工程的设计过程中，黏聚力与内摩擦角都是计算所要使用的重要参数，但在实际工程中，水泥桩的抗剪强度不像无侧限抗压强度那样可以较方便地测得，开展抗剪强度研究将会增添巨大的工作量，同时带来劳动成本的增加。如何使用其他强度指标换算得出黏聚力和内摩擦角有着重要的实用价值和研究意义，而如何根据无侧限抗压强度来反推抗剪强度指标是十分重要的课题。

通过无侧限抗压强度和抗剪强度参数的变化规律可以发现，无侧限抗压强度和黏聚力随水泥配比、龄期等因素的变化规律具有相似性。可以建立水泥土无侧限抗压强度 q_u 与黏聚力 c 的关系规律，从而直接、快速地指导工程应用。以水泥土无侧限抗压强度 q_u 作为横坐标，黏聚力 c 作为纵坐标绘制水泥土黏聚力与无侧限抗压强度关系曲线，如图 4.38～图 4.40 所示。

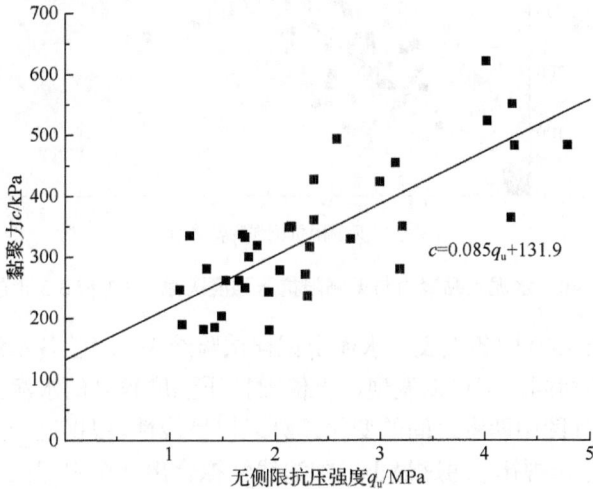

图 4.38　水泥土黏聚力与无侧限抗压强度关系（3-1 土层）

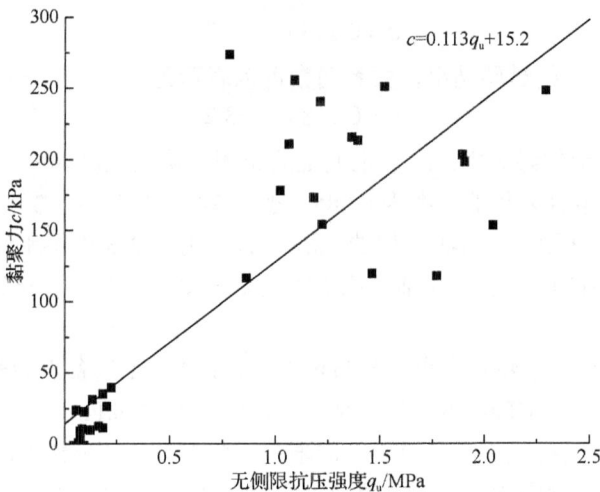

图 4.39　水泥土黏聚力与无侧限抗压强度关系（3-3 土层）

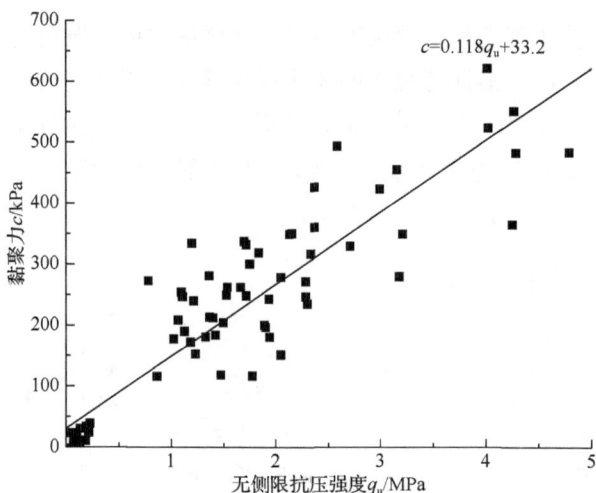

图 4.40　水泥土黏聚力与无侧限抗压强度关系（3-1 和 3-3 土层）

图 4.38～图 4.40 中各点表示水泥土试样试验结果，尽管各水泥土试样的水泥配比、龄期各不相同，但可以发现，无侧限抗压强度较高的水泥土试样具有的黏聚力通常较高，且图中两者之间的变化趋势近似呈线性。根据这一发现及图 4.38～图 4.40 中各点分布规律，通过最小二乘法线性拟合出一个水泥土无侧限抗压强度与黏聚力的关系函数，3-1 土层、3-3 土层的关系函数可以写为

$$c = 0.085q_{u} + 131.9 \tag{4.7}$$

$$c = 0.113q_{u} + 15.2 \tag{4.8}$$

汇总两个土层的试验结果，关系函数可以表示为

$$c = 0.118q_{u} + 33.2 \tag{4.9}$$

式中，c 为水泥土的黏聚力；q_{u} 为水泥土的无侧限抗压强度。

3-1 土层的拟合方程的斜率为 0.085，小于 3-3 土层的 0.113，而 3-1 土层拟合方程的截距 131.9 则大于 3-3 土层的 15.2，这是由于 3-3 土层水泥土前期强度形成缓慢，有较多的点位于坐标轴的原点附近，因此 3-3 土层拟合函数的截距更接近于 0。

观察图 4.38～图 4.40 中点的分布可以发现：3-1 土层各点的横坐标（无侧限抗压强度）都大于 1MPa、纵坐标（黏聚力）都大于 100kPa，3-3 土层小龄期试样的点都十分接近坐标轴原点。对于无侧限抗压强度介于 1～2MPa 的点，3-1 土层和 3-3 土层水泥土的黏聚力都分布于 120～320kPa。3-1 土层部分试样的无侧限抗压强度超过 4MPa，对应的黏聚力也较大，具体分布于 350～650kPa；而 3-3 土层试样的无侧限抗压强度普遍小于 2.5MPa。另外，随着无侧限抗压强度的增大，3-1 土层和 3-3 土层各点逐渐偏离拟合线，即离散性都略有增加。

　　根据拟合公式可得水泥土无侧限抗压强度与黏聚力的关系。当无侧限抗压强度达到规范要求的 0.8MPa 时，拟合公式计算得到的黏聚力达到 127.6kPa。从图 4.40 中可以看出，当试样的无侧限抗压强度满足规范要求的 0.8MPa 时，对应黏聚力基本上大于 100kPa，说明本方法具有较高的可靠性，能够满足本工程的检测要求。在后续的水泥桩成桩质量检测等工程实践中，可以通过进行抗压强度试验得出水泥桩无侧限抗压强度，从而预测相应的抗剪强度指标。

4.6.2　水泥土变形模量与抗压强度的关系研究

　　水泥土的变形模量是计算复合地基沉降及边坡变形的力学参数，其大小通常与抗压强度成一定比例关系。研究表明，水泥土的变形模量通常与其无侧限抗压强度成一定比例关系：《建筑地基处理技术规范》（JGJ 79—2012）中通常建议变形模量 E_{50} 取值为 100～120 倍的无侧限抗压强度；李建军和梁仁旺[94]对河岸粉土进行试验，得到 E_{50} 取 100～250 倍的无侧限抗压强度。因此可以发现，不同性质土体、不同工程类型对应水泥土的变形模量存在较大差异，《建筑地基处理技术规范》（JGJ 79—2012）中的建议取值也并不一定能够适用于软土边坡加固工程。

　　针对软土边坡加固工程，课题组研究得出水泥土的变形模量与抗压强度的变化规律，绘制变形模量与无侧限抗压强度的变化关系曲线，如图 4.41 所示。从图 4.41 中可以初步看出，随着抗压强度的增长，各水泥配比试样的变形模量也逐渐增大。

　　从图 4.41 中可以看出，水泥土试样的变形模量与其无侧限抗压强度近似呈线性关系，3-1 土层、3-3 土层水泥土对应的拟合公式分别为

$$E_{50}=24.7q_{u} \tag{4.10}$$

$$E_{50}=29.3q_{u} \tag{4.11}$$

　　综合 3-1 土层和 3-3 土层试验，可以得到整体的拟合公式为

$$E_{50}=25.4q_{u} \tag{4.12}$$

式中，E_{50} 为平均变形模量；q_{u} 为无侧限抗压强度。

　　具体地，试样变形模量的取值在 20～40 倍无侧限抗压强度之间，但是与相关研究给出的 100～250 倍及《建筑地基处理技术规范》（JGJ 79—2012）中给出的 100～120 倍抗压强度存在较大差异。观察相关研究的应力-应变曲线发现，其破坏时应变通常集中在 1%～2%范围，而本书得到的破坏应变则通常为 2%～4%。分析认为，这是由于试验用土为高含水率的淤泥质土及淤泥，导致水泥土试样的应力-应变曲线上升缓慢，得到的变形系数更低。因此，在类似工程中，《建筑地基处理技术规范》（JGJ 79—2012）建议的取值会高估水泥土的变形模量，在相关设计和计算中应当注意。

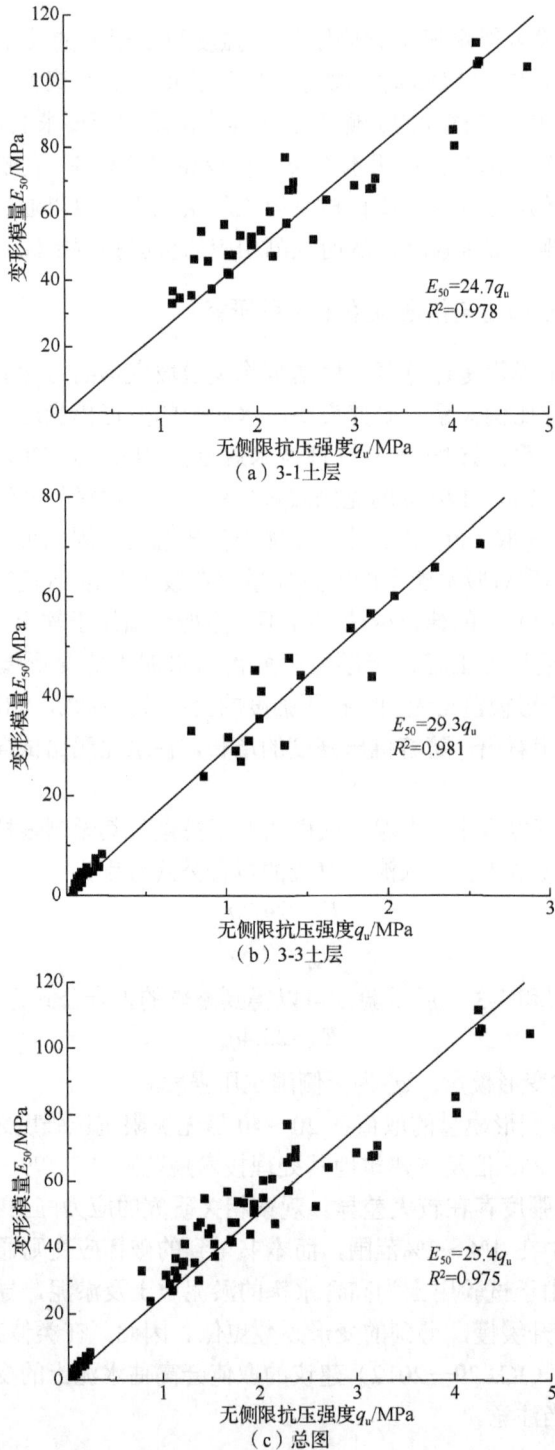

（a）3-1土层

$E_{50}=24.7q_u$
$R^2=0.978$

（b）3-3土层

$E_{50}=29.3q_u$
$R^2=0.981$

（c）总图

$E_{50}=25.4q_u$
$R^2=0.975$

图 4.41 水泥土试样无侧限抗压强度与变形模量的变化关系曲线

4.6.3　水泥土抗压强度试验内摩擦角与快剪试验内摩擦角的关系研究

前文研究了无侧限抗压强度与黏聚力的关系，本节研究无侧限抗压试验内摩擦角与相同水泥参数下快剪试验内摩擦角的关系。无侧限抗压强度试验得到了水泥土试样在破坏时与水平面的夹角 α，根据莫尔-库仑定理，该角度 α 与无侧限抗压试验的内摩擦角 φ 满足如下关系式：

$$\alpha = 45° + \frac{\varphi}{2} \tag{4.13}$$

根据式（4.13），结合破坏角 α 值可计算得出无侧限抗压试验对应的内摩擦角 φ'。由于无侧限抗压强度试验和快剪试验需要分别制作不同的试样，因此式(4.13)计算得到的 φ' 与快剪试样得到的内摩擦角 φ_q 往往存在一些差异。

考虑到 3-3 土层部分试样小龄期时强度较低，无侧限试验得到的试样破坏角并不明显，因此本部分仅针对 3-1 土层进行研究分析。将 3-1 土层水泥土无侧限抗压试验得到的破坏角 α 与计算得到的内摩擦角 φ' 绘制为点线图，如图 4.42 所示。

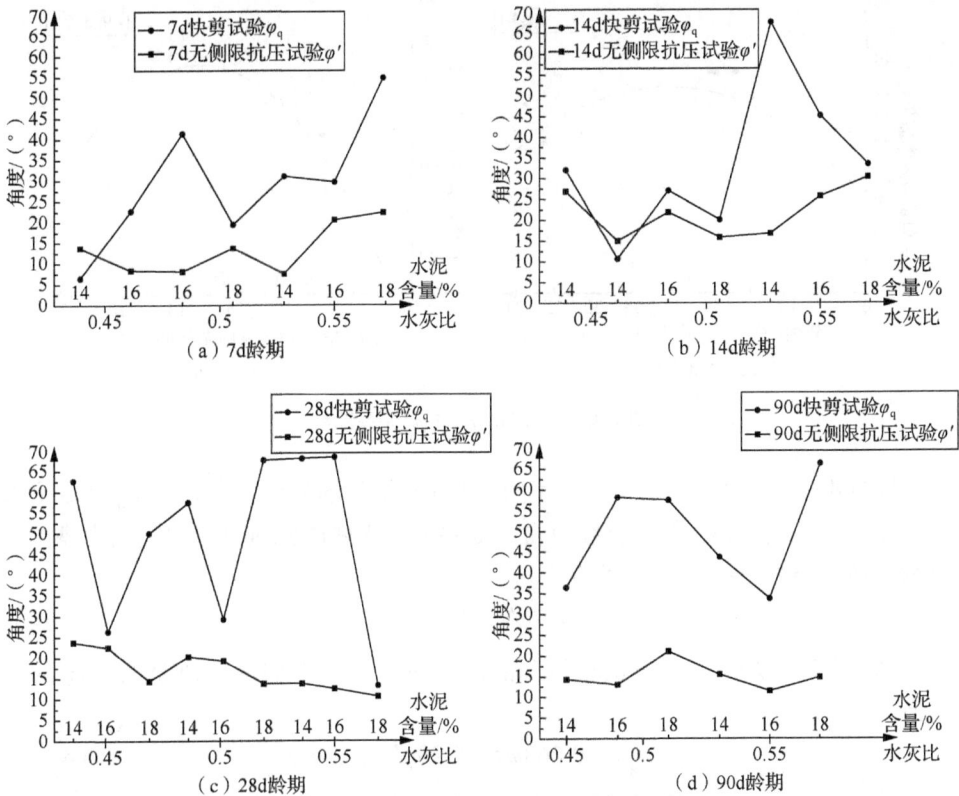

図 4.42　摩擦角 φ' 与 φ_q 点线图

由图 4.42 可知，无侧限抗压试验得到的内摩擦角 φ' 小于快剪试验得到的内摩擦角 φ_q，两种试验得到的内摩擦角有较为相似的变化规律。

为了进一步研究二者的关系，以无侧限抗压试验得到的内摩擦角 φ' 为横坐标，快剪试验内摩擦角 φ_q 为纵坐标，绘制各龄期下的关系曲线，如图 4.43 所示。

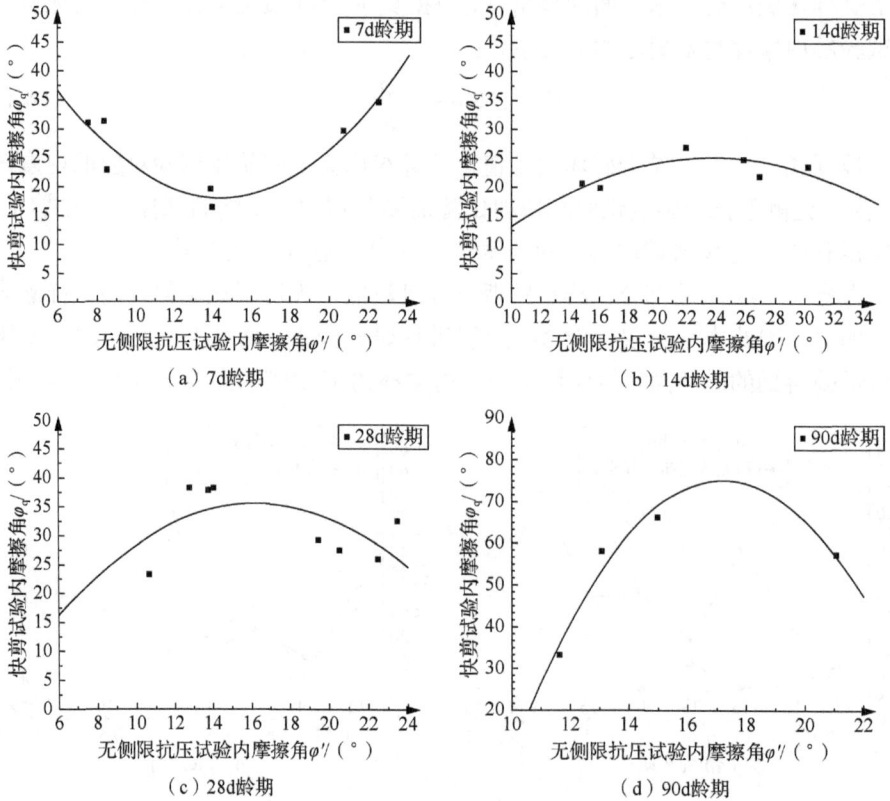

（a）7d龄期　　　　　　　　　　　　　（b）14d龄期

（c）28d龄期　　　　　　　　　　　　　（d）90d龄期

图 4.43　摩擦角 φ' 与 φ_q 关系曲线

从图 4.43 中可以发现，各龄期下两种试验得到的内摩擦角 φ' 与 φ_q 近似呈二次函数关系。由图 4.43 的拟合线可得，7d 龄期时无侧限抗压试验得到的内摩擦角 φ' 与快剪试验内摩擦角 φ_q 的关系为

$$\varphi_q = 0.027\varphi'^2 - 7.66\varphi' + 72.97 \tag{4.14}$$

14d 龄期时无侧限抗压试验得到的内摩擦角 φ' 与快剪试验内摩擦角 φ_q 的关系为

$$\varphi_q = -0.063\varphi'^2 + 2.99\varphi' - 10.39 \tag{4.15}$$

28d 龄期时无侧限抗压试验得到的内摩擦角 φ' 与快剪试验内摩擦角 φ_q 的关系为

$$\varphi_q = -0.185\varphi'^2 + 6.01\varphi' - 13.24 \tag{4.16}$$

90d 龄期时无侧限抗压试验得到的内摩擦角 φ' 与快剪试验内摩擦角 φ_q 的关系为

$$\varphi_q = -1.25\varphi'^2 + 43.2\varphi' - 297.24 \tag{4.17}$$

其中,无侧限抗压试验得到的内摩擦角 φ' 与快剪试验内摩擦角 φ_q 单位为(°)。

由式（4.14）~式（4.17）可知,无侧限抗压试验得到的内摩擦角 φ' 与快剪试验得到的内摩擦角 φ_q 二者呈二次函数关系。在九乡河治理工程的后续应用中,通过无侧限抗压强度试验得出的破坏角 α 及莫尔-库仑定理,可以得出无侧限抗压试验相应的内摩擦角 φ',并由上文得出的关系方程进一步得出快剪试验的内摩擦角 φ_q。在工程质量检测中,通常通过无侧限抗压强度试验进行质量检测。通过该方法可以便利地通过无侧限抗压强度试验大致得出抗剪强度指标,使后续工程中使用抗剪强度指标进行稳定性计算更加便捷。

本 章 小 结

本章对不同水泥配比的水泥土开展室内试验,研究了水泥土抗压强度、抗剪强度随水泥配比的变化规律,主要结论有:

1) 相同条件下,水泥土无侧限抗压强度随水泥含量的提高而增加;随着养护龄期的增加,强度也逐渐提高;强度随水灰比没有明显的变化规律。水泥土变形模量随龄期的增加有明显的增长,随水泥含量、水灰比的变化关系并不明显。

2) 直剪试验结果表明,相同条件下水泥含量越高、龄期越大,对应的水泥土黏聚力也越大。

3) 水泥土强度参数相关性研究表明,黏聚力与无侧限抗压强度近似呈现线性关系,变形模量与抗压强度呈现明显的正相关,可以根据抗压强度对搅拌桩的黏聚力以及变形模量进行简单估算。

第5章　复合改良水泥土强度特性试验研究

水泥搅拌桩在软土边坡加固应用方面取得较好的成果,但是水泥土强度受不同土质影响较大,加固含水率较高的软土需要增加大量水泥用量来获得所需强度,极大地增加了施工成本。此外,水泥的生产会伴随着 CO_2 的排放,造成严重的环境污染。在当前资源匮乏,环境问题日益突出的背景下,找到一种既可以减少水泥用量,又可以改善环境且保证改良效果的复合固化软土的方法至关重要[94-96]。

本章以水泥为基料,选用高炉矿渣、石膏、NaOH 碱激发剂等外掺剂部分置换水泥,研究分析不同外掺剂及组合对复合改良水泥土的力学性能特性的影响。复合固化软土的方法不仅可以有效地节约施工成本,还可以减少对环境的污染破坏。

5.1　复合改良水泥土作用机理

水泥土可以大幅度提高软土的强度和水稳特性,但其仍具有一定的局限性。另外,水泥的生产会伴随着 CO_2 的排放,造成严重的环境污染。因此,如何弥补水泥土的局限性,并使其具有更好的性能成为当前的研究热点。

复合水泥土的出现在一定程度上弥补了水泥土的缺陷,即在掺入适量水泥的基础上选用一些外掺剂替换部分水泥,从而进一步使强度得到提高。复合水泥材料是以各种有机、无机化合物为主要原料,具有良好的力学性能的一种土工复合胶凝材料,其特性是在与土体进行一系列物理、化学作用后,让松散的土体变为致密的胶凝材料;除此之外,加入外掺剂的水泥土可以促进调节水泥水化作用,使得水泥与土颗粒间胶结作用得到改善,还能显著提高土体的强度和耐久性,达到了实际工程想要的效果。另外,在边坡工程中,水泥土的现场施工强度与室内试验强度差距很大,室内水泥试验强度达到要求还远远不够,需要继续提高强度。因此,在当前资源匮乏,环境问题日益突出的背景下,找到一种既可以改善环境,又可以保证改良效果的复合固化剂的方法至关重要。

高炉矿渣是一种具有一定潜在水化性的工业废渣,其成分与发生水化反应的硅酸盐水泥相似，所以可以代替水泥与土体颗粒发生水化反应，继而产生胶凝性水化物和膨胀性水化物，起到加固效果，从而减少水泥用量。选用高炉矿渣复合水泥，通过合理选用矿渣与水泥掺量的配比，可以实现对矿渣进行无害化处理，减少乱堆现象，降低对环境的污染破坏；同时，可以代替部分水泥的用量，对有效节约施工成本具有经济效益。

使用石膏改良水泥土，石膏与水泥反应会生成膨胀性水化物钙矾石，其独特的针状形状能够充填土颗粒内部孔隙结构，降低孔隙率。胶凝性水化物 CSH（C-S-H）可以将点-点接触的土颗粒联结在一起，填充土颗粒之间的空隙，同时胶结土颗粒使其成为一体，从而提高土体黏性。由于石膏水泥土表面形成一层白色薄膜，其形状特性可以挤压周围土体，使得土颗粒孔隙相互交错构成网格状结构，因此其与水泥土的接触面积增加，进而增大了两者的摩擦。水泥水化物是水泥土改良的主要产物，而石膏的加入会使水泥水化物大量流失。因此，使用石膏改良水泥土时，不宜加入过多的石膏。

石膏来源广，成本低，加入矿渣水泥土中具有一定的助磨作用，还可以作为水泥土的调凝剂。石膏和矿渣能促进水泥土在早期和后期阶段产生大量的水化产物，从而形成更致密的水泥硬化结构。利用石膏作矿渣硫酸盐激发剂，与 NaOH 碱激发剂共同作用，可以激发矿渣火山灰与 $Ca(OH)_2$ 反应生成胶凝性水化物和膨胀性水化物，使得早期矿渣未水化部分得到反应，相比单掺矿渣水泥土其生成的物质更多，并能改善其结构的密实性和力学性能。而碱性矿渣的掺入不仅可以替代部分水泥的用量，还可以提高水泥水化速率，在早期起到填充水化物的作用；由于石膏呈弱酸性，会加速矿渣水泥土的水化过程，对水泥土早期强度有较大的促进作用。

矿渣与水泥性质相似，都是碱性材料，可以发生水化反应。水泥和矿渣在早期阶段，矿渣复合水泥掺入淤泥软土中，可以发现生成的水化产物覆盖在矿渣颗粒表面，NaOH 碱激发剂能够激发矿渣颗粒与水泥土之间的水化反应，生成 C-A-S-H 凝胶，直接增强土中溶液的酸碱度，促使矿渣颗粒内部间隙缩小，进而使矿渣颗粒与水化物连接更加紧凑；后期阶段，水化剧烈，土颗粒内部积攒的水化物越来越多，使得矿渣颗粒最后形成一个整体结构。从微观角度分析，当碱液 NaOH 与矿渣发生接触时，矿渣表面会迅速被 OH 吸附，待 NaOH 完全进入矿渣颗粒表面时，矿渣颗粒水化反应速率加快，生成更多的水化物，使得矿渣表面水化物膜层变厚，从而形成巨大的表面体，使得 Na^+、K^+ 也被吸引到水化物表面，具有更强的穿透能力，相比纯水泥土水化反应更快。使用高炉矿渣等量取代水泥用量，可以降低能量消耗。掺入矿渣的水泥试样可以改善水泥土的黏结性能。

5.2　试验材料与方案

5.2.1　试验材料

1. 试验用土

试验所用土样取自南京市秦淮东河，以九乡河关键控制层位的软土作为研究对象，取样深度为 5～10m。该河段软土呈黑褐色，带有腥味，具有较高的含水率，其含水率与液限接近，松散多孔使其承载力较低，易压缩变形。按照《土工试验方法标准》（GB/T 50123—2019）测得试验用土的性能指标见表 5.1。

表 5.1　试验用土的性能指标

天然含水率 $w/\%$	重度 $\gamma/(kN/m^3)$	土粒相对密度 G_s	天然孔隙比 e_0	饱和度 $S_r/\%$	干重度 $\gamma/(kN/m^3)$	液限 $w_L/\%$	塑限 $w_P/\%$	塑性指数 I_P	液性指数 I_L
43	18.2	2.74	1.06	96	13.3	39	21.3	14	1.16

2. 水泥

试验选择水泥标号为 P·O42.5 的普通硅酸盐水泥，具体性能指标见表 5.2。

表 5.2　水泥性能指标

细度/%	初凝时间/min	终凝时间/min	安定性	烧失量/%	抗压强度/MPa		抗折强度/MPa	
					3d	28d	3d	28d
1.2	153	205	合格	4	25.9	54	4.8	7.5

3. 石膏

试验选用的外掺剂是生石膏，又称二水硫酸钙，为浅灰色粉末。石膏的化学成分见表 5.3。

表 5.3　石膏的化学成分　　　　　　　　　　（单位：%）

SiO_2	Fe_2O_3	Al_2O_3	TiO_2	CaO	MgO	SO_3	K_2O	Na_2O	H_2O	$\sum$(总和)
0.06	0.02	0.03	0	34.2	0.12	47.63	0.02	0.04	17.66	99.78

4. 矿渣

试验选用的另一种外掺剂是粒化高炉矿渣粉，其成分符合《用于水泥、砂浆和混凝土中的粒化高炉矿渣粉》（GB/T 18046—2017）标准要求，化学成分见表 5.4。

表 5.4　矿渣的化学成分　　　　　　　　　　（单位：%）

CaO	Fe$_2$O$_3$	SiO$_2$	Al$_2$O$_3$	MgO	SO$_3$
44.12	1.26	35.55	13.26	1.1	1.32

5. NaOH 碱激发剂

本试验采用的碱激发剂是某公司生产的 NaOH，模数为 1.2，为白色固体，易潮解。NaOH 的物理性质见表 5.5。

表 5.5　NaOH 的物理性质

熔点/℃	沸点/℃	相对密度	相对分子质量	饱和蒸汽压
318.4	1390	2.12	40.01	0.13（739℃）

5.2.2　试验方案

室内配制单掺水泥、水泥+石膏、水泥+矿渣、复掺矿渣+石膏+水泥等不同外掺剂的复合改良土，并开展无侧限抗压强度试验和直剪试验。外掺剂配比如下：

1）单掺水泥：分别掺入 10%、12%、14%、16% 四种水泥配比（表 5.6），水灰比为 0.5，得到满足设计强度要求的最低水泥含量 12%；

2）水泥+石膏：固化剂总掺量为 12%，水泥+石膏掺量分别为 10%+2%、9%+3%、8%+4%；

3）水泥+矿渣：固化剂总掺量为 12%，水泥+矿渣+NaOH 碱激发剂掺量分别为 8%+4%+0.5%、7%+5%+0.5%、6%+6%+0.5%（NaOH 碱激发剂所占比例算入水灰比中）；

4）复掺矿渣+石膏+水泥：固化剂总掺量为 12%，水泥+矿渣+石膏+NaOH 碱激发剂掺量分别为 6%+4%+2%+0.5%、5%+5%+2%+0.5%、4%+6%+2%+0.5%。

表 5.6　水泥掺量方案

试验组编号	A1	A2	A3	A4
水泥掺量	10%	12%	14%	16%

参考石膏和矿渣掺入水泥土对水泥土力学性能改善的最优值，选用的固化剂配比见表 5.7。

表 5.7　复合水泥土配比

组别编号	固化土试验组编号	固化剂配比/%			
		水泥	矿渣	石膏	NaOH
A	对照组	12			
B	B1	10		2	
	B2	9		3	
	B3	8		4	
C	C1	8	4		0.5
	C2	7	5		0.5
	C3	6	6		0.5
D	D1	6	4	2	0.5
	D2	5	5	2	0.5
	D3	4	6	2	0.5

　　称取一定质量的试验土体，按设计的配比称取所需外掺剂，并按照水灰比 0.50 称取所需用水。将外掺剂与水混合搅拌成均匀浆液后与土体一起放入搅拌机搅拌，待外掺剂与土体搅拌均匀后得到改良土体。将改良土体分层压进砂浆模具内，制备得到无侧限试样；将一定质量的复合改良土装入环刀内并压实，制备得到直剪试样。在砂浆模具与环刀内壁事先涂抹适量凡士林，以便试样养护成型后脱模。将制备好的无侧限和直剪试样放入图 5.1 所示的养护箱内，标准养护 24h 后对试样进行脱模，脱模完的试样继续放置于养护箱内，标准养护至 7d、14d、28d、90d 后取出试样，开展无侧限抗压强度试验和直剪试验。

　　无侧限抗压强度试验遵循《土工试验方法标准》（GB/T 50123—2019）相关步骤，并采用全自动三轴仪（图 5.2）。设置三轴仪的速率为 1mm/min，待试样破坏，峰值过后轴向应变稳定在 3%～5%时，即可停止仪器工作；若没有出现峰值或者稳定的数值，试验则需待轴向应变稳定在 20%时再停止。

图 5.1　SHBY-60B 型养护箱

图 5.2　全自动三轴仪

直剪试验采用 DJS-III 型应变式四联电动剪力仪（图 5.3），试验步骤参照《土工试验方法标准》（GB/T 50123—2019）。试验过程中，试样上覆荷载为 100kPa、200kPa、300kPa 和 400kPa，剪切速率为 1.2mm/min，3～5min 后，试样被剪坏。在百分表上测得数值稳定时，停止试验；但若峰值不明显或者没有峰值时停止试验，这时读取剪切位移为 4mm 时的百分表数值作为抗剪强度。

图 5.3　DJS-III 型应变式四联电动剪力仪

5.3　复合改良水泥土无侧限抗压强度室内试验研究

5.3.1　水泥土无侧限抗压强度特性分析

水泥掺量和龄期对软土无侧限抗压强度起着重要作用。利用水泥掺量、龄期与试验所测强度的关系绘制曲线，得到这两种因素对水泥土强度的影响规律，判断满足工程设计强度要求的最低水泥含量。

1. 水泥土无侧限抗压强度结果

《建筑地基处理技术规范》（JGJ 79—2012）推荐搅拌桩水泥掺量区间在 7%～20%，本节选取水泥掺量为 10%、12%、14%、16% 四种掺量的水泥土分别养护 7d、14d、28d 三个龄期，待龄期到达时测定数据。试验得到的水泥土无侧限抗压强度见表 5.8。

表 5.8　水泥土无侧限抗压强度　　　　　　　　（单位：kPa）

试样编号	水泥掺量/%	不同养护龄期下的水泥土无侧限抗压强度		
		7d	14d	28d
A1	10	474.2	588	754.2
A2	12	684.7	883.3	1201.3
A3	14	840.5	1039	1328.1
A4	16	948.7	1185.9	1529.8

2. 水泥掺量对强度的影响

由图 5.4 可得，在相同的龄期下，水泥土无侧限抗压强度与水泥掺量之间存在着显著的正相关关系，且存在一个最适水泥掺量；在 7d、14d 和 28d 三个养护龄期，掺量为 12%的水泥土强度相比掺量为 10%的水泥土分别提高了 44.4%、50.2%、59.3%；以水泥掺量 12%为基准，掺量为 14%的水泥土在三个养护龄期时强度分别提高了 22.8%、17.6%、10.6%；以水泥掺量 14%为基准，掺量为 16%的水泥土在三个养护龄期时强度分别提高了 12.9%、14.1%、15.2%。由此可以看出不同掺量的水泥土随龄期的增长，其强度提升幅度也不同，在 10%~12%区间增长幅度最大，12%~14%区间增长幅度开始下降。这说明添加水泥并不是越多越好，而是要控制在某一区间。

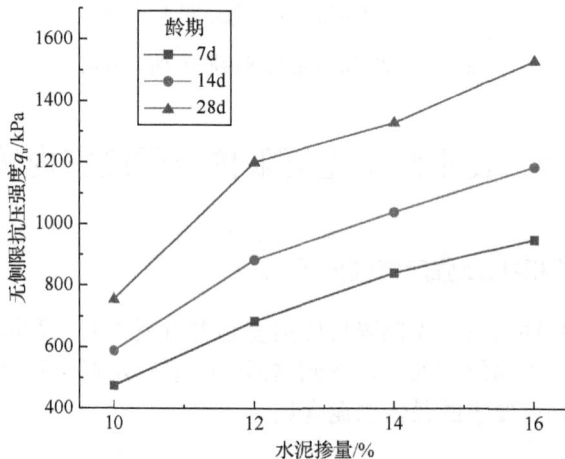

图 5.4　水泥土无侧限抗压强度与水泥掺量的关系

3. 龄期对强度的影响

如图 5.5 和表 5.9 所示，掺量为 10%的水泥土在 14d、28d 养护龄期的强度 q_{14}、q_{28} 分别是其 7d 强度 q_7 的 1.24 倍、1.59 倍，且其 28d 养护龄期的强度是 14d 强度的 1.28 倍。掺量为 14%的水泥土在 14d、28d 养护龄期的强度分别是其 7d 强度的 1.24 倍、1.58 倍，且其 28d 养护龄期的强度是 14d 强度的 1.28 倍；掺量为 16%的水泥土在 14d、28d 养护龄期的强度分别是其 7d 强度的 1.25 倍、1.61 倍，且其 28d 养护龄期的强度是 14d 强度的 1.29 倍，均小于掺量为 12%的倍数关系。同时，可以看出整体纯水泥土强度 14~28d 提升比例大于 7~14d 的，说明水泥土 28d 无侧限抗压强度仍有增长。

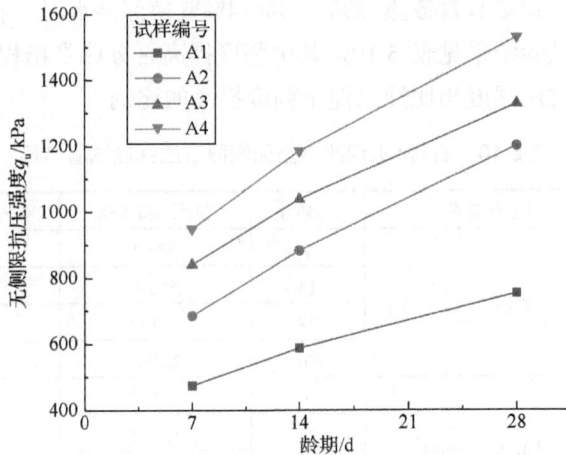

图 5.5　水泥土无侧限抗压强度与龄期的关系

表 5.9　水泥土在不同龄期下抗压强度的比值

水泥掺量/%	$\dfrac{q_{14}}{q_7}$	$\dfrac{q_{28}}{q_7}$	$\dfrac{q_{28}}{q_{14}}$
10	1.24	1.59	1.28
12	1.29	1.75	1.36
14	1.24	1.58	1.28
16	1.25	1.61	1.29

5.3.2　石膏+水泥改良土无侧限抗压强度特性分析

根据 5.3.1 小节水泥土的抗压强度增长规律，水泥虽然可以大幅度提高软土的强度和水稳特性，但是仍具有一定的局限性，如水泥土的现场施工强度与室内试验强度差距很大，所以室内水泥试验强度达到要求还远远不够，需要继续提高强度。另外，由于软土含水率较高，因此固化所需水泥量较大，极大地提高了施工成本。此外，水泥的生产会伴随着 CO_2 的排放，造成严重的环境污染。在当前资源匮乏，环境问题日益突出的背景下，找到一种既可以减少水泥用量，降低水泥搅拌桩的造价，又可以保证改良效果的复合固化软土的方法至关重要。本小节采用保持总掺量不变的方法，选用石膏外掺剂改变水泥土强度性能。

1. 石膏+水泥改良土无侧限抗压强度结果

本节添加外掺剂采用固定固化剂总量不变，用外掺剂代替部分水泥的方法。结合实际情况，掺入过多的石膏会导致搅拌桩堵塞和成桩质量差。从工程实际和成本造价上考虑，设定石膏掺量 2%、3%、4%置换部分水泥。石膏+水泥改良土无侧限抗压强度试验结果见表 5.10，其中强度提高百分比是指相同龄期下各组复合水泥土无侧限抗压强度相比纯水泥土强度提高的比例。

表 5.10　石膏+水泥改良土无侧限抗压强度试验结果

试样编号	外掺剂掺量	龄期/d	抗压强度/kPa	强度提高百分比%
A2	水泥 12%	7	684.7	0
		14	883.3	0
		28	1201.3	0
		90	2036.1	0
B1	水泥 10%+石膏 2%	7	1225.3	78.95
		14	1567.1	77.41
		28	1820	51.50
		90	2443.3	20.00
B2	水泥 9%+石膏 3%	7	1046.5	52.84
		14	1328.2	50.37
		28	1721.2	43.28
		90	2275.5	11.76
B3	水泥 8%+石膏 4%	7	928.4	35.59
		14	1187.1	34.39
		28	1548.2	28.88
		90	2123.7	4.30

由表 5.10 可得，水泥 10%+石膏 2%的改良土无侧限抗压强度是水泥 12%的 1.2～1.79 倍；水泥 9%+石膏 3%的改良土无侧限抗压强度是水泥土 12%的 1.2～1.53 倍，水泥 8%+石膏 4%的改良土无侧限抗压强度是水泥土 12%的 1.04～1.36 倍，说明石膏+水泥改良土比同等掺量条件下的纯水泥土具有更好的抗压强度提升效果。

2. 石膏掺量对水泥土抗压强度的影响

将石膏+水泥改良土抗压强度与石膏掺量的关系绘制于图 5.6，其中石膏掺量为（石膏质量/总固化剂总质量）×100%。从图 5.6 可以看出，石膏+水泥改良土效果优于水泥，石膏+水泥改良土的加固效果与石膏掺量大小密切相关，随着石膏掺量的增大，其抗压强度呈现负增长趋势。本试验中，石膏占总固化剂掺量为 16.7%时抗压强度最大，说明水泥掺量 10%+石膏掺量 2%为最佳配比。使用该配比，不仅 28d 强度比纯水泥土掺量 16%时更高，而且节省了水泥 16.7%的用量，石膏加固软土效果显著。

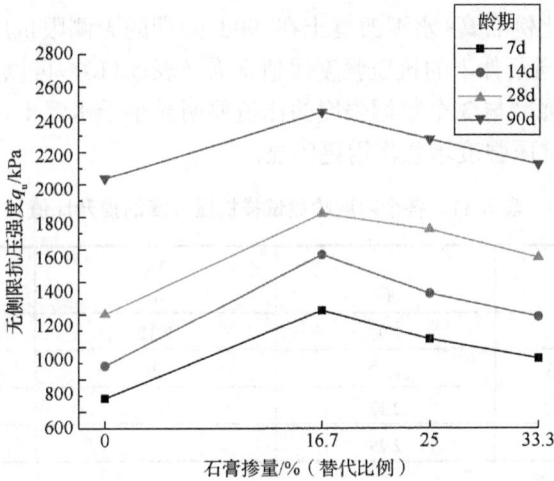

图 5.6　石膏+水泥改良土抗压强度与石膏掺量的关系

3. 石膏+水泥改良土无侧限抗压强度与龄期的关系

从石膏+水泥改良土无侧限抗压强度与龄期的关系（图 5.7）可以看出，加入石膏可以有效地改善水泥土的抗压强度，尤其在龄期 7d、14d 时表现突出；在 7d 龄期下，三种配比的石膏+水泥改良土无侧限抗压强度相比纯水泥土抗压强度分别提高了 78.95%、52.84%、35.59%；在 14d 龄期下，三种配比的石膏+水泥改良土抗压强度相比纯水泥土抗压强度分别提高了 77.41%、50.37%、34.39%；在 28d 龄期下，三种配比的石膏+水泥改良土无侧限抗压强度相比纯水泥土抗压强度分别提高了 51.50%、43.28%、28.88%；在 90d 龄期下，三种配比的石膏+水泥改良土无侧限抗压强度相比纯水泥土抗压强度分别提高了 20.00%、11.76%、4.3%。本试验中石膏的最优掺量为 2%。

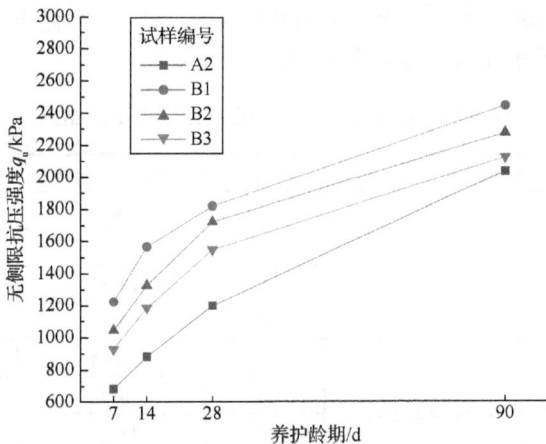

图 5.7　石膏+水泥改良土无侧限抗压强度与龄期的关系

　　从不同混合比例石膏+水泥改良土在 90d 龄期的无侧限抗压强度 q_{90} 与 7d、14d、28d 龄期相同条件下的抗压强度比值来看（表 5.11），可以发现石膏+水泥改良土的 90d 龄期强度与 3 个龄期强度的比值要明显小于水泥土，表明石膏的加入对早期水泥土的抗压强度增强作用更明显。

表 5.11　各个龄期阶段试样抗压强度的提升比值

外掺剂掺量	$\dfrac{q_{90}}{q_7}$	$\dfrac{q_{90}}{q_{14}}$	$\dfrac{q_{90}}{q_{28}}$
水泥 12%	2.97	2.31	1.69
水泥 10%+石膏 2%	1.99	1.56	1.34
水泥 9%+石膏 3%	2.17	1.71	1.32
水泥 8%+石膏 4%	2.29	1.79	1.37

5.3.3　矿渣+水泥改良土无侧限抗压强度特性分析

　　矿渣是一种原料广泛、成本较低的工业副产品，其主要成分为硅酸三钙和硅酸二钙等活性物质，与水泥有着相似的胶凝性质，可作为一种掺料用于水泥土和混凝土中，这就为矿渣改良水泥土提供了有力的支撑。合理利用矿渣不仅可以提高水泥土和混凝土的性能，而且可以在一定程度上减少水泥用量及生产中 CO_2 的排放量。利用工业废渣利于环保，节约废渣堆砌用地。因此，本节选用矿渣外掺剂，为了保持对比效果，继续采用保持总改良剂掺量不变的方法，用外掺剂替代部分水泥来提高水泥土抗压强度性能。

　　1. 矿渣+水泥改良土无侧限抗压强度结果

　　本节添加外掺剂采用固定改良剂总量不变，用外掺剂代替部分水泥的方法。从工程实际和成本造价考虑，设定矿渣掺量 4%、5%、6%置换部分水泥。矿渣水泥土无侧限抗压强度试验结果见表 5.12。

表 5.12　矿渣水泥土无侧限抗压强度试验结果

试样编号	外掺剂掺量	龄期/d	抗压强度/kPa	强度提高百分比%
A2	水泥 12%	7	684.7	0
		14	883.3	0
		28	1201.3	0
		90	2036.1	0
C1	水泥 8%+矿渣 4%+NaOH 0.5%	7	841.3	22.9
		14	1023.9	15.9
		28	1816.3	51.2
		90	2912.2	43.0

试样编号	外掺剂掺量	龄期/d	抗压强度/kPa	强度提高百分比/%
C2	水泥 7%+矿渣 5%+NaOH 0.5%	7	736.7	7.6
		14	1063.9	20.5
		28	1990.3	65.7
		90	3069.3	50.7
C3	水泥 6%+矿渣 6%+NaOH0.5%	7	881.8	28.8
		14	1185.2	34.2
		28	2244.3	86.8
		90	3294.2	61.8

由表 5.12 可得，水泥 8%+矿渣 4%+NaOH 0.5%的改良土无侧限抗压强度是水泥 12%的 1.16～1.52 倍；水泥 7%+矿渣 5%+NaOH 0.5%的改良土无侧限抗压强度是水泥 12%的 1.08～1.66 倍；水泥 6%+矿渣 6%+NaOH 0.5%的改良土无侧限抗压强度是水泥 12%的 1.29～1.87 倍，说明矿渣+水泥改良土比同等掺量条件下的纯水泥土具有更好的抗压强度提升效果。

2. 矿渣掺量对水泥土无侧限抗压强度的影响

图 5.8 为矿渣掺量与水泥土无侧限抗压强度的关系。由图 5.8 可知，矿渣+水泥改良土无侧限抗压强度效果优于水泥，而且矿渣+水泥改良土的加固效果与矿渣掺量密切相关，随着矿渣掺量的增大，其强度呈现正增长趋势。本试验中，矿渣占总固化剂掺量为 50%时抗压强度最大，其 28d 龄期强度达到了 2244.3kPa，说明水泥掺量为 6%加矿渣掺量 6%为最佳配方（表 5.12）。矿渣掺量占比较小时，发生水解反应时速率较小，产生的胶凝物质较少，固化土的强度增长幅度较小，因此矿渣比例可以继续增加。

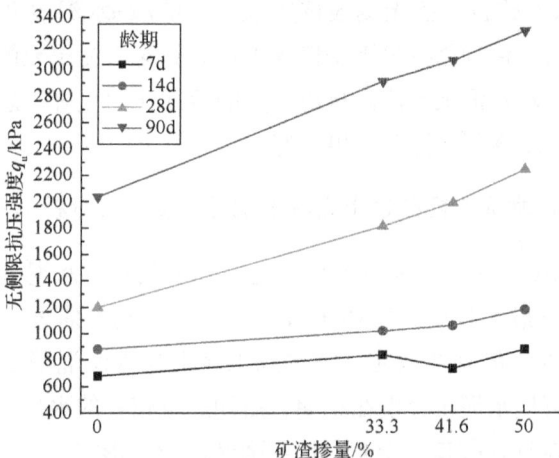

图 5.8　矿渣掺量与水泥土无侧限抗压强度的关系

3. 矿渣+水泥改良土无侧限抗压强度与龄期的关系

从图 5.9 可以看出，加入矿渣可以有效地改善水泥土的无侧限抗压强度，尤其在龄期 28d、90d 时表现突出，说明矿渣对水泥土的强度作用主要集中于后期，前期增长速度较慢；矿渣促进作用前期较弱而后期逐渐增加，这可能与矿渣前期的水化活性还未被完全激活有关，这也表明 NaOH 对矿渣的水化活性激活效应存在一定的滞后现象。NaOH 是一种碱激发剂，可以促进矿渣水泥土发挥作用。NaOH 的碱性激发加强了与矿渣之间的接触，减少表面微小孔隙，从而形成了致密的结构，同时 NaOH 的使用有助于减少水泥损耗。

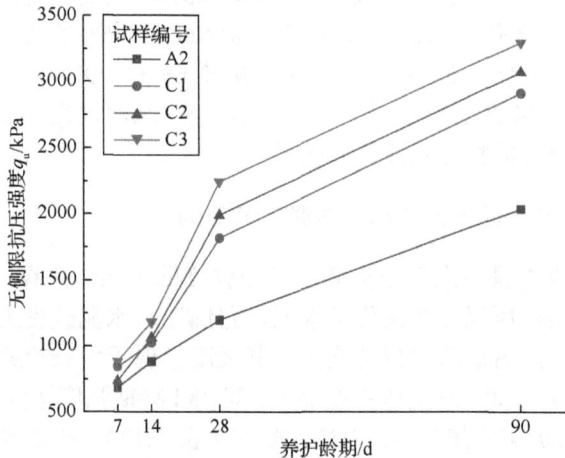

图 5.9　矿渣+水泥改良土无侧限抗压强度与龄期的关系

对比石膏+水泥改良土的无侧限抗压强度和矿渣+水泥改良土的无侧限抗压强度可知，在相同固化剂总掺量不变情况下，石膏对水泥土无侧限抗压强度的前期作用更好，矿渣对水泥土无侧限抗压强度的后期作用更好。总体上，掺加石膏对水泥土无侧限抗压强度的提升效果较好。

5.3.4　石膏+矿渣+水泥复合改良土无侧限抗压强度特性分析

与单掺方案相比，使用两种或多种合适的外掺剂复掺水泥土的性能改善效果更佳，外掺剂可以最大程度地发挥各自的优点，达到单掺方案所不能达到的效果，这种现象称为优势互补效应。考虑到水泥土与水泥混凝土性质的相似性，而且石膏、矿渣可使水泥土分别在早期、后期产生较多的水化产物，因此本节研究石膏+矿渣+水泥复合改良土无侧限抗压强度性能的影响。

1. 石膏+矿渣+水泥复合改良土无侧限抗压强度结果

本节添加外掺剂采用固定改良剂总量不变,用外掺剂代替部分水泥的方法。从工程实际和成本造价上考虑,设定石膏掺量为 2%,矿渣掺量分别为 4%、5%、6%置换部分水泥。石膏+矿渣+水泥复合改良土无侧限抗压强度试验结果见表 5.13。

表 5.13　石膏+矿渣+水泥复合改良土无侧限抗压强度试验结果

试样编号	外掺剂掺量/%	龄期/d	抗压强度/kPa	强度提高百分比%
A2	水泥 12%	7	684.7	0
		14	883.3	0
		28	1201.3	0
		90	2036.1	0
D1	水泥 6%+矿渣 4%+石膏 2%+NaOH 0.5%	7	1116.8	63.11
		14	1473.7	66.84
		28	1982.7	65.05
		90	3078.4	51.19
D2	水泥 5%+矿渣 5%+石膏 2%+NaOH 0.5%	7	1304.2	90.48
		14	1760.1	99.26
		28	2523.7	110.08
		90	3367.7	65.40
D3	水泥 4%+矿渣 6%+石膏 2%+NaOH 0.5%	7	1220.2	78.21
		14	1503.6	70.23
		28	2265.3	88.57
		90	3257.4	59.98

由表 5.13 可得,在同一龄期下石膏+矿渣+水泥复合改良土无侧限抗压强度的改善尤为显著。其中,D1 组的龄期为 7d、14d、28d、90d 的强度分别提高了 63.11%、66.84%、65.05%、51.19%,D2 组的龄期为 7d、14d、28d、90d 的强度分别提高了 90.48%、99.26%、110.08%、65.40%,D3 组的龄期为 7d、14d、28d、90d 的强度分别提高了 78.21%、70.23%、88.57%、59.98%。其中,D2 组在 7~90d 四个养护龄期下的抗压强度提高最快。

2. 石膏+矿渣掺量占比对水泥土抗压强度的影响

由图 5.10 可以看出,使用石膏和矿渣共同替代部分水泥能够迅速提高水泥土的抗压强度,同时石膏+矿渣+水泥复合改良土的抗压强度并不是随着掺量占比的增大一直增大,而是呈现先增大后减小的趋势。本试验中,石膏+矿渣占总固化剂掺量为 58.3%时抗压强度最大，其中 28d 抗压强度为 2523.7kPa，达到了比纯水泥土 16%更高的强度。

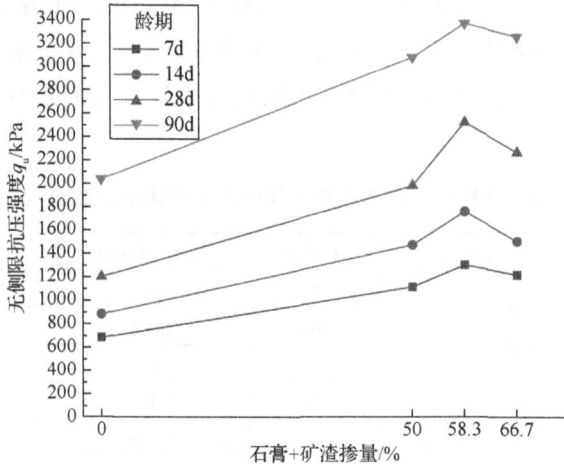

图 5.10　石膏+矿渣掺量与水泥土无侧限抗压强度的关系

石膏+矿渣两种混合材料复合掺入时，抗压强度并不是简单地呈线性增长，而是可以产生一定的强度叠加效应。矿渣与石膏以适当比例复合，从而使复合水泥土获得较好的性能。

3. 石膏+矿渣+水泥复合改良土的抗压强度与龄期的关系

由图 5.11 可知，石膏+矿渣+水泥复合改良土的无侧限抗压强度随着养护龄期的延长而逐渐增大，并且早期强度与后期强度的增长速率都较大。同时，在外掺剂掺量相同的情况下，养护 7d、14d、28d、90d 的复合水泥土抗压强度都明显高于纯水泥土抗压强度。形成这一趋势的原因主要有两个：①由于添加了石膏+矿渣改良剂，使得土体变得致密；②石膏的掺入使得土体处于碱性状态，试样中的铝酸三钙会与 $CaSO_4 \cdot 2H_2O$ 发生化学反应，生成钙矾石填充土体孔隙，使得土体在一定程度上得到了压实作用和胶结作用，从而试样的整体结构性好，抗压强度得到提高。

在 NaOH 碱激发剂提供的碱性条件下，矿渣能够很好地提高水泥土的抗压强度，这说明碱激发剂可以促进叠加效应，使其抗压强度提高。同时，在此环境下加入石膏，能够在早期阶段激活矿渣使其抗压强度增强。这也表明石膏能有效激发矿渣早期活性，能很好地发生水化反应，弥补了矿渣水泥土早期抗压强度偏低的缺陷。

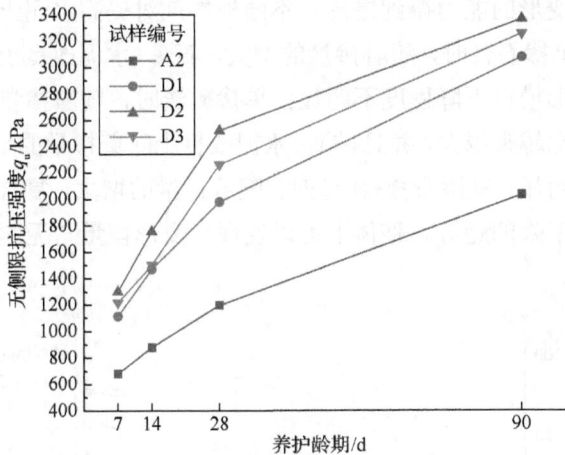

图 5.11　石膏+矿渣+水泥复合改良土无侧限抗压强度与龄期的关系

5.3.5　复合改良土变形模量特性分析

变形模量可以体现水泥土抵抗变形的能力，通过添加外掺剂可以提高水泥土的抗压强度，而边坡稳定性分析结果的好坏受变形模量的影响，因此复合改良土变形模量的变化规律还需进一步研究，为实际工程提供更加可靠的依据。复合改良土变形模量结果见表 5.14。

表 5.14　复合改良土变形模量结果

试样编号	外掺剂掺量	$B/\%$	不同龄期下复合改良土变形模量/MPa			
			7d	14d	28d	90d
A2	水泥 12%	0	19.16	30.45	48.53	69.16
B1	水泥 10%+石膏 2%	16.7	49.82	68.56	72.52	83.25
B2	水泥 9%+石膏 3%	25	44.15	59.12	61.22	75.28
B3	水泥 8%+石膏 4%	33.3	38.12	53.15	50.12	72.26
C1	水泥 8%+矿渣 4%+NaOH 0.5%	33.3	32.51	38.28	66.79	86.12
C2	水泥 7%+矿渣 5%+NaOH 0.5%	41.7	30.17	39.12	64.18	88.15
C3	水泥 6%+矿渣 6%+NaOH 0.5%	50	36.15	48.24	73.26	93.58
D1	水泥 6%+矿渣 4%+石膏 2%+NaOH 0.5%	50	47.12	63.27	81.19	91.26
D2	水泥 5%+矿渣 5%+石膏 2%+NaOH 0.5%	58.3	55.12	70.21	85.11	104.21
D3	水泥 4%+矿渣 6%+石膏 2%+NaOH 0.5%	66.7	52.15	66.11	83.51	99.23

注：B 为非水泥外掺剂与总外掺剂掺量之比。

由图 5.12 和图 5.13 可以看出，随着养护时间的增加，各组复合改良土配比试样的变形模量也随之增大。此外，复合外掺剂可以明显提高水泥土的变形模量，使得水泥土抵抗变形的能力得到提高。不同外掺剂对提高水泥土变形模量有着不同程度的影响。单掺石膏时，随着掺量的增大，石膏+水泥改良土的变形模量反而下降，而早期变形模量下降程度不明显；单掺矿渣时，随着掺量的增大，复合改良土的变形模量也越来越大，并且矿渣+水泥改良土随着掺量的增大，后期的变形模量提升越来越明显；复掺石膏+矿渣时，随着掺量的增大，复合改良土的变形模量呈现先上升后下降的趋势。整体上可以发现，变形模量与无侧限抗压强度变化规律具有一致性。

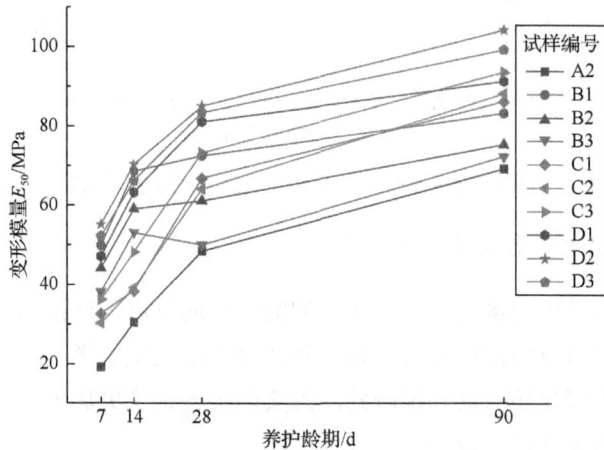

图 5.12　变形模量与养护龄期的关系

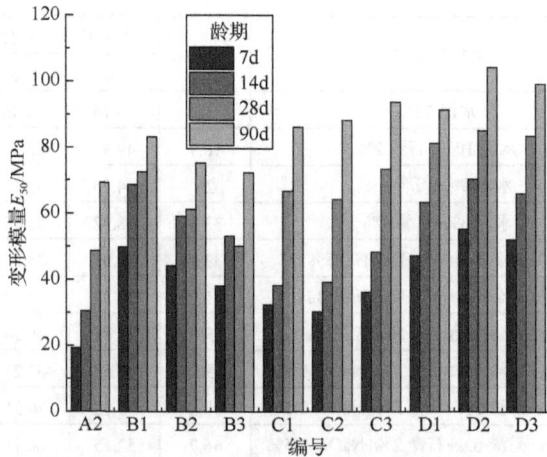

图 5.13　不同外掺剂变形模量柱状图

图 5.14～图 5.17 为变形模量 E_{50} 与无侧限抗压强度 q_u 关系曲线，可以看出各组水泥土试样的变形模量与无侧限抗压强度近似呈线性关系。石膏+水泥改良土、

矿渣+水泥改良土和石膏+矿渣+水泥复合改良土对应的拟合公式分别为

$$E_{50} = 37.0q_{\mathrm{u}} \tag{5.1}$$

$$E_{50} = 31.3q_{\mathrm{u}} \tag{5.2}$$

$$E_{50} = 34.4q_{\mathrm{u}} \tag{5.3}$$

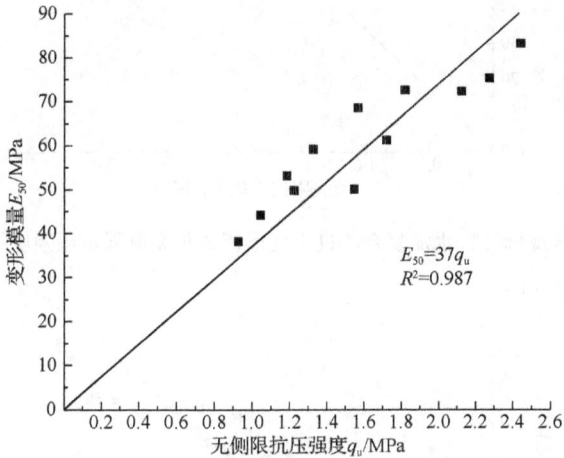

图 5.14　石膏+水泥改良土变形模量与无侧限抗压强度的关系曲线

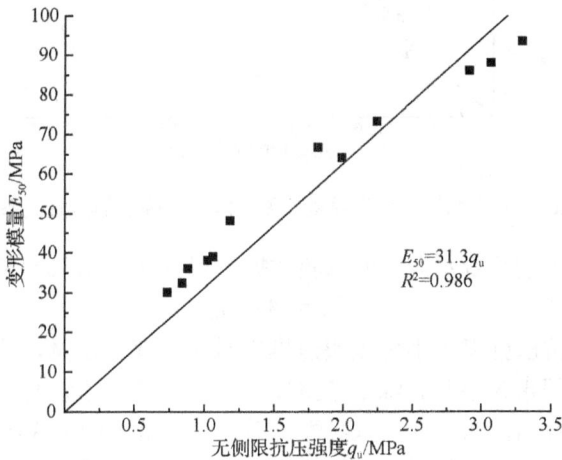

图 5.15　矿渣+水泥改良土变形模量与无侧限抗压强度的关系曲线

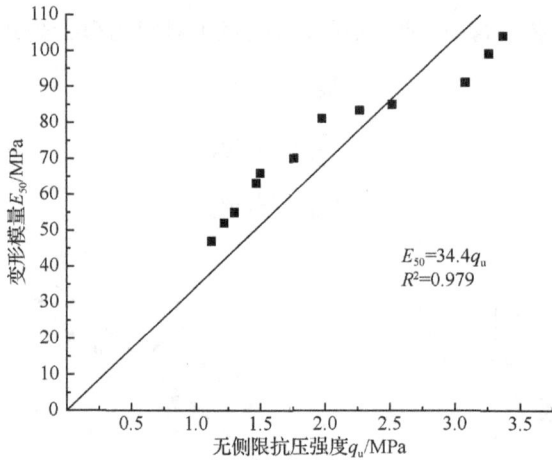

图 5.16　石膏+矿渣+水泥复合改良土变形模量与无侧限抗压强度的关系曲线

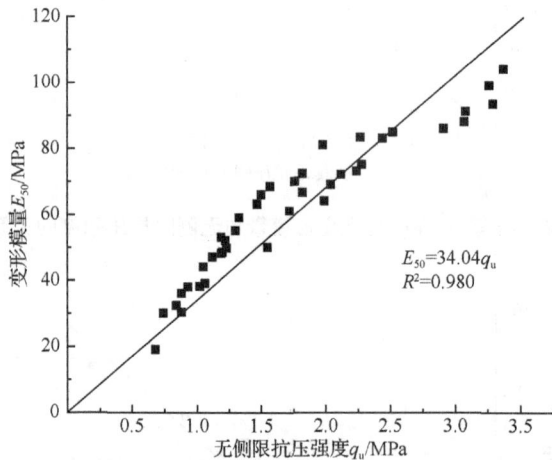

图 5.17　复合水泥土变形模量与无侧限抗压强度的汇总关系曲线

综合各组外掺剂复合水泥土的试验数据，得到掺量 12% 的整体拟合公式为

$$E_{50} = 34.04 q_u \tag{5.4}$$

根据无侧限抗压强度大小可以快速推出对应的变形模量，从而可以缩短施工时间，给实际工程带来便利。综上各组复合水泥土变形模量与无侧限抗压强度拟合关系曲线可以看出，两者近似呈线性关系，比值范围约为 30～40，这与规范值在 100～120 范围内存在很大的差异。产生这种差异的原因大概是以高含水率的淤泥软土为母土制备水泥土试样，其压密阶段的应力-应变曲线斜率很小，使得对应的破坏应变较大，从而导致两者比值较小。可以发现，不同性质土体、不同工程类型对应水泥土的变形模量存在较大差异，高含水率淤泥制备的水泥土变形模量比相关规范的建议取值要小。

5.4　复合改良土抗剪强度室内试验研究

5.4.1　养护龄期对抗剪强度指标的影响

水泥土的强度受到养护时间的影响，但外掺剂石膏和矿渣的加入对水泥土抗剪强度指标随养护龄期的规律变化研究较少，因此很有必要研究复合改良土的抗剪强度指标与养护龄期之间遵循的规律。

1. 养护龄期对水泥土及复合改良土黏聚力的影响

图 5.18 是四种掺量的水泥土养护龄期与黏聚力的变化规律，黏聚力的变化规律与无侧限抗压强度趋势大致相同，都是随养护龄期增大而增大。另外，从图 5.18 中可以明显看出从掺量 12%开始水泥土的黏聚力显著提升。总体来看，7～14d 水泥土的黏聚力增长速度比 14～28d 增长速度快。

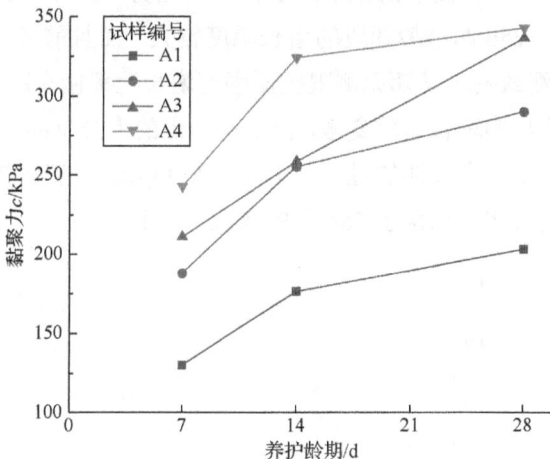

图 5.18　水泥土养护龄期与黏聚力的变化规律

图 5.19 所示为石膏+水泥改良土养护龄期与黏聚力的变化规律，可以看出石膏的掺入对提高水泥土的黏聚力是有效果的。同时，石膏+水泥改良土的黏聚力随着养护龄期的增长趋势大体与水泥土一致，都是早期 7～14d 黏聚力增幅大于 14～28d 的增幅，即早期黏聚力增长速率快；而后期 28～90d 石膏+水泥改良土的黏聚力不再增长反而下降，与不掺石膏的水泥土的趋势相反。从图 5.19 中总体可以看出石膏+水泥改良土三组配比试样的黏聚力都是随着养护龄期的增长呈现先增大后减小的趋势，这可能与石膏后期填充土颗粒能力减弱的表现有关。

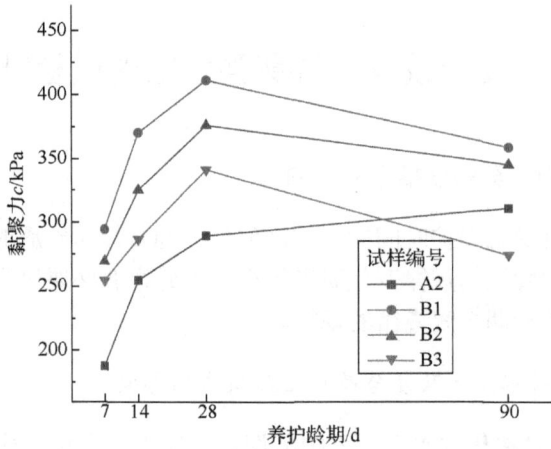

图 5.19　石膏+水泥改良土养护龄期与黏聚力的变化规律

　　图 5.20 为矿渣+水泥改良土养护龄期与黏聚力的变化规律，可以发现单掺矿渣试样的黏聚力整体上都随着龄期的增长呈上升趋势。另外，从图 5.20 中可以看出，7～14d 和 14～28d 两个龄期段的增长幅度较大，而且前者大于后者的增长速度，这与矿渣+水泥改良土早期无侧限抗压强度增长速率慢有所不同；28～90d 龄期段的黏聚力相比早期增长速率变慢，但还有一定的上升空间，说明矿渣+水泥改良土黏聚力的增长是一个长期的过程。由图 5.20 可知，矿渣的掺入显著提高了水泥土的黏聚力，同时明显加快了 28d 前的黏聚力增长速率。

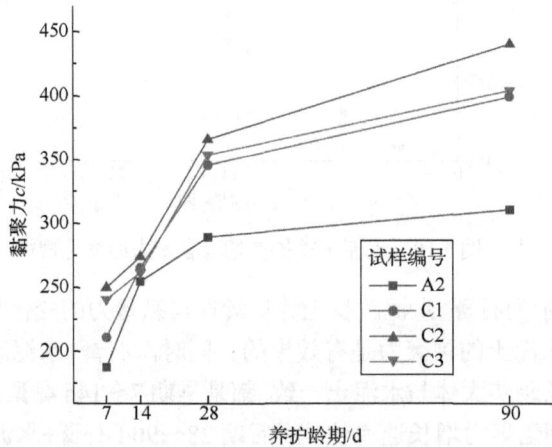

图 5.20　矿渣+水泥改良土养护龄期与黏聚力的变化规律

　　图 5.21 为石膏+矿渣+水泥复合改良土养护龄期与黏聚力的变化规律，可以看

出，随着龄期的增长，石膏+矿渣+水泥复合改良土三组试样的黏聚力变化规律是高度一致的，变化趋势都表现为先减小后持续增大。但是，A2 组水泥土的黏聚力整体是一直增长后逐渐趋于一个定值。石膏和矿渣的掺入会导致水泥土黏聚力呈现前低后高，这大概是由于石膏发生反应产生的膨胀性水化物和矿渣水泥产生的胶凝性水化物在生成过程中的不协调导致的。前期胶凝性水化物生长速率很大，发挥胶结作用之后，钙矾石的膨胀也随着起作用，膨胀过后会使 CSH 胶结土颗粒形成的固化结构发生破坏，从而导致黏聚力降低；而钙矾石后期膨胀充填了孔隙，胶凝水化物发挥了胶结土颗粒的作用，两种水化物的生成速度都得到了调节，进而后期黏聚力开始增长，抗剪强度得到提高，并具有形成密实结构的特点。因此，石膏+矿渣+水泥复合改良土的黏聚力会随着养护龄期的增长先减小后增大。

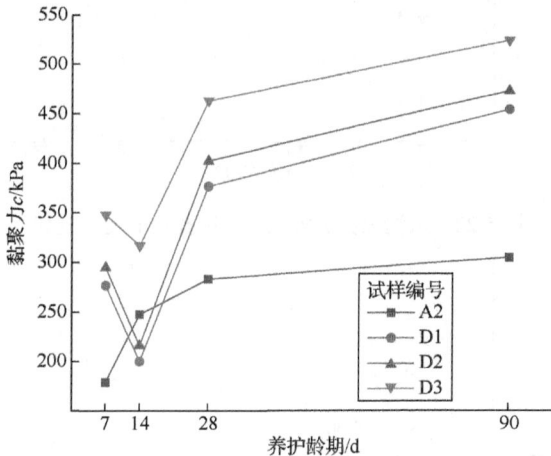

图 5.21　石膏+矿渣+水泥复合改良土养护龄期与黏聚力的变化规律

2. 养护龄期对复合改良土内摩擦角的影响

图 5.22～图 5.25 为复合改良土各组养护龄期与内摩擦角的变化规律。由图 5.22 可知，随着养护龄期增加，水泥土试样的内摩擦角呈递增趋势。但其总体上变化不大，这可能是水泥土内部颗粒之间点-点的触碰所导致的结果。从图 5.23 整体上看，发现石膏+水泥改良土的内摩擦角随着养护龄期的增长规律不明显；但是分开看，可以看出 B2 组和 B3 组内摩擦角的变化规律是先增大后减小再增大，而B1 组石膏+水泥改良土内摩擦角的增长规律与水泥土一致。从图 5.24 中可以明显看出矿渣+水泥改良土的内摩擦角在 28～90d 龄期段是下降的，整体上内摩擦角随着养护龄期的增加呈现先增大后减小的趋势；还可以看出矿渣+水泥改良土

的内摩擦角在 28d 龄期时出现拐点。由图 5.25 可以看出，随着龄期的增长，石膏+矿渣+水泥复合改良土三组试样的内摩擦角的变化规律基本一致，都呈现先减小后持续增大的趋势；而在 28d 养护龄期时，石膏+矿渣+水泥复合改良土的内摩擦角均比纯水泥土小；此外，石膏+矿渣+水泥复合改良土的内摩擦角最小值出现在 14d 养护龄期。

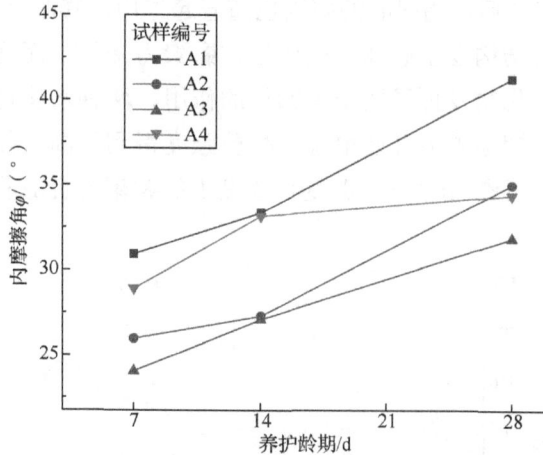

图 5.22　水泥土养护龄期与内摩擦角的变化规律

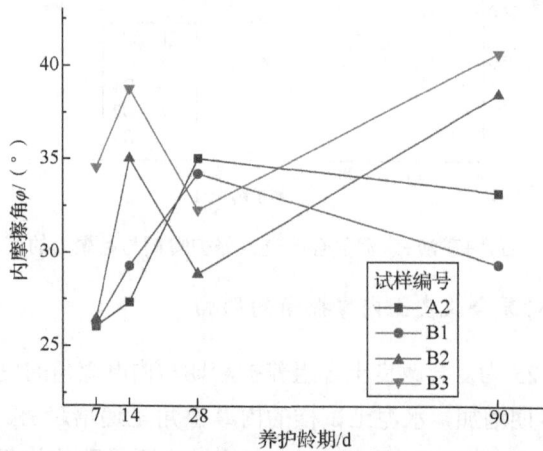

图 5.23　石膏+水泥改良土养护龄期与内摩擦角的变化规律

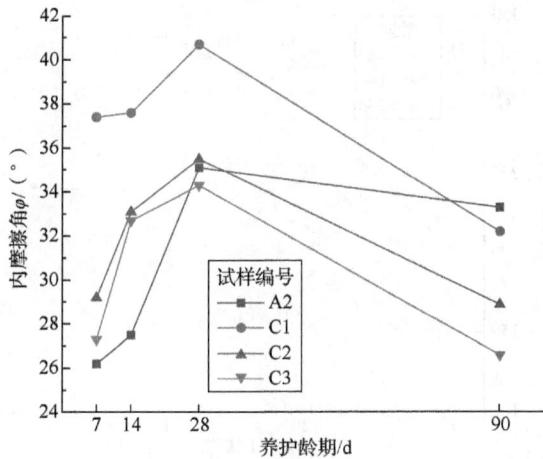

图 5.24　矿渣+水泥改良土养护龄期与内摩擦角的变化规律

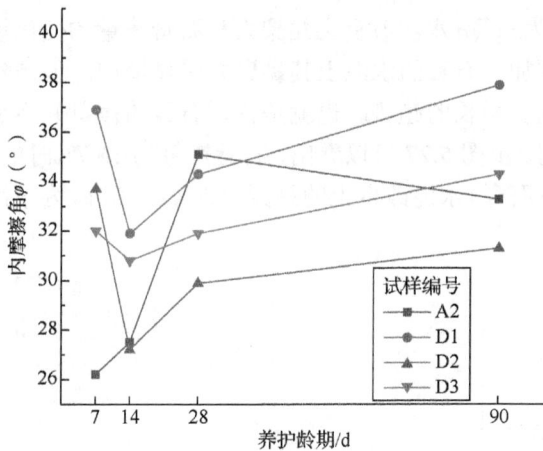

图 5.25　石膏+矿渣+水泥复合改良土养护龄期与内摩擦角的变化规律

5.4.2　外掺剂掺量对抗剪强度指标的影响

1. 外掺剂掺量对水泥土及复合改良土黏聚力的影响

图 5.26 所示为水泥土黏聚力与水泥土掺量的变化规律，从 7～28d 龄期的不同水泥土掺量的黏聚力对比来看，当水泥掺量为 10%～12%时，抗剪强度 c 增加幅度最大；当掺量为 12%～16%时，水泥土黏聚力的增长幅度变缓。综上所述，考虑到抗剪强度 c 和水泥掺量的经济性，水泥掺量为 12%时性价比更高。

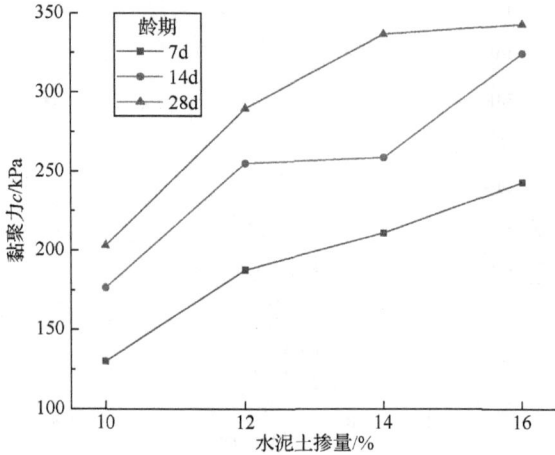

图 5.26　水泥土黏聚力与水泥土掺量的变化规律

图 5.27 所示为石膏+水泥改良土黏聚力与石膏掺量的变化规律，从试验数据结果来看，在前期加入石膏的水泥土其黏聚力明显增加，但是随着石膏掺量的增大，其黏聚力呈现负增长的趋势。也就是说，石膏的掺量并不是越大越好，而是存在一个最优区间。由图 5.27 可以看出，石膏掺量为 16.7%时的黏聚力达到最大，其 28d 养护龄期下石膏+水泥改良土的黏聚力为 426.3kPa，为不掺石膏外掺剂水泥土的 147%。

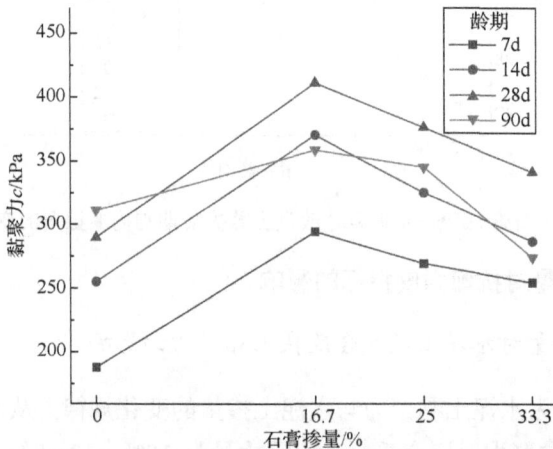

图 5.27　石膏+水泥改良土黏聚力与石膏掺量的变化规律

图 5.28 所示为矿渣+水泥改良土黏聚力与矿渣掺量的变化规律，可以看出矿渣掺量的大小对水泥土黏聚力的提升有显著的影响。从图 5.28 中可以看出，黏聚力并不是随着矿渣掺量的增大而一直增大，而是呈现先增大后减小的规律，这说

明存在一个较优的掺量区间。另外，早期掺入矿渣的试样黏聚力提升幅度较小，与只掺水泥的相差不大，这可能与矿渣活性还未被激活有关，掺入的矿渣在水化之前替换了部分水泥土，故其黏聚力不大。14~28d 和 28~90d 养护龄期下矿渣+水泥改良土黏聚力提升幅度较大，而只掺水泥的软土试样黏聚力在 28d 之后缓慢增长，说明水泥土在 28d 之前基本完成了水化反应，而矿渣在 28d 之后水化才发挥作用从而逐渐提高抗剪强度，进而提高了黏聚力。在矿渣掺量为 33.3%时，矿渣+水泥改良土在 7d、14d、28d 和 90d 4 个养护龄期内的黏聚力相比纯水泥土分别提升了 120%、104%、117%和 125%；在矿渣掺量为 50%时，其黏聚力提升分别为 132%、106%、123%和 133%。其中，当矿渣掺量为 41.6%时所能达到的效能是最好的，对水泥土的黏聚力影响最大，28d 养护龄期达到 367.2kPa，为不掺矿渣的水泥土的 127%。

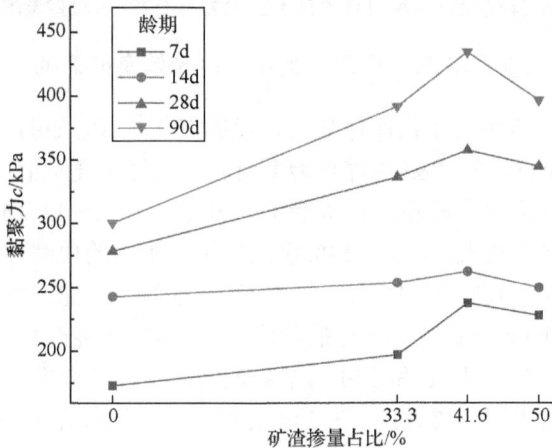

图 5.28　矿渣+水泥改良土黏聚力与矿渣掺量的变化规律

图 5.29 所示为石膏+矿渣+水泥复合改良土黏聚力与石膏+矿渣掺量的变化规律，可以看出石膏+矿渣+水泥复合改良土的黏聚力随着石膏+矿渣掺量的增大整体呈现上升趋势。各个龄期下，石膏+矿渣掺量为 66.7%时的黏聚力在复合改良土中都是最大的，黏聚力相比于纯水泥土提升了 186%、126%、161%和 169%。但 14d 龄期下石膏+矿渣+水泥复合改良土的黏聚力比纯水泥土的黏聚力要小。石膏+矿渣的黏聚力在 28d 龄期时最能体现对水泥土的影响，外掺剂石膏+矿渣的掺量从 0 提高到 50%时，其黏聚力对应由 289.9kPa 增加到 386.3kPa，上升了 96.4kPa，增长比例为 33.3%；外掺剂石膏+矿渣的掺量从 50%提高到 58.3%时，其黏聚力对应由 386.3kPa 增加到 424.9kPa，上升了 38.6kPa，增长比例为 10.0%；外掺剂石膏+矿渣的掺量从 58.3%提高到 66.7%时，其黏聚力对应由 424.9kPa 增加到 459.9kPa，上升了 35kPa，增长比例为 8.2%。

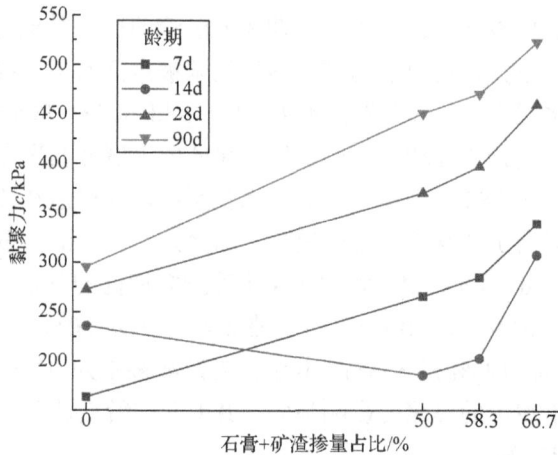

图 5.29　石膏+矿渣+水泥复合改良土黏聚力与石膏+矿渣掺量的变化规律

2. 外掺剂掺入量对水泥土及复合改良土内摩擦角的影响

图 5.30～图 5.33 为各组内摩擦角与掺量的变化规律。如图 5.30 所示，对于不同掺量的水泥土试样，7～28d 的养护龄期阶段，内摩擦角 φ 值一直在递减。内摩擦角随着掺量的增大呈先减小后增大趋势。其中，10%～12%水泥掺量范围内的内摩擦角的降低幅度较大；12%～14%水泥掺量范围内的内摩擦角降低幅度较小；但水泥掺量在 14%～16%范围时，掺量增加到一定量时水泥土的内摩擦角会变大。从图 5.31 可知，随着石膏替代水泥的量增大，石膏+水泥改良土的内摩擦角在不同龄期变化不同。在早期 7d 和 14d 两个龄期情况下，各个掺量下石膏+水泥改良土的内摩擦角均比水泥土要大；而在 28d 龄期时，各个掺量下石膏+水泥改良土的内摩擦角均比水泥土小；在 90d 龄期时，只有掺量为 16.7%的石膏+水泥改良土的内摩擦角小于水泥土（水泥土为图中 0 对应部分），28d 龄期的内摩擦角变化不大，大概是因为本试验采用的土体是较高含水率的淤泥软土，颗粒间孔隙接触类型变化不显著。从图 5.32 中可以看出，在 7～28d 养护龄期阶段，随着掺量增大，矿渣+水泥改良土的内摩擦角呈现先增大后减小的趋势；而在 90d 龄期时，其内摩擦角则随着掺量的变化始终保持下降趋势。除了 90d 龄期，其余龄期下矿渣掺量为 33.3%时的内摩擦角是最大的。矿渣掺量为 50%和水泥掺量为 12%的内摩擦角，在 7d 和 28d 两个龄期时相差不大；但矿渣掺量为 33.3%时，在 7d 和 14d 养护龄期的内摩擦角比水泥土的内摩擦角大（水泥土为横坐标 0 对应部分），而水泥土在 90d 龄期时内摩擦角出现最大值。从图 5.33 中可以看出，石膏矿渣组的内摩擦角变化比较复杂，呈现较大的变化趋势，总体上随着石膏矿渣掺量的增大，内摩擦角呈现先增大后减小再增大的规律。

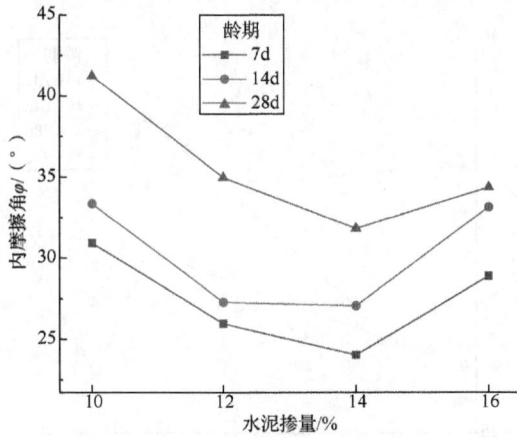

图 5.30　水泥土内摩擦角与水泥掺量的变化规律

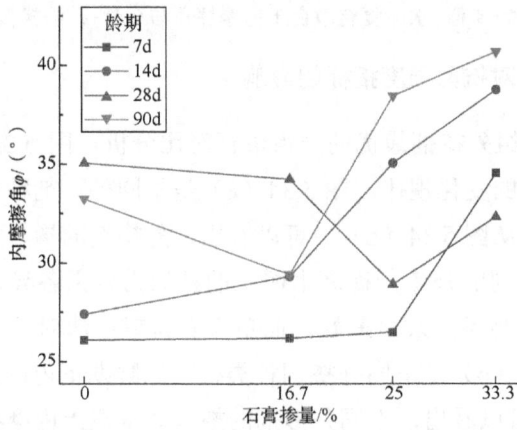

图 5.31　石膏+水泥改良土内摩擦角与石膏掺量的变化规律

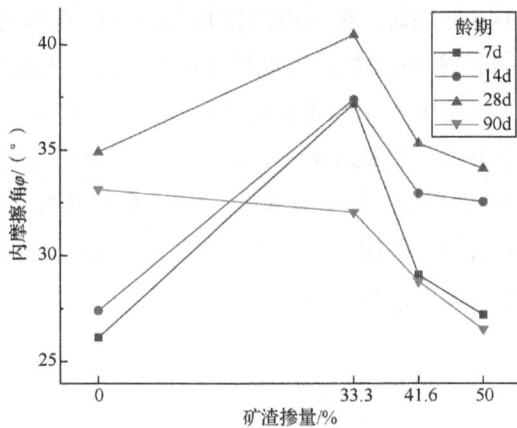

图 5.32　矿渣+水泥改良土内摩擦角与矿渣掺量的变化规律

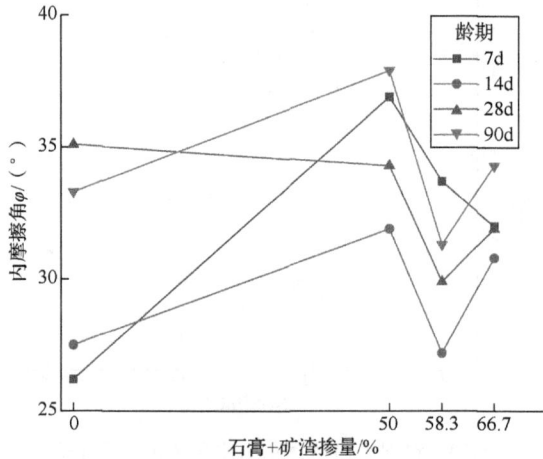

图 5.33　石膏+矿渣+水泥复合改良土内摩擦角与石膏+矿渣掺量的变化规律

5.4.3　外掺剂种类对抗剪强度指标的影响

此处选取了各组外掺剂最优的一组进行对比分析。图 5.34 为不同外掺剂种类与抗剪强度指标的变化规律。图 5.34（a）是不同外掺剂种类在不同龄期下的黏聚力变化情况。从图 5.34（a）中可以看出，外掺剂的掺入可以有效提高水泥土的黏聚力，但不同的外掺剂提高水泥土的黏聚力效果各异，其中复掺石膏矿渣对提升水泥土的黏聚力效果最好，而单掺石膏或矿渣对水泥土黏聚力的提升相对一般。图 5.34（b）是不同外掺剂种类在不同龄期下内摩擦角的变化情况。从图 5.34（b）中可以看出，不同外掺剂的掺入对水泥土内摩擦角有着不同程度的影响，在 7d 龄期时，最大内摩擦角出现在石膏、矿渣水泥土组，最小内摩擦角是水泥土组；在 14d 龄期时，最大内摩擦角出现在矿渣水泥土组，最小内摩擦角还是水泥土组，说明外掺剂的加入可以使早期水泥土的内摩擦角变大；到了 28d 龄期时，纯水泥土的内摩擦角比石膏水泥土和石膏矿渣水泥土都大，而矿渣水泥土与其内摩擦角相差不大；在 90d 龄期时，最大摩擦角还是出现在石膏矿渣水泥土组，但最小摩擦角不是水泥土组。总体上，在 7d 和 90d 两个龄期下，复掺石膏、矿渣水泥土的内摩擦角要比单掺石膏和矿渣要大；但是在 28d 龄期下，复掺石膏、矿渣水泥土的内摩擦角比单掺石膏和矿渣小。

（a）黏聚力 c

（b）内摩擦角 φ

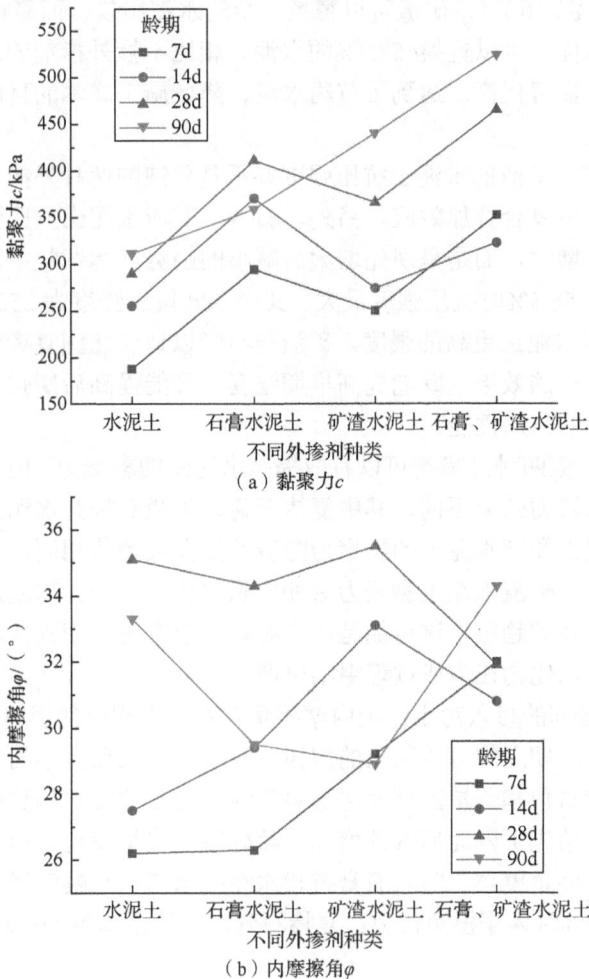

图 5.34　不同外掺剂种类与抗剪强度指标的变化规律

本 章 小 结

　　本章对不同外掺剂组合的复合水泥土开展了室内无侧限抗压强度试验和直接剪切试验，分析了复合水泥土的强度特性，主要研究内容和成果如下。

　　1）根据试验数据得出，相同掺量下添加外掺剂的复合水泥土强度优于水泥土，石膏对水泥土强度的提升优于矿渣水泥土，复掺石膏、矿渣的效果好于单掺石膏和矿渣的情况。由于水泥对环境影响较大，考虑采用环境友好型改良剂替代部分水泥，以此减少水泥的用量。选取 12%水泥掺量作为基准，发现最优组石膏掺量可以置换水泥 16.7%，矿渣可以替换一半的水泥用量，而复掺 2%石膏和 5%矿渣的水泥土最优，可以置换 58.3%的水泥。相比不掺外掺剂的水泥土，复合水泥土的抗压强度显著提高，达到了节约水泥、降低施工成本的目的，符合国家环境保护有关规定。

2）复掺石膏、矿渣的水泥土抗压强度并不是单纯的两种外掺剂的抗压强度的组合，而是会产生复合叠加效应。另外，石膏、矿渣水泥土抗压强度并不是随着掺量的增大一直增大，而是呈现先增大后减小的趋势。本试验中，石膏、矿渣占总固化剂掺量为 58.3%时抗压强度最大，其中 28d 抗压强度为 2523.7kPa，达到了比掺量 16%的纯水泥土更高的强度。矿渣与石膏以适当比例复掺使复合水泥土表现出强度优势互补的效果，既能提高早期强度，又能提高后期强度，从而使复合水泥土获得较好的长期性能。

3）石膏和矿渣两种外掺剂可以有效提高水泥土的黏聚力，但不同的外掺剂对提高水泥土的黏聚力效果不同，其中复掺石膏、矿渣对提升水泥土的黏聚力效果最好。石膏水泥土和纯水泥土的黏聚力随着龄期发展趋势相同，都是早期的黏聚力增长速率快；而矿渣水泥土黏聚力后期增长更快。石膏、矿渣水泥土试样的黏聚力呈现前低后高的趋势，这可能是由于石膏反应产生的膨胀性水化物和矿渣水泥产生的胶凝性水化物在生成过程中不协调。

4）不同外掺剂的掺入对水泥土内摩擦角有着不同程度的影响。矿渣水泥土的内摩擦角与养护龄期之间有着明显的规律，呈现先增大后减小的趋势。石膏、矿渣水泥土的内摩擦角和养护龄期变化趋势与纯水泥土的变化趋势截然相反，复合水泥土的内摩擦角先下降而后继续增加。随外掺剂掺量变化，内摩擦角的波动是不清晰的，内摩擦角整体上随着石膏替代水泥的增加而小幅度增加；单掺石膏和矿渣掺量在 33.3%时内摩擦角最大；复掺石膏、矿渣组掺量 50%时效果最好。

第6章 纤维水泥土强度特性试验研究

在工程实践中，水泥土搅拌桩在加固河道软土边坡方面取得了良好的效果。但水泥土搅拌桩桩身强度较低，就如何提高水泥土搅拌桩的桩身强度，科研人员开展了多方面的研究。纤维水泥土是在水泥土中掺入一定量的筋状纤维，通过水泥土与掺入纤维之间的摩擦力或咬合力来增强土体的抗变形能力，以此提高水泥土的物理力学性能[97-99]。

本章针对聚丙烯腈纤维掺量的水泥土开展无侧限抗压试验和直剪试验，通过对不同长度、不同掺量、不同养护龄期下的聚丙烯腈纤维水泥土的无侧限抗压强度和抗剪强度试验结果进行分析，得出不同参数影响下纤维对于水泥土力学性能的改善，得到一个规律性的结果，探讨影响聚丙烯腈纤维水泥土强度的各项因素。

6.1 纤维水泥土加固机理

纤维水泥土从本质上看属于加筋材料，将纤维掺入水泥土中，通过与水泥土体之间的黏聚力和摩擦作用来增强水泥土的力学性能。国内外许多研究人员对纤维在水泥土中的加筋机理进行了研究和分析，目前主要的加筋理论有如下两种。

1. 剪切强度理论

唐朝生和顾凯[100]通过扫描电子显微镜分析纤维在水泥土中的力的传递过程，发现纤维的加筋效果取决于纤维与土颗粒之间界面作用的强度。其中，纤维与土颗粒之间界面的摩擦力主要取决于土的颗粒形状、界面摩擦系数、土的含水率、正压力大小等参数；而纤维与土颗粒之间界面的黏聚力则取决于土中黏粒含量及天然胶结物自身的特性。在纤维加筋水泥土中，纤维主要是同水泥土中的水泥水化物发生作用，水泥的水化物与黏土相比具有非常高的黏结强度，显著改善了纤维与土颗粒之间界面的力学作用关系。纤维与土颗粒之间界面的作用主要以黏结力为主，且随着养护龄期的增加，水泥的水化反应越来越成熟，纤维与水泥水化物的黏结效果也越来越好。因此，纤维的掺入随着养护龄期和纤维长度的增长对水泥土的黏聚力有着显著的提升作用。

2. 纤维弯曲机理与交织作用

包承纲和丁金华[101]通过拉拔试验和三轴试验分析了加筋土中的截面特性和作用机理，研究认为纤维对于土体的力学性能的提高一方面来源于纤维与土交界面的摩擦力，但最主要的贡献来源于纤维在土体中彼此交错连接而形成的网状结构，这种网状结构对土体产生一定的约束作用，这种约束作用使土体具有更高的强度，同时增强了土体的延性和整体性。这种机理可以分为纤维的弯曲机理产生加筋作用和纤维之间的交织作用产生加筋作用。

"弯曲机理"指的是纤维在土中的几何分布形状是随机的，因此就概率而言，纤维在土中绝大多数是弯曲的形状，土体在外力作用时，纤维受到拉力，同时纤维对自身受力方向的土体产生压力和摩阻力，这种力对土体形成微观上的约束作用，限制了土体的变形。

"交织作用"是由于纤维在水泥土中形成了彼此交错的连接网，当纤维受到外力作用产生位移时，纤维形成的连接网会阻止这种位移的产生和扩大，将单个纤维所受的外力传导到更大区域的范围内，各个不同方向的纤维同时受力，形成的空间网状结构使得外力作用在更大的空间区域内。这种作用一定程度上约束了土体宏观上的位移和变形，增强了水泥土体的强度和整体性。

6.2　试验材料与方案

6.2.1　试验材料

试验选用九乡河河道土样，水泥掺入比为 14%，水灰比为 0.50，试验设置四种不同纤维掺量（0.2%、0.5%、0.8%、1.0%）、两个不同纤维长度（3mm、6mm），研究在 7d、14d、28d 三个试验养护龄期下纤维水泥土的无侧限抗压强度和抗剪强度。试验土体物理力学指标、水泥及纤维性能参数见表 6.1～表 6.3。

表 6.1　土体物理力学指标

土层	天然含水率 w /%	天然孔隙比 e_0	干重度 γ /(kN/m³)	液限 w_L /%	塑限 w_p /%	液性指数 I_L	塑性指数 I_P
3-1 淤泥质土	37.9	1.075	13.2	34.9	21	1.19	13.9

表 6.2　水泥性能指标

检测项目	细度/%	初凝时间/min	终凝时间/min	安定性	烧失量/%	抗压强度/MPa		抗折强度/MPa	
						3d	28d	3d	28d
实测	1.2	172	234	合格	4	27.2	55.1	5.5	8.7

表 6.3　纤维性能指标

纤维种类	抗拉强度/MPa	当量直径/μm	密度/(g/cm³)	弹性模量/GPa	耐酸碱性	断裂延伸率/%
聚丙烯腈	≥600	12~20	1.19	≥7	极强	10~40

6.2.2　试验方案

1. 确定纤维种类

聚丙烯腈纤维又称腈纶纤维，在水泥混凝土和沥青混凝土中有着较为广泛的应用。聚丙烯腈纤维具有良好的抗拉性能，弹性模量较高，具有良好的亲水性和耐腐蚀性，掺入混凝土中可以明显提高混凝土的韧性、抗冻性和抗渗性，有效阻止混凝土在外力作用下裂缝的产生和发展。聚丙烯腈纤维在工程界的应用逐渐成熟，具有广泛的应用前景，但是目前有关聚丙烯腈纤维对水泥土力学性能改善的研究较少，因此选用聚丙烯腈纤维作为纤维水泥土无侧限抗压强度试验的掺入纤维。

2. 确定纤维长度

在聚丙烯腈纤维混凝土的应用中，纤维的掺入长度有 3mm、6mm、9mm、12mm等，较长纤维对混凝土的韧性的提高效果要好于同掺量下的短纤维，因此混凝土中纤维的掺入以长纤维为主。相关规范建议加筋体长度小于材料直径的 20%，考虑到纤维水泥土的试样体积较小（50mm×50mm），长度较高的纤维在水泥土中难以搅拌均匀，制样质量难以保证，因此选用 3mm 和 6mm 纤维长度。

3. 确定纤维掺量

相对于土体和水泥，聚丙烯腈纤维的密度较低。经过前期的初步试验发现，当 6mm 聚丙烯腈纤维掺量超过 1.5%时，会出现明显的聚集成团现象，导致聚丙烯腈纤维不能与水泥土进行充分接触，且聚集成团的聚丙烯腈纤维会在水泥土内部形成薄弱区，对水泥土的强度有不利影响。经过多次制样，最终选取 0.2%、0.5%、0.8%、1.0% 四种掺量作为本次无侧限抗压强度试验的聚丙烯腈纤维掺量。

每组制作 3 个平行样进行试验，共制作 9 组试样，设置 7d、14d、28d 三个试验养护龄期。无侧限抗压强度试验纤维水泥土配比如表 6.4 所示。

表 6.4　无侧限抗压强度试验纤维水泥土配比

组数	1	2	3	4	5	6	7	8	9
纤维长度/mm		3	3	3	3	6	6	6	6
纤维掺量/%		0.2	0.5	0.8	1.0	0.2	0.5	0.8	1.0

将水泥以 0.50 的水灰比放入多功能搅拌机中进行搅拌,配置足够的水泥砂浆,将水泥砂浆平均分成 9 份,每份质量为 2000g。在砂浆中分别加入纤维长度为 3mm、6mm 的聚丙烯腈纤维,纤维掺量分别为 0.2%、0.5%、0.8%、1.0%,同时设置零掺量下的水泥土作为对照试验。最终将不同聚丙烯腈纤维掺量下的水泥砂浆以 14% 的水泥掺入量与原状土样拌和均匀。

无侧限抗压强度试样制样时,将搅拌均匀的纤维水泥土装填至内径 50mm、高 50mm 的空心三轴试样模具中,制样模具与成品试样如图 6.1 和图 6.2 所示。快剪试验使用内径为 61.8mm、高 20mm 的环刀制样。先将凡士林均匀涂抹在环刀内壁,再将配置好的纤维水泥土放入环刀中,而后将其压实,成品环刀试样如图 6.3 所示。

图 6.1　制样模具　　　　　　图 6.2　成品试样　　　　　　图 6.3　成品环刀试样

与一般水泥土试验不同,试样制作完成后采用标准养护方式,放置养护箱内养护,养护箱温度为 20~25℃,相对湿度不小于 95%。

4. 试验仪器与流程

无侧限抗压强度试验在 TSZ 全自动三轴仪上进行;快剪试验在 DJS-Ⅲ型应变式四联电动剪力仪(图 6.4)上开展。其具体试验流程参照第 2 章和第 3 章中的一般水泥土试验流程。

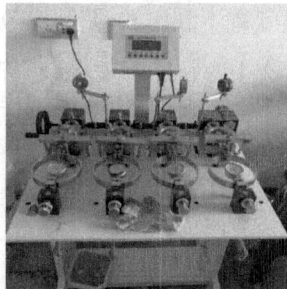

图 6.4　DJS-Ⅲ型应变式四联电动剪力仪

6.3　纤维水泥土无侧限抗压强度室内试验研究

相关研究表明，聚丙烯腈纤维水泥土的强度特性受到多个不同因素的影响。本试验分别从水泥土纤维掺量、纤维长度、养护龄期、应力-应变曲线、破坏状态及破坏机理等多个方面研究聚丙烯腈纤维水泥土的无侧限抗压强度特性。研究不同因素对聚丙烯腈纤维水泥土力学特性的影响。

6.3.1　纤维掺量对纤维水泥土无侧限抗压强度的影响

纤维掺量往往是纤维水泥土无侧限抗压强度的主要影响因素。现在将长度为3mm、6mm 聚丙烯腈纤维在水泥土中的掺量作为研究对象，在相同养护龄期和纤维长度情况下，研究不同掺量聚丙烯腈纤维的掺入对水泥土无侧限抗压强度影响的变化规律。以纤维掺量为横坐标，试样的无侧限抗压强度 q_u 为纵坐标作图，得出纤维掺量同纤维水泥土抗压强度的关系曲线，如图 6.5 和图 6.6 所示。

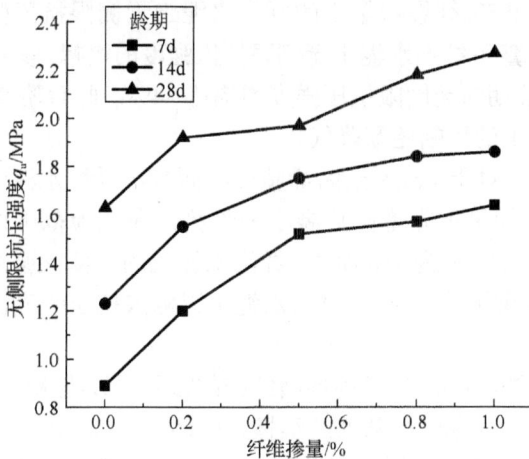

图 6.5　3mm 聚丙烯腈纤维水泥土无侧限抗压强度与纤维掺量的关系曲线

由图 6.5 可知，对于 3mm 聚丙烯腈纤维而言，纤维水泥土的无侧限抗压强度随纤维掺量的增加呈正相关的递增关系。当 3mm 纤维掺量为 1.0%时，纤维水泥土的无侧限抗压强度达到最大值，在 7d、14d、28d 三个龄期内与不掺纤维的水泥土无侧限抗压强度比值分别为 184%、151%、139%，因此水泥土的无侧限抗压强度提升有显著效果。同时，可以发现纤维掺量在 0.8%～1.0%时，纤维水泥土的无侧限抗压强度的增幅逐渐放缓，因此可以预测 3mm 聚丙烯腈纤维的最佳掺量为 1.0%。

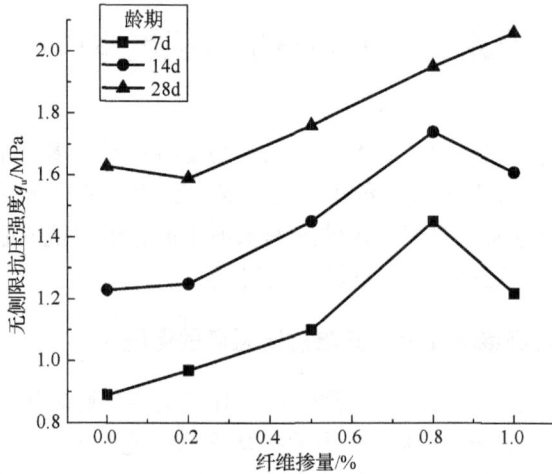

图 6.6　6mm 聚丙烯腈纤维水泥土无侧限抗压强度与纤维掺量的关系曲线

3mm 纤维长度下，聚丙烯腈纤维的微量掺入对水泥土无侧限抗压强度的增幅更为明显，0.2%～0.5%纤维掺量下的纤维水泥土无侧限抗压强度的增幅要高于0.8%～1.0%纤维掺量下纤维水泥土无侧限抗压强度的增幅。其中，掺量为 0.2%的纤维水泥土在 7d 龄期内无侧限抗压强度增幅达 34%，此后随着纤维掺量的增加，聚丙烯腈纤维水泥土的增幅逐渐降低。

由图 6.6 可知，对于 6mm 聚丙烯腈纤维而言，纤维水泥土的无侧限抗压强度随纤维掺量的增加呈现先增高后减小的趋势，在试验范围内存在最优纤维掺量。当聚丙烯腈纤维掺量为 0.8%时，纤维水泥土的无侧限强度达到最大值，在7d、14d、28d 三个龄期内与不掺纤维的水泥土无侧限抗压强度比值分别为 163%、141%、120%。

综合图 6.5 与图 6.6 可知，聚丙烯腈纤维的掺入对纤维水泥土的无侧限抗压强度有着积极的影响，前期阶段随着纤维掺量的逐渐增加，纤维水泥土的无侧限抗压强度逐渐增大。同时，纤维最佳掺量随着纤维长度变化而变化，当长度为 3mm时，纤维最佳掺量为 1.0%；当纤维长度为 6mm 时，纤维最佳掺量为 0.8%。

6.3.2　纤维长度对纤维水泥土无侧限抗压强度的影响

不同长度的聚丙烯腈纤维对纤维水泥土的无侧限抗压强度也有较大的影响。在相同养护龄期和纤维掺量情况下，分析不同长度的聚丙烯腈纤维掺入对纤维水泥土无侧限抗压强度的影响。不同纤维长度对水泥土无侧限抗压强度的提升比例见表 6.5。现以聚丙烯腈纤维长度为横坐标，试样的无侧限抗压强度为纵坐标作图，得出纤维水泥土无侧限抗压强度同聚丙烯腈纤维长度的关系曲线，如图 6.7 所示。

表 6.5　不同纤维长度对水泥土无侧限抗压强度的提升比例

纤维掺量/%	纤维长度/mm	7d 龄期强度提升比例	14d 龄期强度提升比例	28d 龄期强度提升比例
0.2	3	1.34	1.26	1.18
	6	1.09	1.02	0.98
0.5	3	1.70	1.42	1.21
	6	1.24	1.18	1.08
0.8	3	1.76	1.49	1.34
	6	1.63	1.41	1.20
1.0	3	1.84	1.51	1.39
	6	1.37	1.31	1.26

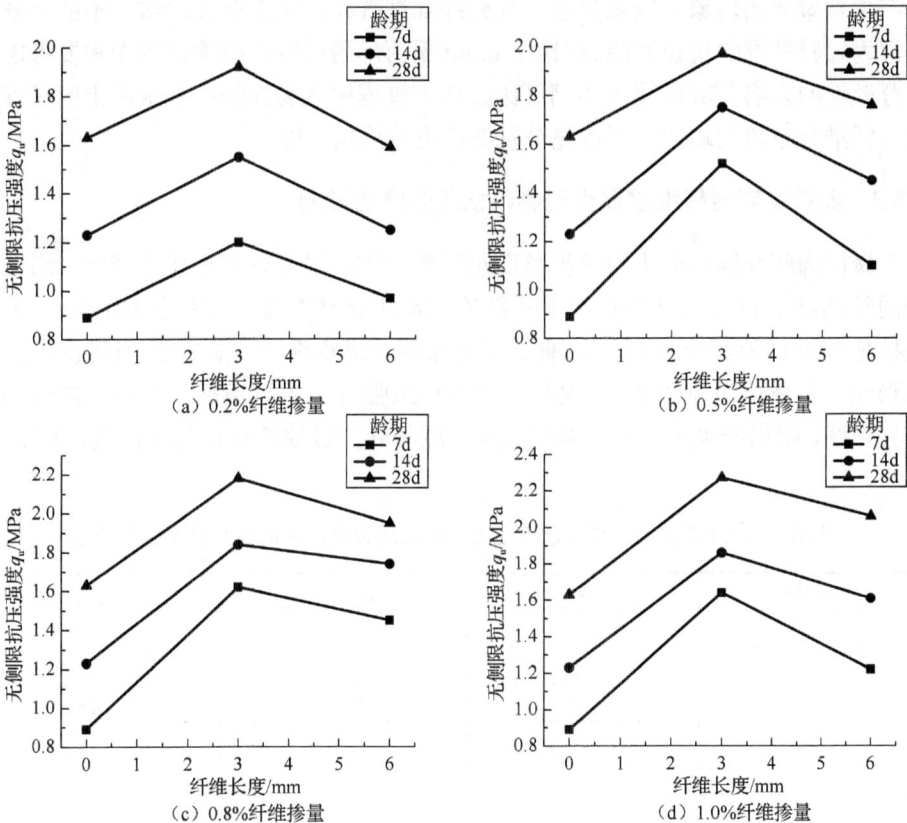

图 6.7　相同纤维掺量下纤维水泥土无侧限抗压强度与纤维长度关系曲线

由图 6.7 及表 6.5 可知，在相同聚丙烯腈纤维掺量下，3mm 聚丙烯腈纤维水泥土的无侧限抗压强度在 7d、14d、28d 三个养护龄期内均高于 6mm 聚丙烯腈纤维水泥土的无侧限抗压强度。在微量纤维掺入的情况下，6mm 纤维水泥土在 7d、

14d、28d 三个养护龄期内的无侧限抗压强度相比于普通水泥土没有显示出明显的提高，为 109%、102% 和 98%。当 6mm 纤维掺量达 1.0% 时，纤维水泥土的无侧限抗压强度出现了一定程度的下降。同时，3mm 纤维水泥土的无侧限抗压强度随着掺入量增加而提升。

从纤维水泥土的加固机理分析，聚丙烯腈纤维的掺入对水泥土本身起到某种程度的锚固作用，理论上来说纤维长度越高，锚固区域就越高。更高的纤维长度可以使纤维与水泥土充分接触，充分发挥聚丙烯腈纤维的抗拉性能。但在实际试验中，由于纤维的长度较长，当掺入量较小时，同等质量下长度较高的纤维数量要远小于长度较低的纤维数量，纤维水泥土质量较难控制，因此无侧限抗压强度结果存在一定的离散性。当掺入量较大时，长度较长的纤维在水泥土搅拌过程中会产生黏聚成团现象，较难分散，部分纤维没有和水泥土充分黏结，不能充分发挥聚丙烯腈纤维的抗拉性能。相比于 6mm 聚丙烯腈纤维在搅拌过程中需要考虑均匀分散性的影响，3mm 聚丙烯腈纤维在掺入过程中容易控制纤维水泥土的成桩质量，纤维分布较为均匀，可以充分发挥纤维的抗拉性能。

6.3.3 养护龄期对纤维水泥土无侧限抗压强度的影响

聚丙烯腈纤维水泥土的养护龄期对无侧限抗压强度有着重要的影响，通过对相同纤维掺量和相同纤维长度下的纤维水泥土试样在多个养护龄期内进行无侧限抗压强度试验，分析养护龄期对聚丙烯腈纤维水泥土试样的无侧限抗压强度的影响，具体比值见表 6.6。现将无侧限抗压强度作为纵坐标，养护龄期作为横坐标作图，得出纤维水泥土无侧限抗压强度与养护龄期的变化关系曲线，如图 6.8 所示。

表 6.6　28d 养护龄期纤维水泥土无侧限抗压强度与其他养护龄期强度比值

纤维长度/mm	纤维掺量/%	q_{u28}/q_{u7}	q_{u28}/q_{u14}
		1.83	1.32
	0.2	1.6	1.24
3	0.5	1.30	1.13
	0.8	1.35	1.18
	1.0	1.38	1.22
	0.2	1.63	1.27
	0.5	1.6	1.21
6	0.8	1.34	1.12
	1.0	1.69	1.28

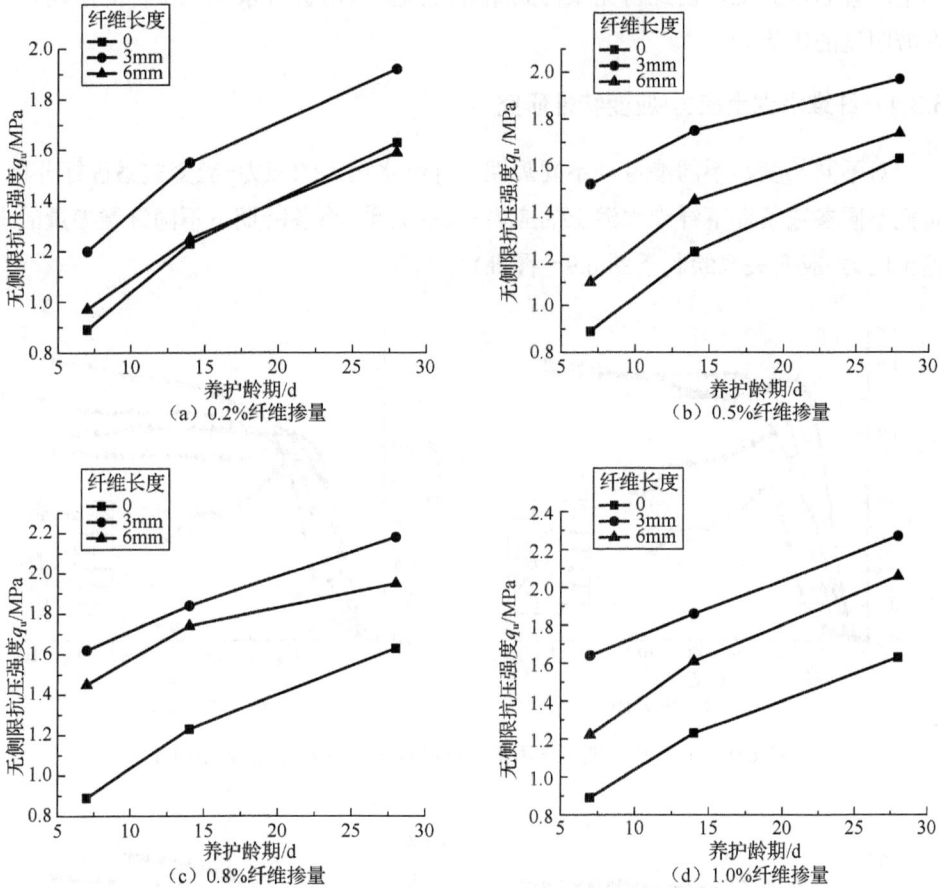

图 6.8　纤维水泥土无侧限抗压强度与养护龄期的变化关系曲线

　　由表 6.6 及图 6.8 分析可知，纤维水泥土在不同纤维长度及不同纤维掺量的情况下，7d 养护龄期下纤维水泥土的无侧限抗压强度均显著高于同养护龄期下水泥土的无侧限抗压强度，最高提升幅度可达普通水泥土试样的 84%。随着养护龄期的变化，普通水泥土的无侧限抗压强度增幅均高于同养护龄期下纤维水泥土的强度增幅，纤维水泥土的强度增速逐渐放缓。在 28d 养护龄期下，纤维水泥土的无侧限抗压强度增幅为 7d 养护龄期下的 130%～169%，而同养护龄期内普通水泥土的无侧限抗压强度为 7d 养护龄期内的 183%。

　　普通水泥土的无侧限抗压强度主要来源于水泥土的固结硬化，在早期龄期下水泥土的固结硬化不完全，水泥土的强度不高，而纤维的抗拉强度在水泥土早期便可以发挥其性能，因此早期纤维水泥土的无侧限抗压强度要显著高于同养护龄期下的普通水泥土，由此可见聚丙烯腈纤维的掺入对提升水泥土试样的早期强度有着明显的优势。

6.3.4 纤维水泥土应力-应变特性研究

对不同长度、不同掺量、不同龄期下纤维水泥土的应力-应变关系进行分析，研究不同参数条件下纤维水泥土的应力-应变关系。将各龄期下不同纤维掺量的水泥土应力-应变关系绘制于图 6.9～图 6.11。

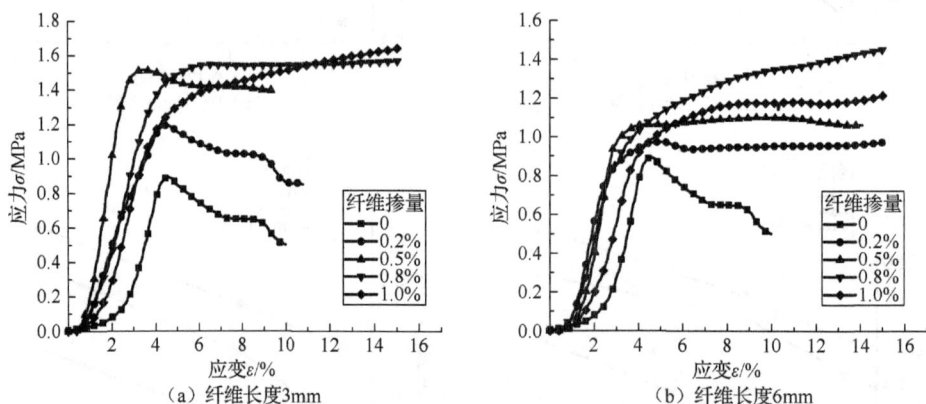

（a）纤维长度3mm   （b）纤维长度6mm

图 6.9 7d 养护龄期下聚丙烯腈纤维水泥土应力-应变关系曲线

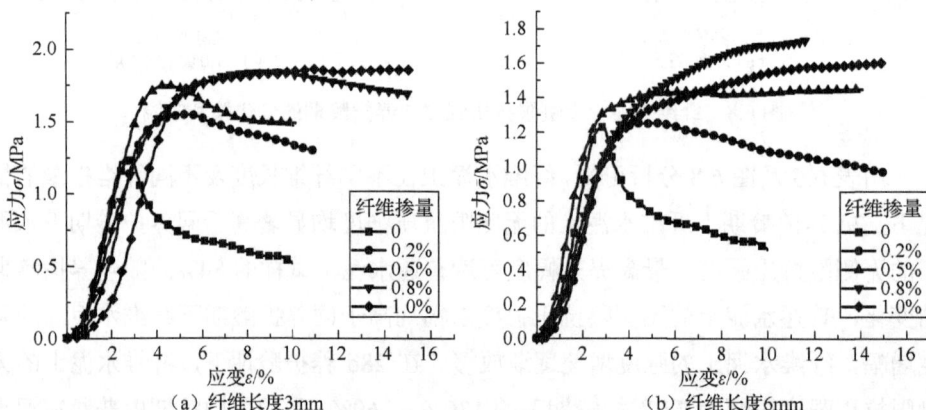

（a）纤维长度3mm   （b）纤维长度6mm

图 6.10 14d 养护龄期下聚丙烯腈纤维水泥土应力-应变关系曲线

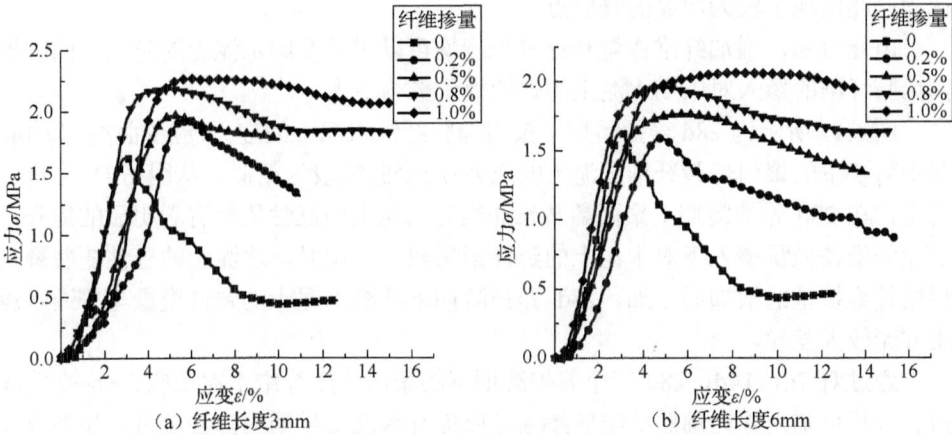

图 6.11　28d 养护龄期下聚丙烯腈纤维水泥土应力-应变关系曲线

由图 6.9 及试验过程可知，在 7d 养护龄期下，不同长度及掺量条件下聚丙烯腈纤维水泥土的弹性模量均高于普通水泥土，初始条件下聚丙烯腈纤维水泥土的应力-应变关系为近线性增长。当应力强度达到最大值时，普通水泥土的应力强度迅速降低，呈现明显的脆性破坏。而纤维水泥土的应力在达到其峰值后，应力-应变曲线下降较为平缓，掺量为 0.5% 及以上的纤维水泥土则不存在较为明显的峰值点。另外，随着纤维掺量的增加，高掺入量的长纤维水泥土存在一定的应变硬化现象。这说明纤维的掺入对水泥土的延性有着较为明显的提升，提升幅度随着纤维掺量的增加而增大。

观察 7d 养护龄期下长度为 3mm 和 6mm 纤维水泥土的应力-应变曲线可以发现，不同长度的聚丙烯腈纤维掺入均可以提升水泥土的延性，微量 6mm 纤维的掺入就可以明显提升纤维水泥土的延性和残余强度，使其更具韧性。同等掺量下 6mm 聚丙烯腈纤维对水泥土延性的提升效果与 3mm 聚丙烯腈纤维相比更好。

综上可以看出，聚丙烯腈纤维的长度和掺量对纤维水泥土应力-应变关系有着重要的影响。在 7d 养护龄期下，大部分纤维水泥土没有出现明显的峰值点，具有较好的延性和残余强度。同时，聚丙烯腈纤维的掺入可以提升水泥土早期的弹性模量。

图 6.10 所示为 14d 养护龄期下聚丙烯腈纤维水泥土的应力-应变曲线，可以看出，在 14d 养护龄期下聚丙烯腈纤维的掺入对水泥土的弹性模量没有较为明显的影响，聚丙烯腈纤维水泥土同普通水泥土的曲线斜率相差不大。

对比 14d 养护龄期下 3mm 和 6mm 纤维水泥土的应力-应变曲线可以发现，聚丙烯腈纤维的掺入依然可以提升水泥土的延性和残余强度。另外，随着聚丙烯腈纤维掺入量的增大，纤维水泥土的延性也逐渐提高。但是，短纤维在提高水泥土延性方面的作用明显低于同等掺量下的长纤维，部分 3mm 聚丙烯腈纤维水泥土试样已经出现了较为明显的峰值点。

由此可知，增加纤维掺量和纤维长度均可以提升纤维水泥土的延性，同时聚丙烯腈纤维的掺入对中期水泥土的弹性模量影响不大。

图 6.11 所示为 28d 养护龄期下聚丙烯腈纤维水泥土的应力-应变曲线，与 14d 养护龄期下的聚丙烯腈纤维水泥土的应力-应变曲线较为相似。从图 6.11 中可以看出，在 28d 养护龄期下聚丙烯腈长纤维对水泥土的延性依然有着明显的提升，而短纤维在微量掺入下对水泥土的延性影响较小。同时，水泥土的延性随着聚丙烯腈纤维掺量的增加而增加。28d 养护龄期下纤维水泥土的弹性模量与普通水泥土并无较大差异。

通过对 7d、14d、28d 三个养护龄期下的聚丙烯腈纤维水泥土应力-应变曲线进行分析可知，聚丙烯腈纤维的掺入可以提升水泥土早期的弹性模量，显著提高各养护龄期内水泥土的延性，改善普通水泥土脆性破坏的特点。这是因为聚丙烯腈纤维自身具有较高的抗拉强度，当纤维水泥土受外力作用时，聚丙烯腈纤维可以在一定范围内抑制裂缝的扩大，减缓裂缝的展开，限制试样的变形和破碎，从而提高纤维水泥土的延性。

6.4　纤维水泥土抗剪强度室内试验研究

6.4.1　纤维掺量对纤维水泥土抗剪强度指标的影响

依照直接剪切试验得出的试验数据，以纤维水泥土的黏聚力和内摩擦角为纵坐标，以聚丙烯腈纤维掺量为横坐标，在相同的聚丙烯腈纤维长度和养护龄期下，得出抗剪强度指标-纤维掺量的变化关系曲线，如图 6.12 和图 6.13 所示。

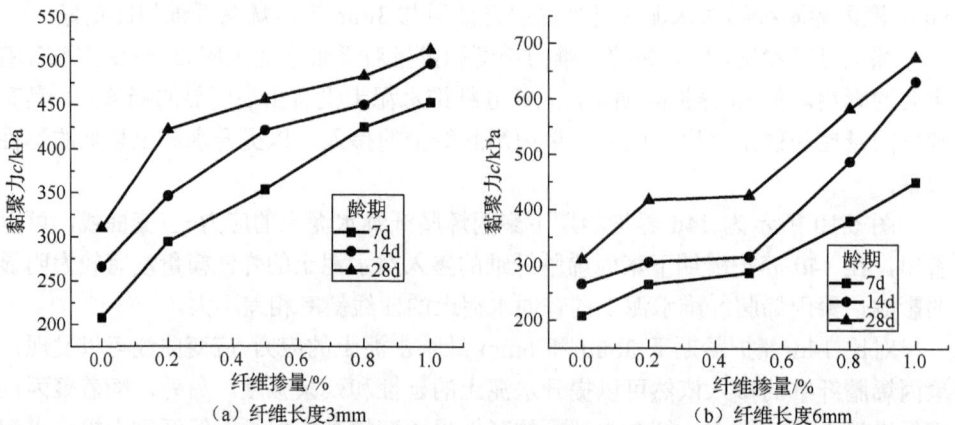

（a）纤维长度3mm　　　　　　　　　　　（b）纤维长度6mm

图 6.12　不同纤维长度黏聚力随纤维掺量的变化关系曲线

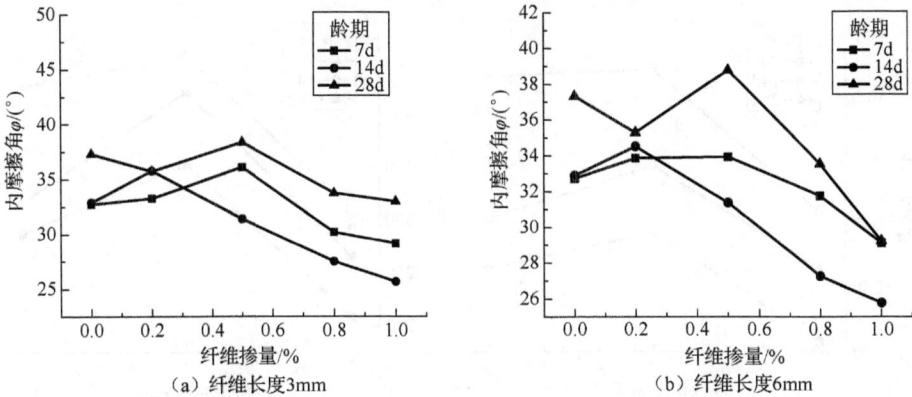

图 6.13　不同纤维长度内摩擦角随纤维掺量的变化关系曲线

由图 6.12 及试验结果可以看出，聚丙烯腈纤维的掺入对水泥土在不同养护龄期下的黏聚力有着明显的提高，聚丙烯腈纤维水泥土的黏聚力随着纤维掺量的增加呈正相关的上升趋势。对于 3mm 纤维而言，7d 养护龄期下 3mm 聚丙烯腈纤维在微量掺入时对纤维水泥土的黏聚力提升幅度最大，掺量为 0.2% 的 3mm 聚丙烯腈纤维的掺入使纤维水泥土的黏聚力提高至不掺纤维水泥土的 141%。此后随着纤维掺量的增加，纤维水泥土黏聚力的增幅逐渐变缓，在掺量达到 1.0% 时纤维水泥土的黏聚力达到最大，为不掺纤维水泥土的 218%。

6mm 聚丙烯腈纤维水泥土在微量掺入条件下对纤维水泥土的黏聚力增幅不大，在 7d 养护龄期下掺量 0.2% 和 0.5% 时增幅为 27% 和 38%，低于同掺量下 3mm 聚丙烯腈纤维水泥土。6mm 聚丙烯腈纤维在 0.8% 和 1.0% 掺量下在多个养护龄期内对纤维水泥土黏聚力的提升有显著的效果。6mm 纤维水泥土的聚丙烯腈最佳掺量为 1.0%。

从图 6.13 可以看出，不同纤维长度下，在达到一定的掺量后，纤维水泥土的内摩擦角随纤维掺量的增加整体呈下降趋势。纤维水泥土在 0.2% 及 0.5% 聚丙烯腈纤维掺量下内摩擦角较不掺纤维的水泥土变化不大；当聚丙烯腈纤维掺量大于 0.5% 时，纤维水泥土的内摩擦角开始出现较为明显的下降趋势，由此可见大剂量聚丙烯腈纤维的掺入会降低纤维水泥土的内摩擦角。

6.4.2　纤维长度对纤维水泥土抗剪强度指标的影响

根据直接剪切试验得出的试验数据，选取相同聚丙烯腈纤维掺量和养护龄期下的聚丙烯腈纤维水泥土试样，得出纤维水泥土在不同纤维长度下的抗剪强度指标。以纤维水泥土黏聚力和内摩擦角为纵坐标，以聚丙烯腈纤维长度为横坐标，绘制抗剪强度指标-纤维长度的变化关系曲线，如图 6.14 和图 6.15 所示。

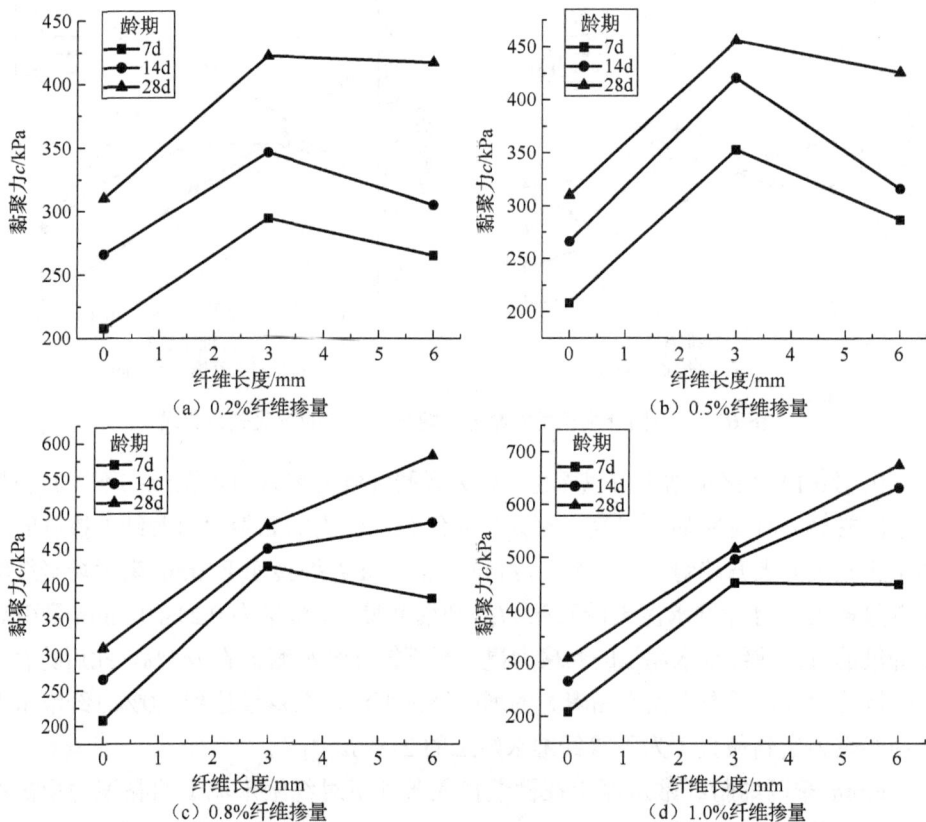

图 6.14　纤维长度与水泥土黏聚力的变化关系曲线

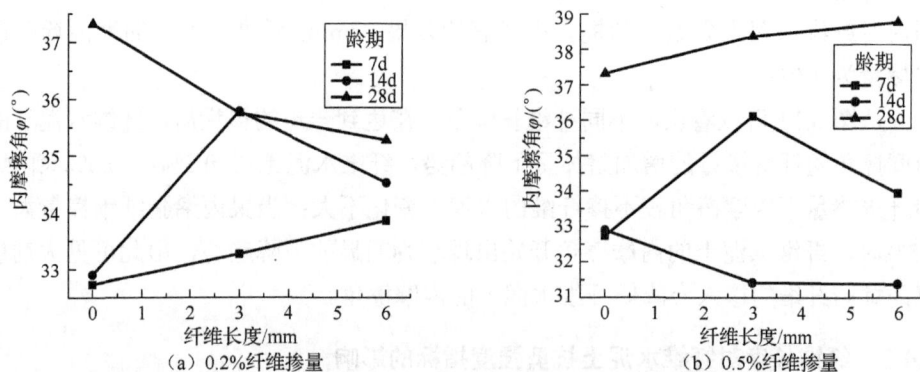

图 6.15　纤维长度与水泥土内摩擦角的变化关系曲线

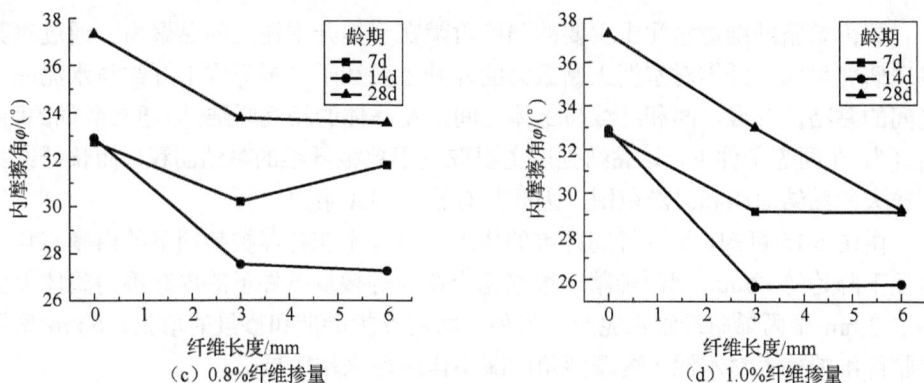

（c）0.8%纤维掺量　　　　　　　　　　（d）1.0%纤维掺量

图 6.15（续）

不同纤维长度对应的水泥土黏聚力的提升比例见表 6.7。

表 6.7　不同纤维长度对应的水泥土黏聚力的提升比例

纤维掺量/%	纤维长度/mm	7d 黏聚力提升比例	14d 黏聚力提升比例	28d 黏聚力提升比例
0.2	3	1.41	1.30	1.36
	6	1.27	1.15	1.35
0.5	3	1.70	1.58	1.47
	6	1.38	1.19	1.37
0.8	3	2.04	1.69	1.56
	6	1.83	1.83	1.88
1.0	3	2.18	1.87	1.65
	6	2.16	2.38	2.18

　　由图 6.14 及表 6.7 可知，纤维长度对纤维水泥土的黏聚力有着显著的影响。微量聚丙烯腈纤维掺入下，3mm 纤维对水泥土在各个养护龄期内黏聚力的提升值要高于同掺量下 6mm 纤维的。这是因为，当纤维掺量较小时，6mm 纤维相较于 3mm 纤维在同掺量下数量较少，剪切面上纤维数量具有一定的离散性，不能充分发挥长纤维的抗拉性能。在 0.2%聚丙烯腈纤维掺量下，3mm 纤维对水泥土在 7d、14d 和 28d 三个养护龄期内的黏聚力提升量分别为 141%、130%和 136%，同掺量下 6mm 纤维水泥土的黏聚力提升量分别为 127%、115%和 135%。

　　当聚丙烯腈纤维掺量逐渐增大时，6mm 聚丙烯腈纤维对水泥土黏聚力的提升幅度逐渐超过 3mm 聚丙烯腈纤维。当聚丙烯腈纤维掺量为 1.0%时，6mm 聚丙烯腈纤维对水泥土在 7d、14d 和 28d 三个养护龄期内的黏聚力提升量分别为 216%、238%和 218%，同掺量下 3mm 聚丙烯腈纤维水泥土的黏聚力提升量分别为 218%、187%和 165%。长纤维在掺量较大的情况下对水泥土黏聚力的提升要显著优于同掺量下的短纤维。

聚丙烯腈纤维对水泥土主要的强度贡献在于提升水泥土的黏聚力。通过对其机理研究可知，纤维对水泥土黏聚力的提升主要在于单根纤维下纤维与水泥晶体之间的黏结及纤维之间和纤维与土体之间水泥晶体的相互联结，即通常所说的"锚固区"。在同等条件下，该黏结强度主要取决于单根纤维的黏结面积，而长纤维具有较大的黏结面积和黏结范围，因此具有较高的黏聚力。

由图 6.15 可知，聚丙烯腈纤维的掺入对水泥土在各养护龄期下的内摩擦角整体呈下降趋势。6mm 聚丙烯腈纤维水泥土在同等掺量条件下的内摩擦角整体上要小于 3mm 聚丙烯腈纤维水泥土。另外，随着养护龄期和掺量的增长，6mm 聚丙烯腈纤维的掺入对水泥土内摩擦角的减小作用越来越明显。

本 章 小 结

本章选用聚丙烯腈纤维作为水泥土中的外掺剂，研究聚丙烯腈纤维对水泥土力学特性的影响，主要研究内容和成果如下。

1）对不同纤维长度、掺量和龄期下的聚丙烯腈纤维水泥土进行无侧限抗压强度试验，结果表明聚丙烯腈纤维的掺入可以有效提高水泥土的无侧限抗压强度，抗压强度的变化随着纤维掺量的增加而增加，短纤维在微量掺入下的提高幅度要高于同等掺量下的长纤维。随着纤维掺量的增加，长纤维水泥土的抗压强度增幅逐渐增大。水泥土中聚丙烯腈纤维的掺入存在最佳比例，最佳比例随着纤维长度的增加而降低。3mm 纤维的最佳纤维掺量在 1.0%～1.2%，6mm 纤维的最佳掺量为 0.8%～1.0%。聚丙烯腈纤维的掺入对水泥土早期抗压强度提升具有显著的效果。

2）聚丙烯腈纤维掺入可以显著提高水泥土的延性，纤维水泥土的延性随着纤维掺量的增加呈正相关的递增趋势。聚丙烯腈纤维的掺入可以提高水泥土早期弹性模量，对中后期弹性模量无明显影响。长纤维对水泥土延性的提升效果要好于短纤维。提高 6mm 纤维的掺入会使水泥土出现一定的应变硬化现象。

3）对不同纤维长度、掺量和龄期的聚丙烯腈纤维水泥土进行抗剪强度试验，结果表明，水泥土的黏聚力随着纤维掺量的增加呈正相关的上升趋势。微量纤维掺入下短纤维对水泥土黏聚力的提升效果较好。随着纤维掺量和养护龄期的增加，长纤维对水泥土黏聚力的提升效果要好于短纤维。提高聚丙烯腈纤维的掺入会降低水泥土的内摩擦角。

第7章 水泥搅拌桩施工工艺优化研究

针对用常用施工工艺和施工设备制作的水泥搅拌桩桩身易出现水泥含量不均匀、强度差异大、易冒浆等问题，本章结合2个试验场地，共计4次现场工艺试桩检测结果，开展水泥搅拌桩施工工艺及搅拌头优化研究，分析不同施工工艺参数对搅拌桩成桩质量的影响。本章研究并提出改良的水泥搅拌桩施工工艺，总结适合软土边坡加固工程的搅拌桩施工工艺；在现场开展不同施工工艺下的成桩质量对比试验研究，从水泥含量检测和无侧限抗压强度检测两方面对工艺试验桩进行质量检测，评价不同施工工艺下水泥搅拌桩的成桩质量情况；分析不同施工工艺的可行性。

7.1 九乡河边坡加固工程工艺试桩及结果分析

7.1.1 第一次加固工艺试桩及结果分析

1. 第一次试验桩布置及施工工艺

九乡河治理二期工程软土地基边坡加固工程设计采用水泥搅拌桩加固，为了研究水泥搅拌桩的力学参数和控制水泥搅拌桩工程质量，设计研究在水泥搅拌桩施工之前进行现场水泥搅拌桩施工工艺试验。2018年12月进行了一次现场试验，试验结果表明试验桩均匀性比较差，不能达到设计要求。为此，于2019年1月开展第一次水泥搅拌桩现场工艺试验，试验分3个场地（3个标段）和不同的施工工艺进行，每个场地有12根试验桩。

第一次工艺试验搅拌桩采用梅花桩分布，桩径为700mm，横向桩距为1.1m，纵向桩距为1.15m，共36根试验桩。采用了"二搅一喷""二搅二喷""四搅三喷"3种搅拌技术，搅拌桩的设计水泥掺量为16%，水灰比为0.50。灰浆泵的喷泵量≥50L/min，泵压≥1.2MPa；每台桩机配备两个容积为0.5m³的灰浆搅拌机和可以自动记录施工过程并打印成桩资料的浆量记录仪；主机功率均为70kW，分不同的施工工艺工法进行试桩。施工过程中的桩机和搅拌头形态、叶片数量与形态见各标段的试验桩施工报告，表7.1为第一次试验桩不同工艺参数项的汇总。

表 7.1　第一次试验桩不同工艺参数项的汇总

标段	桩长/m	叶片数量	施工时间	施工工艺
二	13.5	7 片	2019 年 1 月 22 日～24 日	单向二搅二喷，0.5m/min（1～6 号桩）
				单向四搅三喷，0.8m/min（7～12 号桩）
三	12.5	8 片	2019 年 1 月 24 日～26 日	双向二搅二喷，0.6m/min（1～6 号桩）
				双向二搅二喷，0.7m/min（7～12 号桩）
四	13.5	8 片	2019 年 1 月 22 日～23 日	双向二搅一喷，0.5m/min（1～6 号桩）
				双向四搅三喷，0.8m/min（7～12 号桩）

对不同工艺参数的每根试桩自上到下全部桩长范围内每间隔 1m 取一组试样进行检测。每个标段 12 根，共计 36 根桩，共取样 480 组。

各标段取样时间如下：二标段为 2019 年 2 月 22 日～23 日，三标段为 2019 年 2 月 22 日～24 日，四标段为 2019 年 2 月 20 日～21 日。

2. 第一次试验桩检测结果分析

采用改进的 EDTA 滴定法，对第一次试桩（共 36 根）进行了 EDTA 滴定试验，检测水泥含量，将各搅拌桩的检测结果列于表 7.2，包括水泥含量平均值、无侧限抗压强度平均值、水泥含量变异系数和均匀程度 4 个方面。通过对水泥含量平均值和水泥含量变异系数等方面综合评价水泥搅拌桩的合格率，保证了检测结果能够正确反映水泥搅拌桩的成桩质量。

表 7.2　第一次试桩水泥含量检测结果汇总

桩号	水泥含量平均值/%	无侧限抗压强度平均值/MPa	水泥含量变异系数/%	均匀程度
2-01#	13.2	0.73	39.1	均匀
2-02#	17.5	0.7	29.1	非常均匀
2-03#	13.5	0.61	24.4	非常均匀
2-04#	17.1	0.65	26.4	非常均匀
2-05#	12.2	0.66	33.1	均匀
2-06#	14.3	0.68	60.1	不均匀
2-07#	22.4	0.73	35.1	均匀
2-08#	20.2	0.71	46.9	不均匀

桩号	水泥含量平均值/%	无侧限抗压强度平均值/MPa	水泥含量变异系数/%	均匀程度
2-09#	1.6		82.2	极不均匀
2-10#	12.6	0.68	40.6	均匀
2-11#	13.8	0.73	47.9	不均匀
2-12#	11.5	0.67	27.8	非常均匀
3-01#	14.2		41.8	均匀
3-02#	23.8		44.3	均匀
3-03#	17.4		49.8	不均匀
3-04#	20.3		39.1	均匀
3-05#	21.5		27.3	非常均匀
3-06#	20.6		36	均匀
3-07#	13.3		50.5	不均匀
3-08#	11.7		49.8	不均匀
3-09#	15.2		38.5	均匀
3-10#	23.1		31.8	均匀
3-11#	13.8		27.4	非常均匀
3-12#	13.1		77.7	不均匀
4-01#	14.3	0.65	49.7	不均匀
4-02#	18.3	0.58	53.4	不均匀
4-03#	11.9	0.58	41.7	均匀
4-04#	16.1	0.65	39.5	均匀
4-05#	15.0	0.59	39	均匀
4-06#	19.7	0.64	20.8	非常均匀
4-07#	17.1	0.67	26	非常均匀
4-08#	15.0	0.68	35.1	均匀
4-09#	19.6	0.69	35.4	均匀
4-10#	15.3	0.68	34.2	均匀
4-11#	20.0	0.68	27.2	非常均匀
4-12#	22.4	0.69	38.6	均匀

注：2-01 表示二标段 01 号桩，3-01 表示三标段 01 号桩，4-01 表示四标段 01 号桩，各标段桩数用 01～12 表示。

表 7.2 中，二标段的 9 号桩从上到下水泥含量都很低，可能取样位置出现偏差，因此不做比较。

由表 7.2 可知，第一次试桩工程中的 36 根搅拌桩平均水泥含量范围为 11.5%～23.8%，无侧限抗压强度平均值为 0.58～0.73MPa，水泥含量变异系数范围为 20.8%～82.2%，二标段合格桩 3 根，基本合格 1 根；三标段合格桩 5 根，基本合格 1 根；四标段合格桩 6 根，基本合格 1 根。

具体地，二标段 12 根试验桩中，01～06 号桩采用二搅二喷工艺，下钻和提钻速度为 0.5m/min。其中，02 号桩和 04 号桩水泥含量均值达到设计要求，水泥含量变异系数比较小，成桩质量优良；06 号桩水泥含量沿深度分布均匀性差，01 号、03 号和 05 号桩水泥含量沿深度分布均匀性好，但水泥含量均值低于设计值，4 根桩均不合格。07～12 号桩采用四搅三喷工艺，下钻和提钻速度为 0.8m/min。其中，07 号桩和 08 号桩水泥含量达到设计要求，10 号～12 号桩水泥含量均值都没达到设计要求，08 号和 11 号桩水泥含量分布均匀性差。

三标段 12 根试验桩中，01～06 号桩采用二搅二喷工艺，下钻和提钻速度为 0.6m/min。其中，01 号桩水泥含量平均值低于设计值，03 号桩均匀性比较差，02 号、04～06 号桩为合格桩，03 号桩基本合格。07～12 号桩也采用二搅二喷工艺，下钻和提钻速度为 0.7m/min。其中，仅 10 号桩水泥含量均值达到设计标准，分布也均匀，其他桩水泥含量分布均匀，但均值低于设计标准，因此仅 10 号桩为合格桩。

四标段 12 根试验桩中，01～06 号桩采用二搅一喷工艺，下钻和提钻速度为 0.5m/min。其中，01 号、03 号和 05 号桩水泥含量平均值低于设计值，02 号桩均匀性比较差，04 号和 06 号桩为合格桩，02 号桩基本合格。07～12 号桩采用四搅三喷工艺，下钻和提钻速度为 0.8m/min；所有 6 根桩水泥含量沿深度分布均匀，07 号、09 号、11 号和 12 号桩水泥含量达到设计值，但 08 号和 10 号桩水泥含量低于设计值。

3. 第一次试验桩小结

第一次搅拌桩施工工艺现场试验中，双向搅拌工艺的成桩质量优于单向搅拌工艺，且可以采用更换搅拌刀片样式、降低搅拌头下沉/提升的速度或增加上下循环搅拌次数等方法提高搅拌桩的均匀性与成桩质量；各组施工工艺参数中，双向四搅三喷工艺基本满足水泥含量的设计要求。但本次搅拌桩现场试桩发现，工艺试验桩的强度和均匀性都较差，桩体存在的问题如图 7.1 所示。综合水泥含量检测和钻芯取样检测的结果，分析本次试验桩存在的工程问题主要体现在以下方面。

1) 搅拌桩中的水泥土没有搅拌均匀。在取样过程中发现，在 4～8m 的样芯中夹杂着大量的水泥块和素土块，有部分桩在底部 8～12m 的水泥含量较低，甚至有的水泥含量和素土无异。当搅拌次数过低或者钻头刀片不够时都会导致搅拌不均匀，尤其是试桩中的部分单向搅拌桩，成桩质量极其不稳定；考虑到土层的影响，在部分黏土的塑性指数大于 25 的土层，搅拌会有一定的困难，使得黏土会包裹叶片，搅拌不均匀的现象也会随之产生，导致桩体不能成型。

2) 冒浆现象。注浆压力不能满足要求、钻头提升速度过快等都可能导致冒浆。在本次试桩检测的 36 根搅拌桩中，出现冒浆现象的有 10 根，这是一个非常普遍的现象，严重影响了成桩的合格率。冒浆导致本次的试验桩大多上部水泥含量偏高，有的甚至在地面形成水泥块，随之而来的是桩深处的水泥含量和强度都远没有达到设计值。

3）各组搅拌桩普遍存在 6～9m 处桩体质量较差的问题，在桩体的中下段大量出现水泥块或者沙土块，说明水泥土没有被充分搅拌在一起。分析认为，6～9m 范围内土体含水率较高，导致拌和效果不理想；另外，搅拌器械的搅拌能力较弱，不能将水泥与土体搅拌均匀。

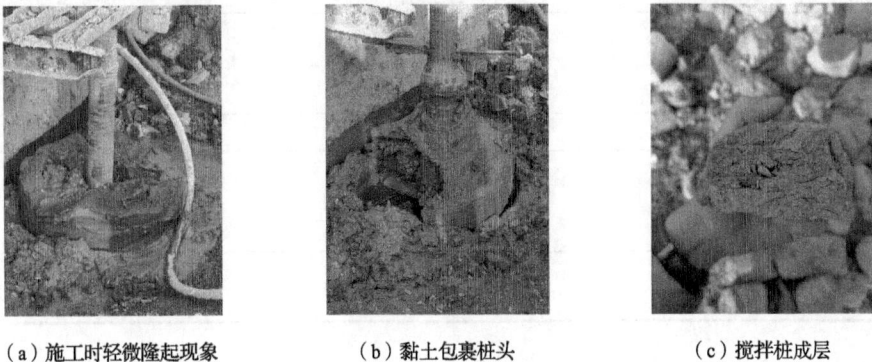

（a）施工时轻微隆起现象　　　（b）黏土包裹桩头　　　（c）搅拌桩成层

图 7.1　搅拌桩施工及桩体照片

考虑到边坡加固工程对搅拌桩均匀性要求较高，仍需进一步现场试验以提高拌和均匀性。基于第一次现场试桩的数据，对第二次现场试桩提出如下改进建议：

1）单向搅拌桩桩身的中下段水泥含量低，搅拌效果差，不能满足桩身承载力的要求，建议第二次试桩采用双向搅拌；

2）从搅拌头形态改善搅拌桩的均匀情况，在第二次试验桩中使用弯刀状搅拌头或框状强制搅拌头；

3）增加搅拌头叶片数；

4）可以适当放慢搅拌头的下降和提升速率，使搅拌桩桩身充分搅拌均匀；

5）针对第一次试验桩 6～9m 处强度较弱的现象，可以考虑使用添加剂或在薄弱部位增加搅拌次数。

7.1.2　第二次加固工艺试桩及结果分析

1. 第二次试验桩布置及施工工艺

第一次搅拌桩现场试验结果表明试验桩均匀性比较差，不能达到设计要求。为此其后开展第二次水泥搅拌桩工艺试验，试验分 3 个场地（3 个标段）和不同的施工工艺进行。试验桩的试桩参数如下：水灰比为 0.50，水泥含量为 16%、18%、20%。各标段施工工艺参数见表 7.3，施工过程中的桩机和搅拌头形态、叶片数量与形态见各标段的试验桩施工报告。针对第一次现场试验中 6～9m 处桩体质量较差的问题，第二次搅拌桩现场试验提出掺入添加剂、6～9m 深度处复搅等优化方案。需要注意的是，第二次搅拌桩的搅拌叶片形态提升为弯刀式搅拌头，搅拌叶片数量增加为 10 片。表 7.3 中，各组工艺参数的全部试桩，每根试桩自上到下全部桩长范围内每间隔 1m 取一组试样进行检测。

表 7.3 各标段施工工艺参数

标段	桩长/m	施工时间	施工工艺
二	13.5	2019 年 4 月 8 日～18 日	单向四搅二喷 双向二搅一喷 双向四搅二喷
三	10.5	2019 年 4 月 16 日	双向四搅二喷
四	10.5	2019 年 4 月 10 日～15 日	双向二搅一喷 双向四搅二喷 双向四搅三喷
路鼎	10.5	2019 年 4 月 16 日～18 日	双向四搅三喷 双向六搅五喷

2. 第二次试验桩检测结果分析

根据第 3 章中改进的 EDTA 标准曲线，对第二次试桩进行了 EDTA 滴定试验，检测各桩水泥含量(共 27 根)，将 3 个标段试验桩的水泥含量测试结果汇总于表 7.4。

表 7.4 第二次试验桩水泥含量检测结果汇总

桩号	水泥含量平均值/%	水泥含量变异系数/%	均匀程度
二-04#	16.5	16.5	非常均匀
二-10#	18.6	16.3	非常均匀
二-15#	18.1	20.8	非常均匀
二-25#	18.3	16.8	非常均匀
二-27#	16.2	25.1	非常均匀
二-33#	16.2	23.7	非常均匀
二-37#	18.7	48.3	不均匀
二-41#	18.4	25.0	非常均匀
二-45#	18.2	46.9	不均匀
二-48#	18.3	24.6	非常均匀
二-49#	18.5	38.2	均匀
三-S1#	18.2	22.1	非常均匀
三-S2#	18.3	25.0	非常均匀
三-Z5#	18.8	31.6	均匀

续表

桩号	水泥含量平均值/%	水泥含量变异系数/%	均匀程度
四-01#	16.3	39.2	均匀
四-11#	19.0	29.2	非常均匀
四-61#	16.3	31.7	均匀
四-71#	18.2	32.4	均匀
四-73#	16.2	13.1	非常均匀
四-83#	18.0	48.6	不均匀
LD-06#	16.1	35.5	均匀
LD-08#	18.2	25.2	非常均匀
LD-17#	20.4	35.2	均匀
LD-18#	18.2	22.1	非常均匀
LD-22#	20.7	24.8	非常均匀
LD-24#	20.7	27.1	非常均匀
LD-34#	20.1	28.9	非常均匀

注：二-01 表示二标段 01 号桩，三-S1 表示三标段 S1 号桩，四-01 表示四标段 01 号桩，LD-01 表示路鼎公司 01 号桩。

第二次试桩共检测 27 根桩的水泥含量，如图 7.2 所示。取芯结果表明，试验桩的均匀程度较好，平均水泥含量范围为 16.1%～20.7%，水泥含量变异系数范围为 13.1%～48.6%。各桩的平均水泥含量都达到其设计要求，均匀程度被评为非常均匀的有 17 根，水泥含量变异系数范围为 13.1%～29.2%；均匀程度被评为均匀的有 7 根，水泥含量变异系数范围为 31.7%～39.2%；有 3 根桩的均匀程度为不均匀，其水泥含量变异系数超过 45%，范围为 46.9%～48.6%。

图 7.2　四搅二喷工艺取桩样

二标段试验桩中，01～12 号桩采用 16%水泥含量、单向四搅二喷工艺，13～24 号桩采用 18%水泥含量、单向四搅二喷工艺，25～36 号桩采用 16%水泥含量、双向二搅一喷工艺，37～48 号桩采用 18%水泥含量、双向二搅一喷工艺，49、50 号桩采用 16%水泥含量、双向四搅二喷工艺。所检测的 11 根试验桩水泥含量均值均达到设计要求，04 号、10 号、15 号、25 号、27 号、33 号、41 号、48 号桩水泥含量变异系数比较小，为质量优良桩；49 号桩搅拌均匀，为质量合格桩；37 号、45 号桩水泥含量沿深度分布不均匀，为基本合格桩。综合上述，二标段合格桩为 04 号、10 号、15 号、25 号、27 号、33 号、41 号、48 号、49 号桩，37 号桩、45 号桩基本合格。

三标段试验桩中，Z1、Z2 号桩采用 16%水泥含量、双向四搅二喷工艺，S1～S6 号、Z3～Z6 号桩采用 18%水泥含量、双向四搅二喷工艺。所检测的 3 根试验桩水泥含量均值均达到设计要求，S1 号、S2 号桩水泥含量均匀性好，为质量优良桩；Z5 号桩质量均匀，为质量合格桩。综上所述，三标段合格桩为 S1 号、S2 号和 Z5 号桩。

四标段试验桩中，01～08 号桩采用 16%水泥含量、双向二搅一喷工艺，09～16 号桩采用 18%水泥含量、双向二搅一喷工艺，57～64 号桩采用 16%水泥含量、双向四搅二喷工艺，65～72 号桩采用 18%水泥含量、双向四搅二喷工艺，73～80 号桩采用 16%水泥含量、双向四搅三喷工艺，81～88 号桩采用 18%水泥含量、双向四搅三喷工艺。所检测的 6 根试验桩水泥含量均值均达到设计要求，11 号、73 号桩水泥含量均匀性好，为质量优良桩；01 号、61 号、71 号桩水泥含量分布均匀，为质量合格桩；83 号桩水泥含量均匀性一般，为基本合格桩。综上所述，四标合格桩为 01 号、11 号、61 号、71 号和 73 号桩，83 号桩基本合格。

路鼎试验桩中，01～12 号和 35 号桩采用 16%水泥含量、双向四搅三喷工艺，13～20 号桩和 31、32 号桩采用 18%水泥含量、双向四搅三喷工艺，21～30 号桩采用 20%水泥含量、双向四搅三喷工艺，33、34 号桩采用 18%水泥含量、双向六搅五喷工艺。所检测的 7 根试验桩水泥含量均值均达到设计要求，08 号、18 号、22 号、24 号和 34 号桩水泥含量均匀性好，为质量优良桩；06 号、17 号桩水泥含量均匀，为质量合格桩。综上所述，路鼎段合格桩为 06 号、08 号、17 号、18 号、22 号、24 号和 34 号桩。

第二次试桩的效果较第一次试桩有较大的提升，呈现了良好的水泥含量和均匀性，满足设计要求。即使是被判别为不合格的 3 根桩，其水泥含量平均值也满足了设计要求，变异系数为 46.9%～48.6%，接近合格标准 45%的水泥含量变异系数。对于第二次试桩中检测结果较好的搅拌桩，对工艺工法及其他参数予以保留，应用在工程桩的施工中。

7.2　杨林船闸工程工艺试桩及结果分析

7.2.1　两次现场工艺试验情况简介

杨林船闸工程位于江苏省太仓市浏家港镇，杨林塘航道起自申张线上的巴城镇，流经昆山市和太仓市，至长江杨林口结束，整治前全长约 41km，是《江苏省干线航道网规划》"两纵四横"的连申线苏南段的重要组成部分，现状为七级航道，规划等级为三级。杨林塘航道的整治建设是进一步完善江苏省内河航道网、形成新的苏沪水运通道、完善太仓港区集疏运方式的需要，其建设必要而迫切。现状航道在距长江口 1.10km 处通过杨林节制闸进入长江，节制闸为 2000 年拆除老闸改建而成，主要功能是排涝、挡潮和引水灌溉，中孔净宽 10m，平水时兼作通航孔（只能通行 300t 级以下的小船）；另外，应防汛要求，全年约有 1/5 时间断航。

第一次工艺性试桩：从 2012 年 7 月 31 日开始打第一根桩，2012 年 8 月 15 日结束，施工期 16d，共打了 46 根双向水泥搅拌桩，其中 37 根为设计水泥含量 20% 的试桩，9 根为设计水泥含量 18% 的试桩；四搅二喷工艺试桩 1 根，桩号为 35 号，其他均采用四搅一喷工艺。试桩施工过程中，发生有明显冒浆的试桩 12 根，分别为水泥含量为 20% 的 1 号、7 号、8 号、10 号、11 号、14 号、15 号、24 号、28 号、32 号、37 号桩和水泥含量为 18% 的 3 号桩；发生明显爆管问题的试桩 6 根，分别为水泥含量为 20% 的 4 号、5 号、6 号、17 号、24 号、29 号桩。第一次工艺性试验桩水泥含量检测了 13 根，抗压强度试验检测了 10 根。

第一次工艺性试验桩检测结果显示试验桩水泥含量不均匀，桩身强度差异大。在 2013 年 1 月更换试桩施工单位和改进搅拌头，再次进行了现场双向水泥搅拌桩试验。本次双向搅拌桩试验时使用了两种不同的搅拌头：一种为弯刀状搅拌头，如图 7.3（a）所示；另一种为框状搅拌头，如图 7.3（b）所示。由弯刀状搅拌头制作的 12 根双向搅拌桩桩号编为 S-S-##，其中 ## 表示制桩顺序号，为 1～12；由框状搅拌头制作的 12 根双向搅拌桩桩号编为 S-Q-##，其中 ## 表示制桩顺序号，为 1～12。第二次试桩全部采用了四搅三喷的新工艺。

在第二次双向搅拌桩现场工艺试验时，有单向搅拌桩施工企业认为采用单向搅拌桩也能取得设计要求的效果，同意无偿在现场进行单向搅拌桩工艺试验性施工并接受质量检测。单向搅拌桩的搅拌头如图 7.4 所示。单向搅拌桩制作了 12 根。这样，第二次工艺试验后，取芯检测了 36 根试验桩的桩身质量和水泥含量。

（a）弯刀状搅拌头　　　　　　　　　（b）框状搅拌头

图 7.3　搅拌头　　　　　　　　　　图 7.4　单向搅拌桩的搅拌头

第二次工艺试验共检测了水泥搅拌桩 36 根，其中双向搅拌桩 24 根。根据搅拌器形式将双向搅拌桩分为两组，第一组采用弯刀状搅拌头，试桩编号为 S-S-01～S-S-13，取芯桩号为 S-S-02～S-S-13，共检测 12 根；第二组采用框状搅拌头，试桩编号为 S-Q-01～S-Q-13，取芯桩号为 S-Q-01 和 S-Q-03～S-Q-13，共检测 12 根。单向搅拌桩试桩编号为 S-D-1～S-D-12，共检测 12 根。两次工艺试验搅拌桩检测的统计结果见表 7.5～表 7.7。

表 7.5　杨林船闸 2012 年 8 月双向水泥搅拌桩试验桩水泥含量检测结果

桩号	施工日期	取芯日期	龄期/d	最大水泥含量/%	最小水泥含量/%	平均水泥含量/%
S-20-1	2012 年 7 月 31 日	2012 年 7 月 31 日	1	32.43	13.39	21.3
S-20-14	2012 年 8 月 4 日	2012 年 8 月 4 日	1	35	4.71	21.56
S-20-27	2012 年 8 月 7 日	2012 年 8 月 7 日	1	22.79	0.14	10.55
S-20-22	2012 年 8 月 6 日	2012 年 8 月 13 日	7	35	2.80	19.76
S-18-8	2012 年 8 月 15 日	2012 年 8 月 16 日	1	33.96	1.10	11.76
S-20-04	2012 年 8 月 1 日	2012 年 8 月 29 日	28	35	0.38	19.8
S-20-09	2012 年 8 月 3 日	2012 年 8 月 30 日	27	25.18	3.82	9.4
S-20-14	2012 年 8 月 4 日	2012 年 8 月 30 日	26	22.12	4.58	13.0
S-20-17	2012 年 8 月 5 日	2012 年 8 月 31 日	26	29.32	5.80	15.5
S-20-29	2012 年 8 月 7 日	2012 年 8 月 31 日	24	35	1.95	17.5
S-20-35	2012 年 8 月 10 日	2012 年 8 月 31 日	21	30.98	0.99	13.2
S-18-01	2012 年 8 月 14 日	2012 年 9 月 1 日	18	37.80	3.96	10.8
S-18-02	2012 年 8 月 14 日	2012 年 9 月 1 日	18	26.03	0.91	8.6

表 7.6　杨林船闸双向水泥搅拌桩试验桩水泥含量检测结果

取芯桩号	施工日期	取芯日期	龄期/d	最大水泥含量/%	最小水泥含量/%	平均水泥含量/%
S-S-02	2013 年 1 月 25 日	2013 年 3 月 2 日	36	28.4	11.2	17.3
S-S-03	2013 年 1 月 25 日	2013 年 3 月 2 日	36	34.3	14.4	21.6
S-S-04	2013 年 1 月 25 日	2013 年 3 月 1 日	35	35.0	12.2	20.7
S-S-05	2013 年 1 月 26 日	2013 年 2 月 28 日	33	35.4	11.7	20.2
S-S-06	2013 年 1 月 26 日	2013 年 2 月 28 日	33	32.6	6.4	16.7
S-S-07	2013 年 1 月 26 日	2013 年 2 月 27 日	32	35.0	10.3	23.1
S-S-08	2013 年 1 月 26 日	2013 年 3 月 4 日	37	35.0	14.0	23.7
S-S-09	2013 年 1 月 27 日	2013 年 3 月 4 日	36	29.6	15.0	24.0
S-S-10	2013 年 1 月 27 日	2013 年 3 月 3 日	35	32.3	10.0	19.4
S-S-11	2013 年 1 月 28 日	2013 年 3 月 3 日	34	33.8	10.5	21.0
S-S-12	2013 年 1 月 28 日	2013 年 3 月 5 日	36	35.0	14.9	19.6
S-S-13	2013 年 1 月 28 日	2013 年 3 月 4 日	35	34.0	11.8	22.8
S-Q-01	2013 年 1 月 28 日	2013 年 3 月 5 日	36	31.3	18.7	24.0
S-Q-03	2013 年 1 月 28 日	2013 年 3 月 6 日	37	32.1	16.0	21.9
S-Q-04	2013 年 1 月 29 日	2013 年 3 月 7 日	37	28.7	19.5	24.2
S-Q-05	2013 年 1 月 29 日	2013 年 3 月 7 日	37	30.0	14.3	20.0
S-Q-06	2013 年 1 月 30 日	2013 年 3 月 8 日	37	26.2	11.2	19.4
S-Q-07	2013 年 1 月 30 日	2013 年 3 月 8 日	37	29.3	13.4	21.9
S-Q-08	2013 年 1 月 30 日	2013 年 3 月 9 日	38	35.0	13.6	27.0
S-Q-09	2013 年 1 月 30 日	2013 年 3 月 9 日	39	35.0	14.7	23.8
S-Q-10	2013 年 1 月 31 日	2013 年 3 月 10 日	38	32.1	15.3	24.2
S-Q-11	2013 年 1 月 31 日	2013 年 3 月 10 日	38	28.0	13.2	22.0
S-Q-12	2013 年 1 月 31 日	2013 年 3 月 11 日	39	31.5	14.3	22.7
S-Q-13	2013 年 1 月 31 日	2013 年 3 月 11 日	39	28.9	16.8	23.6

表 7.7　杨林船闸单向水泥搅拌桩试验桩水泥含量检测结果

试桩编号	施工日期	取芯日期	龄期/d	最大水泥含量/%	最小水泥含量/%	平均水泥含量/%
S-D-01	2013 年 1 月 27 日	2013 年 3 月 12 日	40	35.3	8.8	19.1
S-D-02	2013 年 1 月 27 日	2013 年 3 月 12 日	44	35.0	0.1	8.0
S-D-03	2013 年 1 月 28 日	2013 年 3 月 13 日	44	35.0	0.3	11.6
S-D-04	2013 年 1 月 28 日	2013 年 3 月 13 日	44	35.0	7.4	14.4
S-D-05	2013 年 1 月 28 日	2013 年 3 月 15 日	46	35.0	1.5	12.3
S-D-06	2013 年 1 月 29 日	2013 年 3 月 15 日	45	29.4	1.4	7.7
S-D-07	2013 年 1 月 29 日	2013 年 3 月 14 日	44	35.0	0.8	8.7
S-D-08	2013 年 1 月 29 日	2013 年 3 月 14 日	44	35.0	1.3	11.2

续表

试桩编号	施工日期	取芯日期	龄期/d	最大水泥含量/%	最小水泥含量/%	平均水泥含量/%
S-D-09	2013 年 1 月 30 日	2013 年 3 月 16 日	45	21.8	1.1	9.1
S-D-10	2013 年 1 月 30 日	2013 年 3 月 16 日	45	35.0	0.4	8.3
S-D-11	2013 年 1 月 30 日	2013 年 3 月 17 日	46	14.7	2.0	7.1
S-D-12	2013 年 1 月 30 日	2013 年 3 月 17 日	46	31.6	3.6	11.1

7.2.2　第一次工艺试验结果

　　第一次工艺试验 45 根桩采用二搅一喷的双向搅拌桩常用工艺，1 根桩（35 号桩）尝试了四搅二喷的施工工艺。在打完搅拌桩后一天内用项目组发明的即时取样设备进行取样，对 4 根桩的水泥含量进行检测；1 根桩在制桩 7d 后钻孔取样检测了水泥含量；在制桩 28d 左右再钻孔取样进行了 8 根桩的水泥含量和抗压强度分析。水泥含量检测结果汇总见表 7.5。由水泥含量试验检测结果汇总可见，第一次工艺试验的双向搅拌桩大多数桩水泥含量分布不均匀，取样现场可见芯样不同段的软硬相差很大，抗压强度试验结果表明强度差别也很大。

　　第一次工艺试验的水泥含量与抗压强度统计结果如图 7.5 所示。从图 7.5 可以看出，尽管第一次工艺试验由于水泥含量均匀性差，导致抗压强度变化大，不能满足设计要求，但水泥含量超过 15% 的试样，其抗压强度均超过 1.8MPa，超过设计要求的 1.2MPa；水泥含量低于 12% 的试样，其抗压强度都很低。这一规律表明了试样的抗压强度与水泥含量的定量关系。

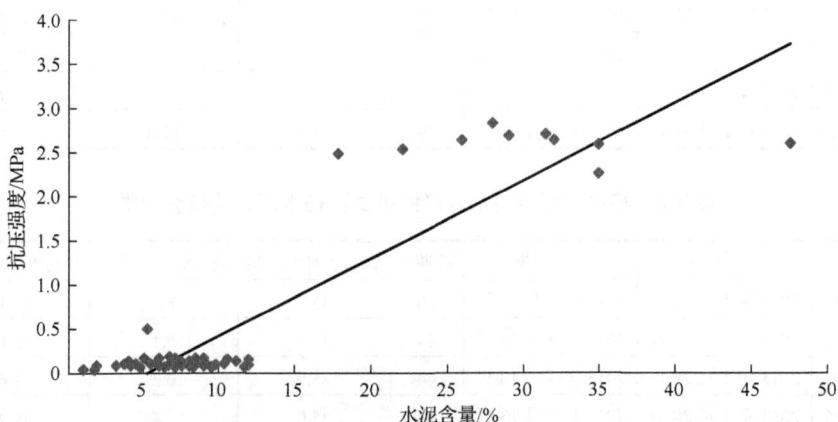

图 7.5　水泥含量与抗压强度统计结果

　　综合水泥含量检测和钻芯取样检测结果，本工程工艺试桩存在如下两个主要的质量问题：

1）水泥与土搅拌不均匀。《建筑地基处理技术规范》（JGJ 79—2012）指出，当黏土的塑性指数大于 25 时，容易在搅拌头叶片上形成泥团。因此，对于塑性指数大于 25 的黏土，必须通过现场试验确定其适用性。本次试桩土层 1-2、1-2b 的塑性指数最大值均大于 25，在实际运用中，黏土会包裹搅拌叶片，导致水泥与土搅拌不充分，水泥与土无法形成整体。

2）水泥浆上浮。在水泥搅拌桩施工过程中，由于土体压力，水泥浆会顺着搅拌导杆向上流动，严重时造成地面出现冒浆现象。本次试桩共 46 根，有 15 根出现冒浆现象。因此，本次试验桩过程中，桩体上部（0～10m）水泥含量较高，有些呈水泥块块状；10m 以下水泥含量普遍偏少，强度达不到要求。部分桩体检测完成后，开挖复合地基至地面以下 5m，3～5m 处桩体基本为水泥块。

7.2.3　第二次工艺试验结果

针对第一次试桩遇到的搅拌不均匀和水泥浆上浮等问题，课题组进行了第二次工艺试验。第二次试桩施工工艺与第一次有两点明显不同：①搅拌头进行了改进，第一组弯刀状搅拌头与第一次试验类似，但增加了刀头组数；第二组搅拌头改为框状搅拌头，使搅拌具有三向拌和效果，现场称为强制搅拌工艺。②将双向搅拌桩常用的二搅一喷工艺改进为四搅三喷工艺，每次喷浆量降低，同时搅拌次数增加，这样可有效避免水泥浆上冒的可能性，同时拌和更加均匀。

第二次工艺试验时，双向搅拌桩共进行了 2 组，每组制桩 13 根，其中第 1 根为速度调控试验桩，不作为检测对象，因此双向搅拌桩共检测 24 根。第一组双向搅拌桩采用弯刀搅拌器，试桩编号为 S-S-01～S-S-13，取芯桩号为 S-S-02～S-S-13，共检测 12 根；第二组采用框状强制搅拌器，试桩编号为 S-Q-01～S-Q-13，取芯桩号为 S-Q-01 和 S-Q-03～S-Q-13，共检测 12 根。

在第二次双向搅拌桩工艺试验时，有常规单向搅拌桩施工单位在现场进行成桩试验，在同一场地打了 12 根单向搅拌桩，在 28d 后同样进行了检测。单向搅拌桩试桩共 12 根，试桩和检测编号都为 S-D-01～S-D-12。因此，第二次工艺试验共检测了水泥搅拌桩 36 根，其中双向搅拌桩 24 根。双向搅拌桩水泥含量统计结果汇总如表 7.6 所示，单向搅拌桩水泥含量检测结果汇总如表 7.7 所示。

7.2.4　试验成果总结

第一次工艺试验的双向搅拌桩大多数桩水泥含量分布不均匀，取样现场可见芯样软硬相差很大，抗压强度试验结果表明抗压强度差别很大。第二次工艺试验的第一组弯刀状搅拌头制作的双向搅拌桩水泥含量都比较均匀,搅拌桩的强度也都达到了设计要求。第二组框状搅拌头制作的双向搅拌桩水泥含量非常均匀,且均匀性高于第二次工艺试验的第一组弯刀状搅拌头制作的双向搅拌桩。该组水泥搅拌桩的抗压强度都达到了设计要求,且沿深度的分布也很均匀并高于第二次工艺试验中的第一组弯刀搅拌器制作的双向搅拌桩。普通单向搅拌桩的水泥含量从上到下分布很不均匀,搅拌桩的抗压强度分布同样不均匀,5m 以下的抗压强度较低,与水泥含量检测结果吻合。

　　杨林船闸工程水泥搅拌桩两次水泥搅拌桩试桩试验表明,水泥含量检测方法可以直观反映水泥搅拌桩成桩质量。该方法检测龄期短,成本相对较低,实现了对水泥搅拌桩施工质量的动态控制,克服了其他检测方法受水泥土固化龄期的限制。同时,结合其他检测成果综合判断水泥搅拌桩成桩质量,准确分析质量缺陷原因,从而有针对地改进施工工艺。

7.3　影响搅拌桩成桩质量的因素

7.3.1　施工工艺对成桩质量的影响

　　水泥土搅拌桩的搅拌工艺对成桩质量有较大影响,搅拌桩 2-01~2-06 号和 4-07~4-12 号分别采用单向搅拌工艺和双向搅拌工艺,检测结果见表 7.8。

表 7.8　不同搅拌工艺的搅拌桩检测结果

施工工艺	桩号	水泥含量平均值/%	无侧限抗压强度平均值/MPa	水泥含量变异系数/%
单向四搅三喷	2-01	13.8	0.83	45.1
	2-02	20.2	1.34	46.9
	2-03	1.6		
	2-04	12.6	0.68	40.6
	2-05	13.8	0.73	47.9
	2-06	11.5	0.67	27.8
双向四搅三喷	4-07	17.1	1.02	26
	4-08	16.3	0.83	35.1
	4-09	19.6	1.09	35.4
	4-10	16.3	0.94	34.2
	4-11	20	1.22	27.2
	4-12	22.4	1.31	38.6

单向搅拌桩的单桩平均水泥含量为 11.5%～20.2%，平均无侧限抗压强度为 0.67～1.34MPa。其中，2-03 号桩平均水泥含量仅有 1.6%，分析认为取芯位置出现偏差，因此不做比较。双向搅拌桩的单桩平均水泥含量为 16.3%～22.4%，平均无侧限抗压强度为 0.83～1.31MPa。整体上看，单向搅拌桩检测结果的分布范围较大，成桩质量不稳定，且有较多搅拌桩的无侧限抗压强度低于设计要求的 0.8MPa；双向搅拌桩的水泥含量变异系数小于单向搅拌桩，可以认为双向搅拌桩桩长范围内的水泥分布更加均匀，成桩质量更加稳定。单向搅拌桩的有效加固范围较浅，桩身下部的水泥含量明显低于设计含量。这是由于单向搅拌桩易出现水泥浆液上冒问题，导致水泥分布不均匀。对比结果表明，在水泥掺入比相同的情况下，双向搅拌工艺内外轴上的叶片反向转动能有效地控制冒浆现象，水泥和土体拌和更充分，因此桩身强度及搅拌均匀性都优于单向搅拌工艺。

7.3.2　搅拌次数对成桩质量的影响

上下循环的搅拌次数也是控制搅拌桩成桩质量的关键因素。4-1～4-6 号桩和 4-7～4-12 号桩分别采用双向二搅一喷和双向四搅三喷，检测结果见表 7.9。四标段二搅一喷工艺施工的 6 根桩中有 2 根合格桩，1 根基本合格；四搅三喷工艺施工的 6 根桩中有 4 根合格桩。从表 7.9 中可以看出，部分二搅一喷搅拌桩的平均水泥含量和无侧限抗压强度无法满足设计要求；而四搅三喷搅拌桩由于搅拌次数更多，水泥分布更加均匀，成桩质量明显提高。

表 7.9　不同搅拌次数搅拌桩均匀性检测结果

施工工艺	桩号	水泥含量平均值/%	无侧限抗压强度平均值/MPa	水泥含量变异系数/%
双向 二搅一喷	4-1	14.3	0.65	49.7
	4-2	18.3	1.14	53.4
	4-3	11.9	0.78	41.7
	4-4	16.1	0.91	39.5
	4-5	15	0.62	39
	4-6	19.7	1.22	20.8
双向 四搅三喷	4-7	17.1	1.02	26
	4-8	16.3	0.83	35.1
	4-9	19.6	1.09	35.4
	4-10	16.3	0.94	34.2
	4-11	20	1.22	27.2
	4-12	22.4	1.31	38.6

7.3.3　搅拌头的下沉、提升速率对均匀性的影响

3-1~3-12 号 12 根桩采用的都是二搅二喷的施工工艺，搅拌头的下沉、提升速率不同，3-1~3-6 号桩的下沉、提升速率均为 0.6m/min，而 3-7~3-12 号桩的下沉、提升速率均为 0.8m/min。将这 12 根搅拌桩的均匀性检测结果汇总于表 7.10。

表 7.10　搅拌头不同下沉、提升速率下搅拌桩均匀性检测结果

桩号	钻头下沉、提升速率/(m/min)	水泥含量变异系数/%	均匀程度
3-1	0.6、0.6	36.8	均匀
3-2	0.6、0.6	38.3	均匀
3-3	0.6、0.6	49.8	不均匀
3-4	0.6、0.6	39.1	均匀
3-5	0.6、0.6	27.3	非常均匀
3-6	0.6、0.6	36	均匀
3-7	0.8、0.8	50.5	不均匀
3-8	0.8、0.8	49.8	不均匀
3-9	0.8、0.8	38.5	均匀
3-10	0.8、0.8	31.8	均匀
3-11	0.8、0.8	27.4	非常均匀
3-12	0.8、0.8	77.7	不均匀

根据水泥含量检测结果，三标段二搅二喷工艺施工的桩中，搅拌头下沉和提升速度为 0.6m/min 的桩中有 4 根合格桩，1 根基本合格桩；搅拌头下沉和提升速度为 0.7m/min 的桩中有 1 根合格桩。3-1~3-6 号搅拌桩中只有 3-3 号桩均匀程度为不均匀，其他桩的水泥含量变异系数均小于 45%，体现出良好的均匀性；3-7~3-12 号搅拌桩中只有 3 根桩的水泥含量变异系数小于 45%。综合来看，3-1~3-6 号水泥搅拌桩均匀程度优于 3-7~3-12 号水泥搅拌桩。在搅拌头的转动速度一定时，降低钻头的下沉、提升速度可以使桩体范围水泥土获得更多次的搅拌次数，也可以减少层状分层现象的出现。所以，一般水泥搅拌桩的水泥分布会随着搅拌头的下沉、提升速率的减缓而变得更加均匀。

7.3.4　搅拌头叶片数量对成桩质量的影响

搅拌头叶片数量会影响搅拌桩的均匀性。将第一次试验的 4-1~4-6 号桩和第二次试验的四-01 号、四-11 号、四-61 号桩的水泥含量检测的水泥含量变异系数结果列于表 7.11。其均采用四搅二喷的水泥搅拌桩施工工艺，4-1~4-6 号桩使用

的搅拌头叶片数量为 8 片直叶片。

表 7.11　不同搅拌头形态搅拌桩均匀性检测结果

桩号	叶片数量/片	水泥含量变异系数/%	均匀程度
4-1		49.7	不均匀
4-2		53.4	不均匀
4-3	8 片直叶片	41.7	均匀
4-4		39.5	均匀
4-5		39	均匀
4-6		20.8	非常均匀
四-1		39.2	均匀
四-11	10 片弯刀片	29.2	非常均匀
四-61		31.7	均匀

从搅拌桩的均匀程度结果可以看出，8 片直叶片搅拌桩的水泥含量变异系数为 20.8%～53.4%，变异系数偏大，且 4-1#、4-2#桩不均匀。因此 8 片直叶片的搅拌头搅拌效果并不理想；第二次试验桩的 3 根对比桩使用的搅拌头叶片数量为 10 片弯刀状叶片，水泥含量变异系数范围为 29.2%～39.2%，并且全部试验桩都体现出了良好的均匀性，可见增加搅拌头叶片数量、改善搅拌叶片形态对提升搅拌桩均匀性有非常明显的效果。在工程桩的施工中，搅拌头的叶片数量不应小于 10 片。

7.3.5　添加剂对成桩质量的影响

大量实践证明，合适的添加剂可以在节省水泥用量的同时提高搅拌桩的均匀性，还可以提高水泥土的密度，达到提高搅拌桩质量的效果。图 7.6 为第二次试验部分桩的水泥含量分布，其中四-83 号桩添加 1%减水剂，LD-8 号桩添加 5%石膏，LD-17 号桩添加 5%石膏并在 6～9m 处进行复搅。本次使用的是萘系减水剂，其化学名称为聚次甲基萘磺酸钠，不含 Ca^{2+}，是为研究减水剂在工程实际中对搅拌桩均匀性的影响。

由图 7.6 可以看出，添加了石膏和减水剂的搅拌桩质量较好，桩体深度范围内的水泥含量和无侧限抗压强度都得到明显提高。石膏在土体中生成钙矾石，其膨胀作用能够填充和挤密土体；减水剂通过吸附在水泥颗粒表面，提高了水泥颗粒的分散性，从而改善了搅拌桩的拌和效果。对于土体性质较差的待加固区域，可以通过掺入石膏或者减水剂提高搅拌桩的整体质量。

水泥含量/%

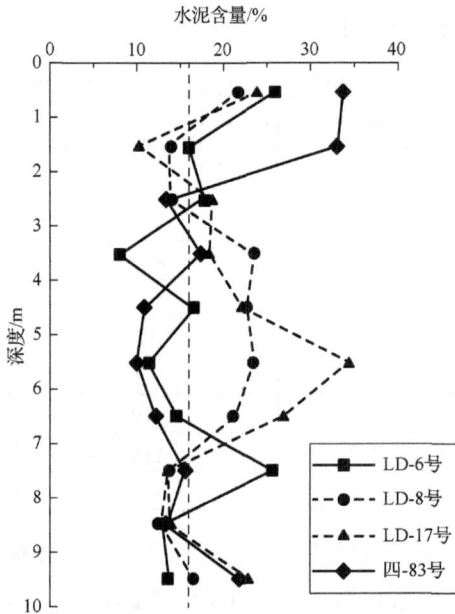

图 7.6　第二次试验部分桩的水泥含量分布

观察 LD-6 号和 LD-17 号桩的检测结果可以发现，LD-17 号桩在 6~9m 处的水泥含量及抗压强度都明显优于未设置复搅的 LD-6 号桩。在搅拌桩薄弱部位增加复搅，能够以较低成本提高搅拌桩的均匀性，保证搅拌桩薄弱部位都能满足 28d 龄期 0.8MPa 的设计强度要求。

7.3.6　不同搅拌头对水泥搅拌桩试验影响

在水泥搅拌桩成型 28d 后，通过钻机取样取出桩体芯样。桩身范围内，每隔 1m 选择 1 个芯样带回实验室，进行无侧限抗压强度试验，同时将压碎的相应芯样按本书方法进行水泥含量检测。因此，无侧限强度试验和水泥含量试验选用同一试样。取芯设备采用 GXY-1 型钻机，为保证岩芯采取率和试样的抗扰动性，采用直径为 91mm 的钻头，全芯回转钻进，泥浆护壁，全断面取芯。本次试桩共检测 36 根水泥搅拌桩，水泥含量设计值为 20%，共完成 684 组无侧限抗压强度试验和 684 组水泥含量试验。

1. 弯刀状搅拌头

由第二次工艺试验的第一组弯刀状搅拌头制作的双向搅拌桩水泥含量测试结果可见，搅拌桩水泥含量都比较均匀，搅拌桩的强度也都达到了设计要求。因此，只要控制好搅拌桩的施工工艺，保证水泥含量沿桩身深度上均匀分布并达到设计研究的水泥含量，双向水泥搅拌桩强度就能满足设计要求。

2. 框状搅拌头

由第二次工艺试验的第二组框状搅拌头制作的双向搅拌桩水泥含量测试结果可见，该组水泥搅拌桩的水泥含量均匀，且均匀性高于第二次工艺试验的第一组弯刀状搅拌头制作的双向搅拌桩。该组水泥搅拌桩的抗压强度均达到了设计要求，且水泥含量沿深度的分布也很均匀，抗压强度高于第二次工艺试验的第一组弯刀状搅拌头制作的双向搅拌桩。由此可见，水泥含量分布均匀是水泥搅拌桩质量控制的关键，并且只要工艺适当，便能够制作成水泥含量均匀的水泥搅拌桩。

3. 单向水泥搅拌头

由第二次搅拌桩工艺试验期间完成的普通单向搅拌桩测试结果可知，单向搅拌桩的水泥含量从上到下分布很不均匀，呈现出上高下低的趋势，特别是 5m 以下水泥含量几乎低于 10%，有的桩甚至几乎为 0。单向搅拌桩的抗压强度分布不均匀，特别是 5m 以下搅拌桩的强度更低，与水泥含量检测结果吻合。

单向搅拌桩的试验和测试结果从反面论证了水泥含量均匀性与抗压强度的关系。本项目的研究结果还表明了常规搅拌桩有效长度通常在 5m 左右的原因。该结论与我国广泛使用的搅拌桩质量检测结论一致，由此可以认为，很多工程的搅拌桩质量差，实际上完全是由于使用了不合格的设备和不适当的施工方法造成的。

4. 平均水泥含量

弯刀搅拌头双向搅拌桩水泥含量与抗压强度的关系如图 7.7 所示。框状搅拌头双向搅拌桩水泥含量与抗压强度的关系如图 7.8 所示。单向搅拌桩水泥含量与抗压强度的关系如图 7.9 所示。

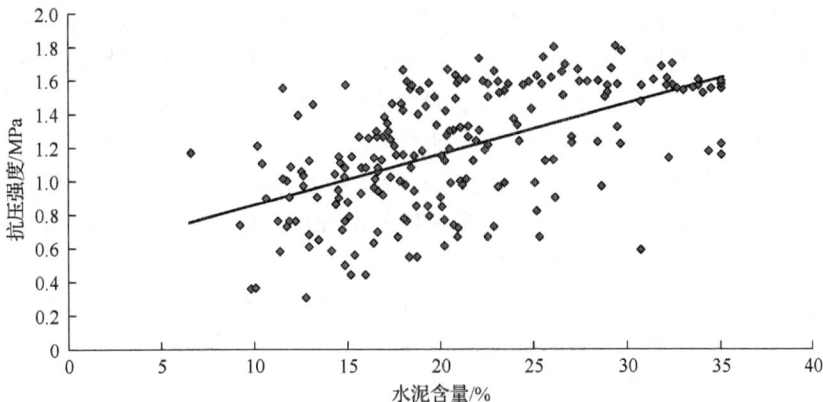

图 7.7　弯刀搅拌头双向搅拌桩水泥含量与抗压强度的关系

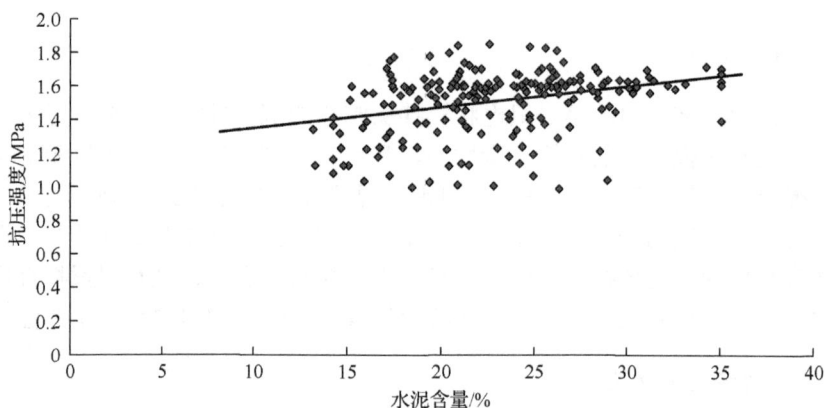

图 7.8　框状强制搅拌头双向搅拌桩水泥含量与抗压强度的关系

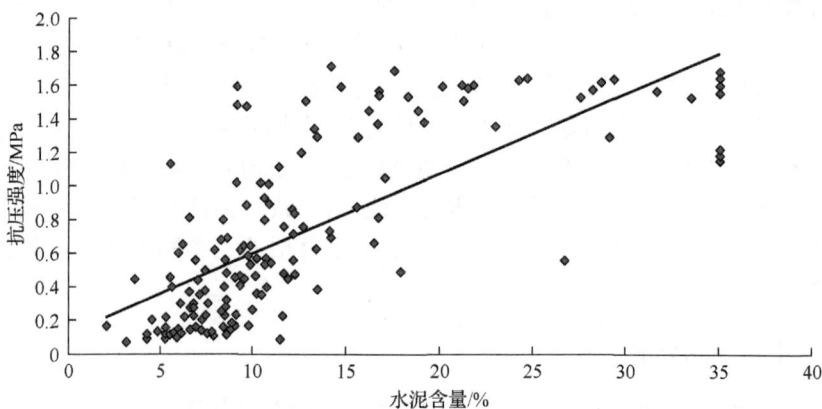

图 7.9　单向搅拌桩水泥含量与抗压强度的关系

图 7.7 显示的弯刀状搅拌头制作的双向搅拌桩，有少数点水泥含量较低时，抗压强度低于 0.6MPa，但所有取样点的抗压强度均高于 0.31MPa。图 7.8 的框状搅拌头制作的水泥搅拌桩，水泥含量最均匀，抗压强度分布也最均匀，其抗压强度均在 1MPa 之上，这是国内所有水泥搅拌桩工程中质量较好的。该试验结果说明，水泥搅拌桩本身是一个好的复合地基处理方法，但使用不同的设备和制作工艺得到的结果差异较大。图 7.9 显示的单向搅拌桩水泥含量与抗压强度的关系中的位置最分散，单向搅拌桩还有很多深度的取样由于强度过低而未能得到抗压强度，多数点分布在抗压强度较低的位置。总体上，单向搅拌桩的水泥含量的分布很不均匀，抗压强度分布也不均匀，而且强度较低；弯刀状搅拌头制作的双向搅拌桩水泥含量比较均匀，搅拌桩的强度也较高，达到了设计要求；框状搅拌头制作的双向搅拌桩水泥含量很均匀，因此抗压强度高且分布均匀，抗压强度都超过了设计要求并高于弯刀搅拌器制作的双向搅拌桩。

本 章 小 结

1) 第一次施工工艺现场试验中, 搅拌桩的水泥含量均匀性差, 由此带来的抗压强度变化也较大。较多的水泥集中于搅拌桩的上部, 搅拌桩上部的强度较高; 桩身中部的强度很低, 部分芯样中夹杂有水泥块和素土, 有明显的搅拌不均匀现象; 6～9m 处搅拌桩的抗压强度很低, 对应的水泥含量也明显低于其他桩身部位; 桩身下部强度偏低, 成桩质量不稳定。双向搅拌工艺的成桩质量优于单向搅拌工艺, 增加搅拌次数, 降低搅拌头下沉、提升速率能够改善搅拌的均匀程度。

2) 第二次施工工艺现场试验中, 搅拌桩的强度有了明显提高, 搅拌桩的水泥含量分布也更加均匀。弯刀状搅拌叶片的成桩质量明显好于直片状叶片的成桩质量, 能够保证搅拌桩的成桩质量。采用减水剂, 添加适量石膏能提高桩体的整体强度, 针对 6～9m 处进行复搅能够提高薄弱部位的均匀程度。

3) 杨林船闸工程水泥搅拌桩两次水泥搅拌桩试桩试验表明, 水泥含量检测方法可以直观反映水泥搅拌桩成桩质量。该方法检测龄期短, 成本相对较低, 实现了对水泥搅拌桩施工质量的动态控制, 克服了其他检测方法受水泥土固化龄期的限制。同时, 结合其他检测成果综合判断水泥搅拌桩成桩质量, 准确分析质量缺陷原因, 从而有针对地改进施工工艺。

第8章 搅拌桩加固软土边坡工程应用

8.1 搅拌桩加固软土边坡稳定分析

在航道工程中，为了整治河流及其沿岸的水生态和水环境，需要对现有河道断面进行改造。河道改造将对原有边坡的稳定性带来影响，设计单位需要通过多方案比选来确定规划河道的断面形态。由于软土具有流变特性，其长期强度较其短期破坏强度有所下降，仍采用软土层的短期强度进行边坡稳定分析得到的安全系数偏高，因此无法保证工程施工安全。

以九乡河河道治理工程为案例，对规划断面形态的边坡进行稳定性评估，并对水泥搅拌桩加固软土边坡的效果进行验算。为了使本章的计算成果更加方便地指导工程，本章将使用工程中常用的北京理正软件设计研究院编制的理正边坡稳定分析计算程序进行边坡稳定性计算。

8.1.1 工程地质概况

1. 工程概况

九乡河治理工程位于仙林副城。仙林副城规划区北抵长江，东至七乡河，南至沪宁高速公路，西至绕城公路，总面积约 158km²，是南京中心城区"一主三副"的重要组成部分，2020 年规划人口 75 万人。

河道断面按照九乡河、秦淮东河工程的要求确定：河底高程 2.5m，河道在用地范围内向右岸拓宽，左右岸坡比均为 1:2.5，迎水坡 8.5m 高程处设 2.5m 宽平台。河底两侧高程 2.5～7.0m 处设实心联锁块护坡，常水位变动区 7.0～8.5m 处设空心联锁块护坡，8.5m 平台及以上采用草籽护坡。九乡河治理工程河道标准设计断面如图 8.1 所示。

2. 边坡典型横断面

工程范围内普遍分布软弱土层，抗冲刷能力低，易引起河道边坡冲蚀、坍塌，对河道边坡稳定不利。工程典型地质横断面如图 8.2～图 8.5 所示。

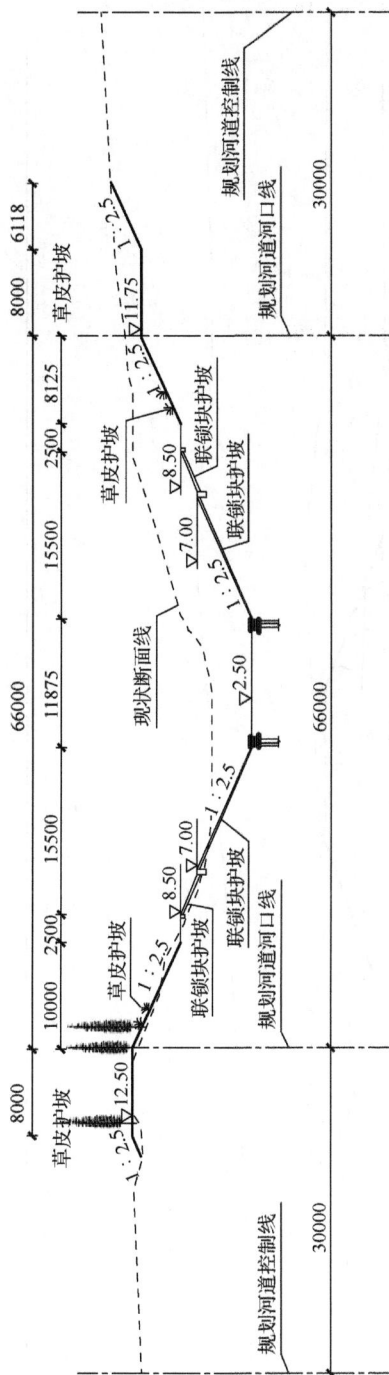

图 8.1 九乡河治理工程河道标准设计断面

典型地质横剖面图

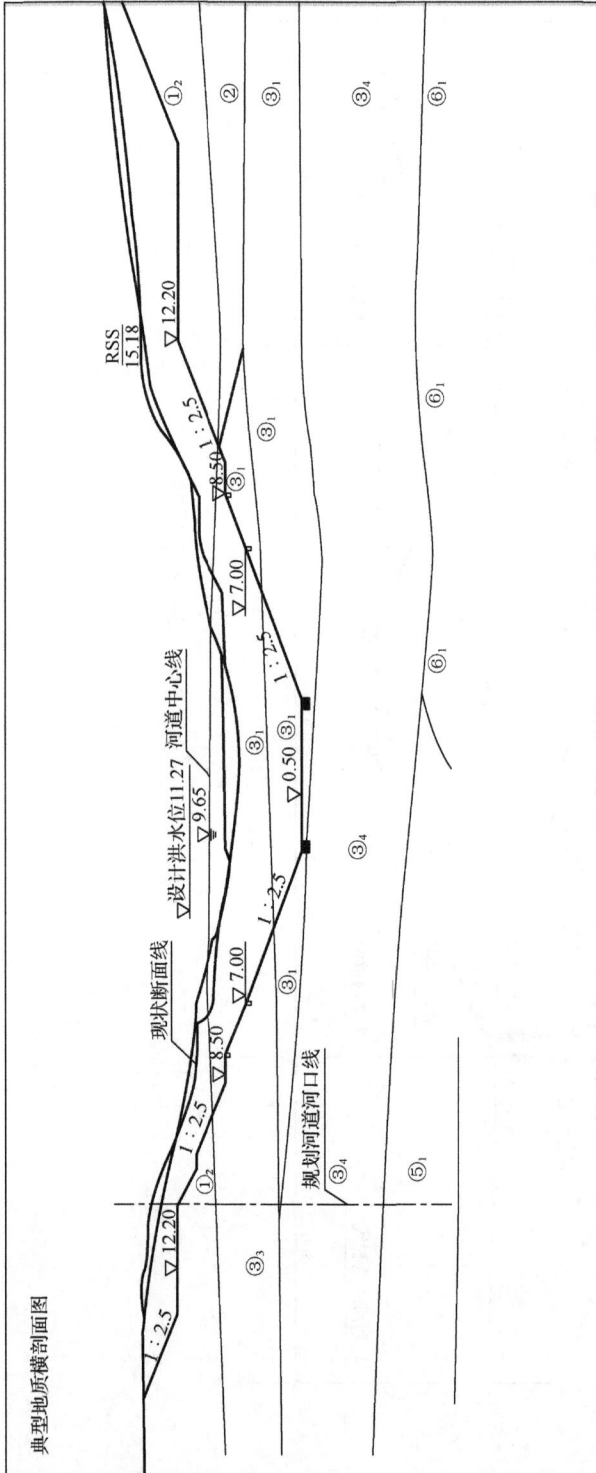

图 8.2　上游羊山湖上游段 5+100（坡面分布淤泥夹层）

注：不同岩土编号对应的岩土名称见表 8.1。

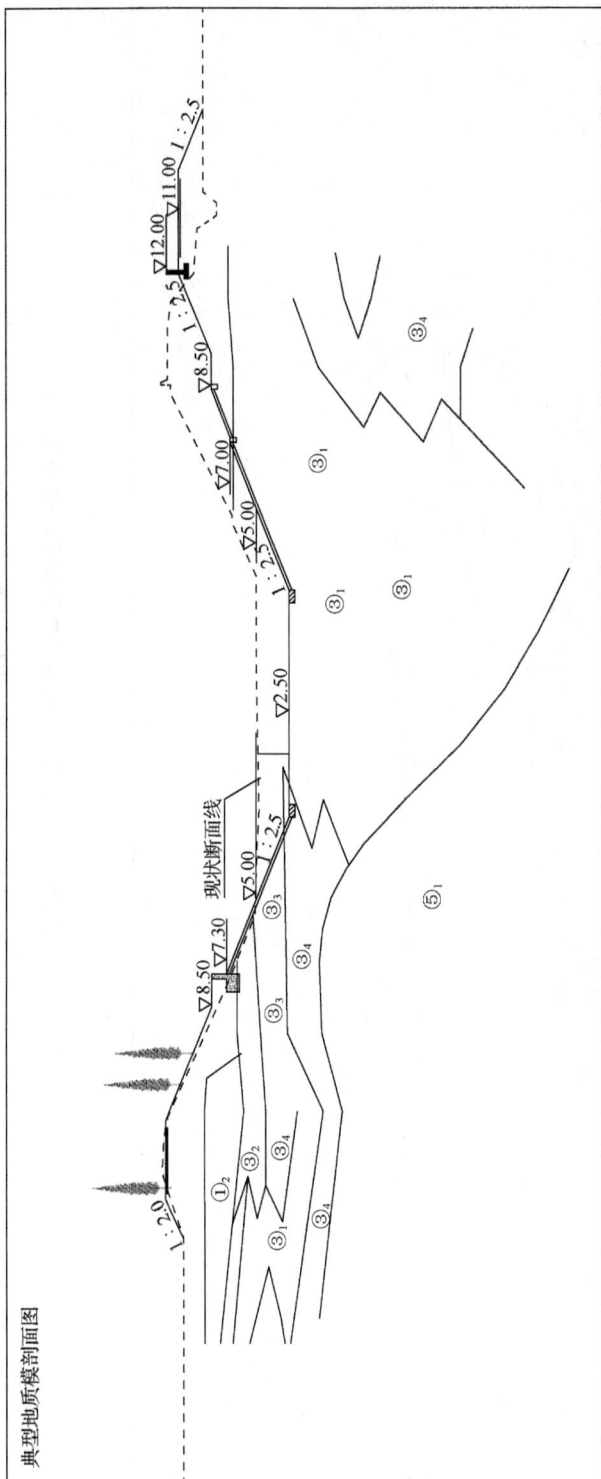

图 8.3 下游红枫小区段 9+230（坡面分布淤泥夹层，③₁层土埋深在设计河底以下 20m）

注：不同岩土编号对应的岩土名称见表 8.1。

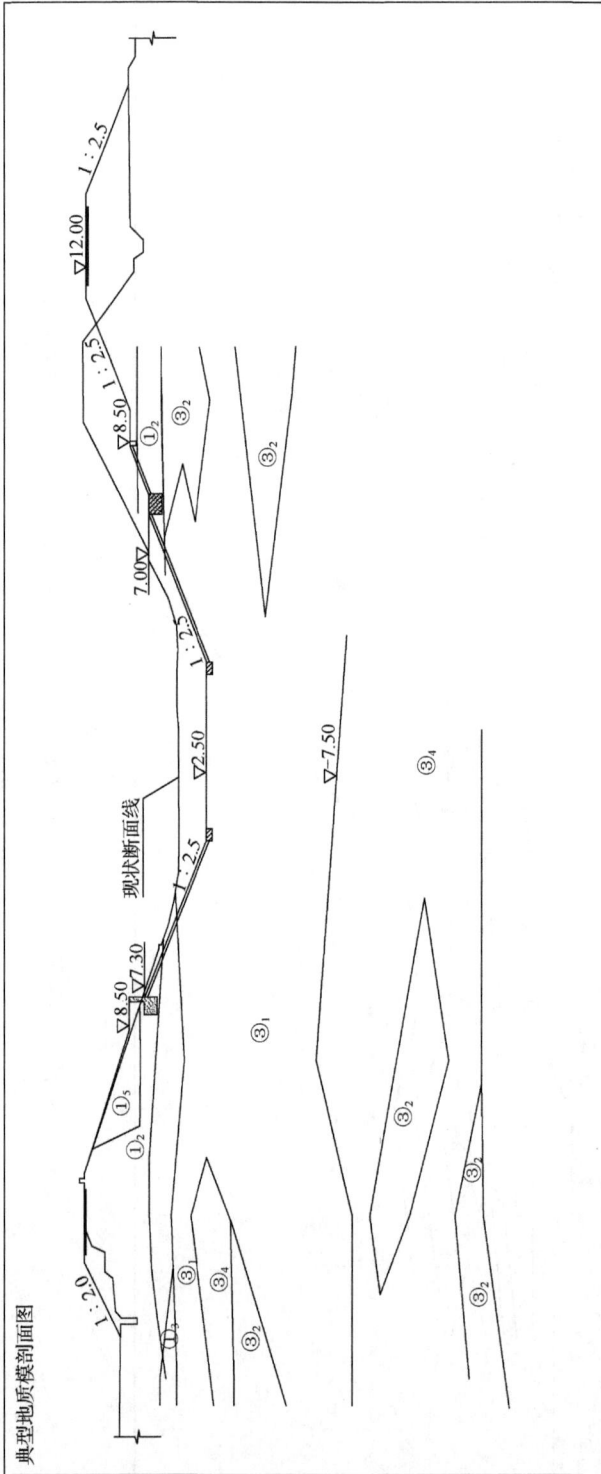

图 8.4　下游红枫小区段 9+720（③₁层土埋深在高程-7.5m）

注：不同岩土编号对应的岩土名称见表 8.1。

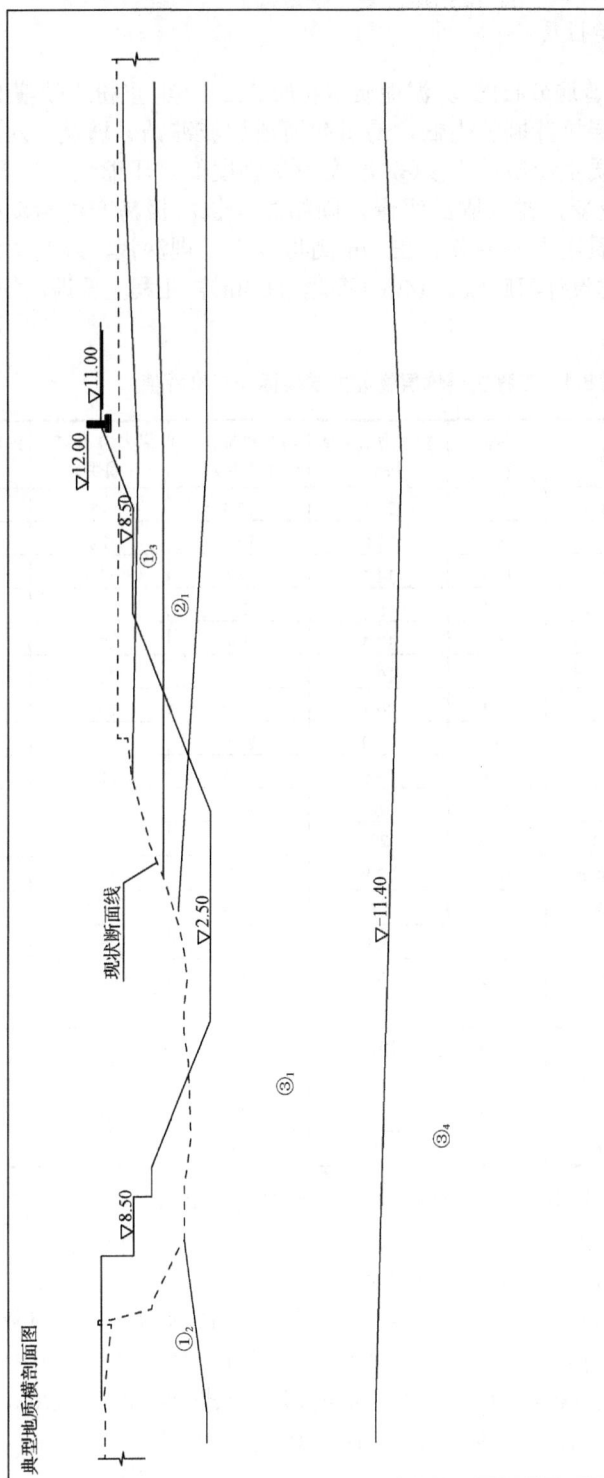

图 8.5 下游老街段 10+870 (③₁层土埋深在高程-11.4m)

注：不同岩土编号对应的岩土名称见表 8.1。

3. 土体物理力学性质

本次工程范围内普遍分布的③₁淤泥质重粉质壤土、③₂重粉质砂壤土、③₃淤泥、③₄重粉质壤土层抗冲刷能力低，易引起河道边坡冲蚀、坍塌，对河道边坡稳定不利。③₁淤泥质重粉质壤土及③₃淤泥力学强度低，压缩性大，灵敏度高，荷载作用下易发生流变，排水固结缓慢，固结时间长，极易产生滑动破坏。其中，③₁淤泥质重粉质壤土普遍分布在 5m 高程以下，埋深浅，疏港大道下游桩号 10+850 附近深度达设计河底以下 14m（高程-11.4m）。工程主要地层物理力学指标见表 8.1。

表 8.1　工程主要地层物理力学指标表（推荐值）

工程地质段	岩土编号	岩土名称	容重 γ/(kN/m³)	黏聚力 c_q/kPa（快剪）	内摩擦角 φ_q/(°)（快剪）	黏聚力 c_c/kPa（固快）	内摩擦角 φ_c/(°)（固快）
上游段	①₂	堤身填土	19.3	23.7	12.4	15	11
	②₁	粉质黏土	19.3	29.0	12.1	22	13
	③₁	淤泥质土	18.1	14.1	6.9	15.1	9.5
	③₂	轻粉质壤土	20.1	10	20	7.8	21
	③₃	淤泥	16.1	10.5	3.9	12.6	6.0
	③₄	中～重粉质壤土	19.7	19.5	13.3	21.4	14.5
	⑤₁	粉质黏土	20.1	30.1	13.9	24.1	13.6
	⑥₁	残积土	19.6	30.0	20.0		
下游段	①₂	堤身填土	19.8	23.6	10.4	20.2	15.2
	①₃	堤身填土	20.3	6	16.2	5.0	23.0
	②₁	重粉质壤土	19.4	22	8	26.5	14.5
	③₁	淤泥质重粉质壤土	18.2	12.8	7.2	14.7	12.2
	③₂	重粉质砂壤土	19.0	7.6	21.4	5.5	25.7
	③₃	淤泥	17.1	5.3	3.9	9	9.5
	③₄	重粉质壤土	19.0	18.4	10.7	19.3	15.7
	④₃	粉土质砂	18.8			9	28
	④₅	重粉质壤土	19.6	21.7	14.9	21.0	17.2
	④₆	重粉质砂壤土	19.7	7	20		
	⑤₁	重粉质壤土	20.0	36.7	13.9	31.9	17.0
	⑥₁	含砾粉质壤土	20.2	30	13		

计算采用已有的勘察报告提供的各土层物理力学指标。土体的抗剪强度指标选取：因河道为开挖方，因此根据《水利水电工程边坡设计规范（附条文说明）》（SL 386—2007），施工期可采用固快指标，同时，考虑软土对施工扰动的灵敏度高，因此本次计算施工期对开挖揭露的土层采用快剪指标，对埋藏深、未揭露的土层采用固快指标；水位降落期均采用固快指标。考虑到软土流变特性导致的土体强度降低现象，根据三轴固结不排水剪切蠕变试验结果，下游③₁层淤泥质重粉质壤土在计算中采用其长期强度 c_∞=10.3kPa，φ_∞=12.1°。

8.1.2　未加固边坡稳定计算结果

1.　计算参数

在水泥土搅拌桩复合地基整体稳定性的研究中，当前在评价复合地基稳定性时通常采用极限平衡法进行分析，即先把刚性桩的黏结力和摩擦角等效为路基整体的黏结力和摩擦角，然后采用圆弧条分法计算其整体安全系数。显然，该计算方法假定了桩体与土体皆发生剪切破坏。群桩中存在多种破坏模式，单纯采用剪切破坏模式计算出的安全系数可能偏安全，因此闫超[102]提出了一种基于强度折减法的刚性桩复合地基整体稳定性评价方法。由此可见，在复合地基的稳定性分析中，针对不同的破坏模式有不同的计算方法，采用极限平衡法虽然可能偏于安全，但是依旧可以作为基础方法对其安全稳定进行计算。所以，在岸坡的安全稳定分析方面，水泥土搅拌桩作为柔性桩体，将其强度进行折减后通过极限平衡法进行岸坡的安全稳定分析；圆弧稳定分析方法采用瑞典条分法。

根据已实施的应急工程施工工艺并结合现场实际，开挖河道坡面下部土方时，因坡高平均在 10m 以上，故需由长臂挖机在 8.5m 平台施工作业。因此，施工期计算时在 8.5m 平台施加长臂挖机的荷载。

因九乡河治理工程背水坡堤高较小，最大的在 3m 左右，因此稳定计算主要是复核各种工况下的迎水坡稳定。河外水位取值与地表标高相同，浸润线为开挖边坡坡面线，选用表 8.2 中的 3 种不利工况。

表 8.2　边坡抗滑稳定计算工况

工况描述	迎水坡水位	背水坡水位
设计洪水位降落期	设计洪水位工况下，3 天下降 1.5m	地勘资料显示，背水坡水位在 9~9.5m
常水位降落期	常水位工况下，非汛期因置换水体或排水要求，河道水位在 7.5m 连续下降 1.5m（6.0~7.5m）	
施工期低水位	2.5m	

洪水位计算时，设计洪水位采用表 8.3 中的外包水位。

表 8.3　河道工程设计洪水位　　　　　　　　　　　　　（单位：m）

断面	桩号	20 年+"长流规"	50+"91.7"	外包水位
仙林大道	J+5760	10.68	10.73	10.73
天工路桥	J+6805	10.59	10.56	10.59
纬地路桥	J+7745	10.48	10.39	10.48
312 国道	J+8794	10.32	10.12	10.32
绕越高速桥	J+9898	10.19	9.89	10.19
炼油厂铁路桥	J+11630.5	10.09	9.37	10.09
河口	J+12583.5	10.01	9.12	10.01

注：① 20 年+"长流规"指 20 年一遇暴雨遭遇"长流规"潮位。

② 50+"91.7"指 50 年一遇暴雨遭遇"91.7"潮位。

按照九乡河小流域防洪治理要求，同时为满足秦淮东河工程规划分洪流量确定，将堤防工程级别为Ⅰ级。计算断面见表8.4。根据《堤防工程设计规范》（GB 50286—2013）的相关规定，Ⅰ级堤防工程抗滑稳定安全系数见表8.5。

表8.4　计算断面梳理

工程地质段	序号	桩号	位置	地勘剖面
上游	1	5+100	左岸	JZ64（单孔）
	2	6+200	右岸	3—3 剖面
下游	1	9+230	左岸	下游 4—4 剖面
	2	9+230	右岸	
	3	10+850	左岸	ZK7（单孔）
	4	10+870	右岸	9—9 剖面（利用靠近迎水坡单孔 ZK8A）

表8.5　Ⅰ级堤防（土堤）工程抗滑稳定安全系数

堤防等级	运用条件	安全系数允许值 （瑞典圆弧法）
Ⅰ级	正常运用条件	1.30
	非常运用条件	1.20

2. 计算结果

选取多个典型断面，使用理正边坡计算软件中的边坡稳定模块进行计算，计算结果见表8.6。选取原规划断面施工期抗滑稳定较小的计算简图和计算结果，如图8.6～图8.8所示。

表8.6　边坡抗滑稳定计算成果

断面桩号	软土分布情况	正常情况		非常情况
		洪水位降落期	常水位降落期	施工期
5+100	左岸 8.5m 高程以下分布 4m 厚淤泥； 右岸坡面高差达 16m	1.39	1.27	0.90
6+200	左右岸在高程 4.5～6.5m 分布淤泥层， 淤泥层下方为淤泥质土	1.74	1.20	0.91
8+830	2～8m 分布③₁	1.39	1.17	0.96
9+720	-7.5～+4m 分布③₁	1.29	1.07	0.77
10+530	-1～+3m 分布③₁	1.40	1.22	1.16
10+870	-10.4～+2m 分布③₁	1.29	1.08	0.72
12+100	0～5m 分布③₁	1.62	1.23	1.02
[k]（应满足的安全系数）		1.30		1.20

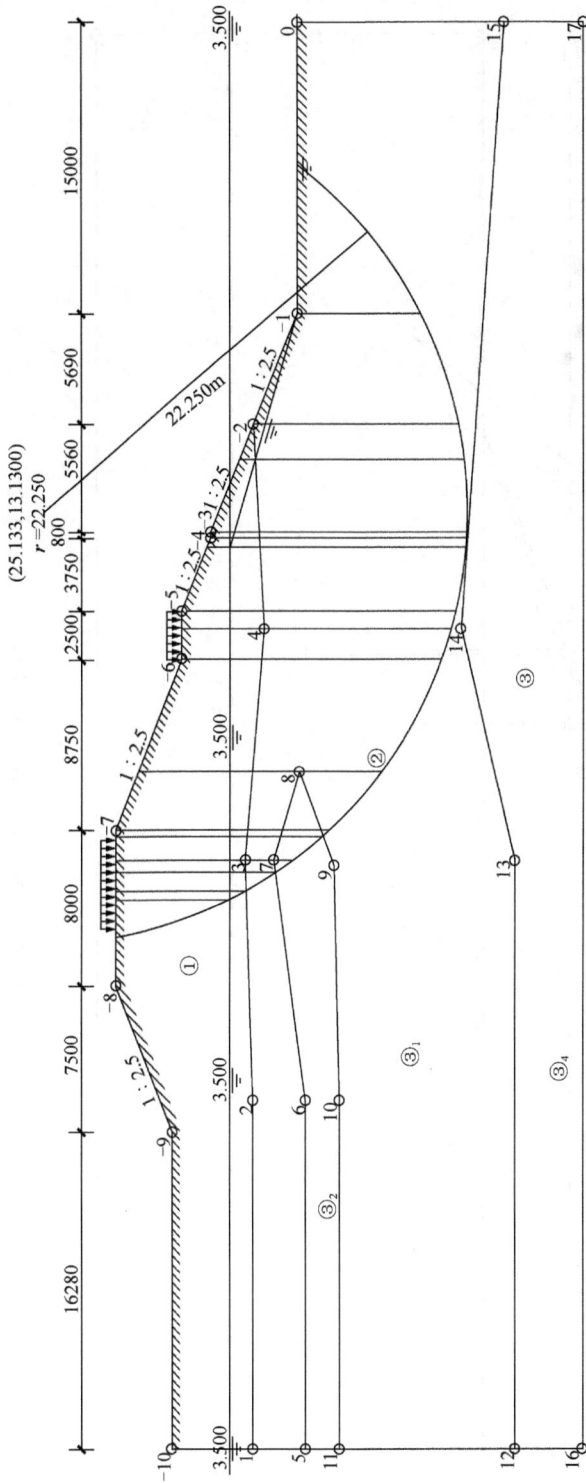

图 8.6　J9+720（左岸）施工期计算结果 F_s=1.00

注: 不同岩土编号对应的岩土名称见表 8.1。

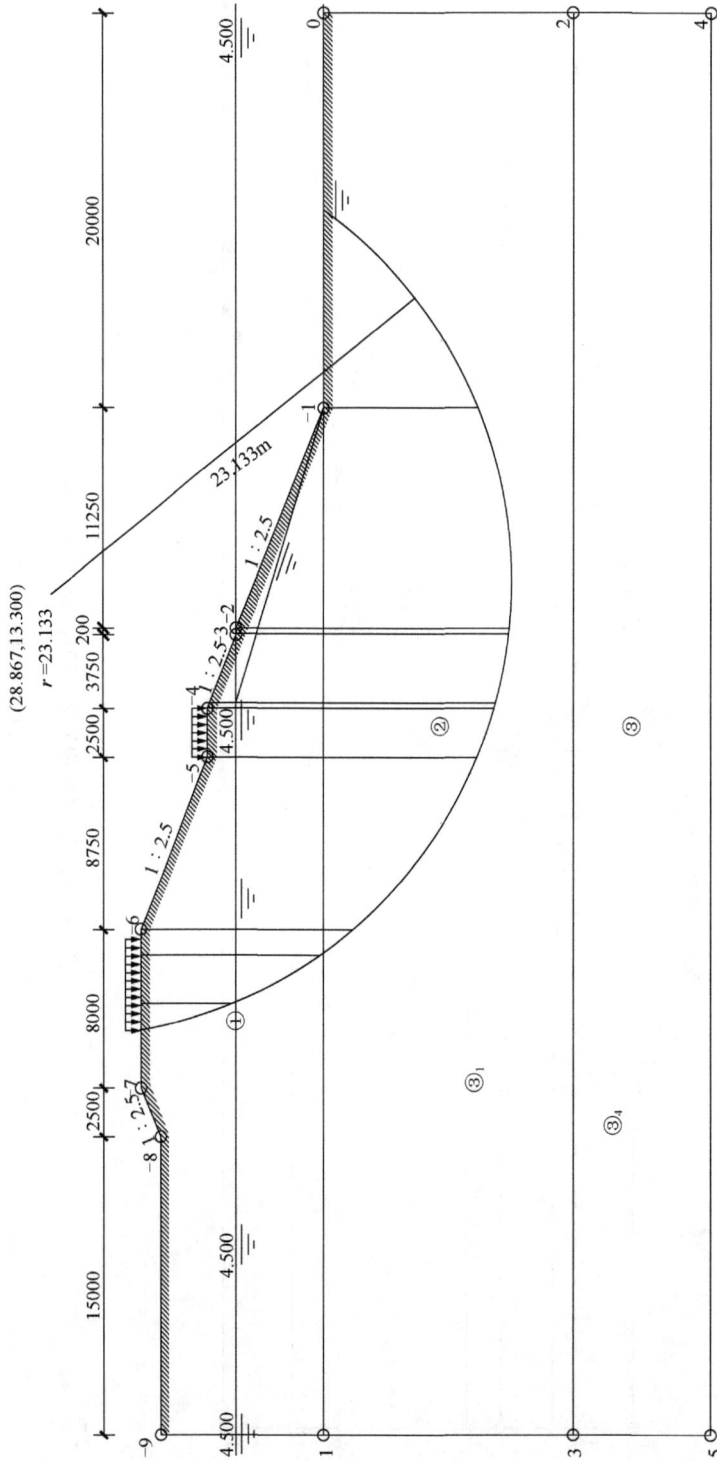

图 8.7 J10+870（左岸）施工期计算结果 F_s=0.72

注：不同岩土编号对应的岩土名称见表 8.1。

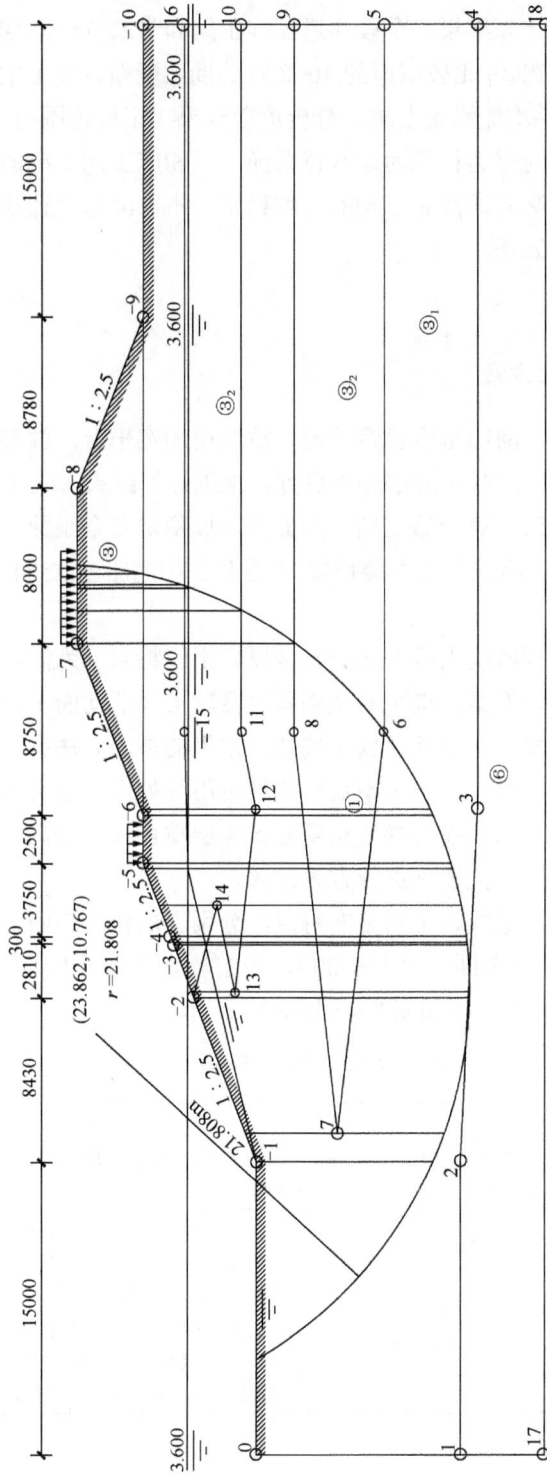

图 8.8　J9+720（右岸）施工期计算结果 F_s=0.77

注：不同岩土编号对应的岩土名称见表 8.1。

根据以上各种工况计算结果,全段河道在施工期和常水位降落期抗滑安全系数均不满足要求,尤其在③₁比较深厚的 10+870 的勘察断面,施工期安全系数为 0.7 左右;洪水位降落期均能满足要求。分析地勘成果,工程范围内③₁淤泥质重粉质壤土普遍分布,对河道运行期河道水体置换工况和施工期工况的稳定极为不利。因此,为解决水位降落期及施工期的河坡稳定,本次河道设计在规划断面的基础上对断面进行加固处理。

8.1.3 加固方案对比

1. 比选断面与对比方案

因本工程河底高程、河口宽度已经确定,故采用加宽平台,放缓坡比的方案行不通,排水固结、坡前压载等方法亦不可行。根据计算结果(表 8.6),施工期间边坡稳定安全系数最低,对于施工期,为提高边坡稳定安全系数,一般采取水下疏浚方式。本工程河道沿线分布各类桥梁 10 余座,挖泥船无法进出和航行,只能利用枯水期干法作业。

综合以上条件及工程河段沿线普遍分布深厚软土的特点,为满足边坡稳定要求,必须进行软基处理。方案比选主要从加固改良软土(滑动面土体)的思路及设置抗滑措施的角度出发。对于深厚软土堤基,常用的加固方法有水泥土深层搅拌法和高压喷射灌浆法。另外,对于不稳定边坡常用的处理方法有抗滑桩法。考虑到同样桩长和范围内,高压喷射灌浆法明显比深层搅拌法单价高,因此软土加固选取水泥土深层搅拌法、抗滑桩进行方案比选。

根据工程范围和断面形式、土层分布特点,分别选取代表性断面进行方案比选。分别在上游段选取一个断面(J5+100),下游段选取两个断面(J9+720 和J11+300),比选方案见表 8.7 和如图 8.9~图 8.14 所示。

表 8.7 方案和比选断面表

比选断面桩号	方案一	方案二
J5+100	左岸高程 12.2m 设抗滑桩 12m,高程 8.5m 设抗滑桩 18m;右岸同左岸	高程-4~+8.5m 设深搅桩加固,桩径 0.5m,间距 0.8m
J9+720	左岸 7.0m 设抗滑桩 27m,右岸抗滑桩长 30m,桩径 1m,间距 2m	断面高程 5m 以下范围打深搅桩,桩径 0.5m,桩底高程-9.5m。其中,坡面及河底两侧各 5m 范围桩间距为 0.8m,河床处桩间距为 1.0m
J11+300	左右岸均需设抗滑桩长 20m,桩径 1m,间距 2m	断面 5m 以下设深搅桩,左半幅桩底高程-4m,右半幅桩底高程-8m。其中,坡面及河底两侧各 5m 范围桩间距为 0.8,河床处桩间距为 1.0m

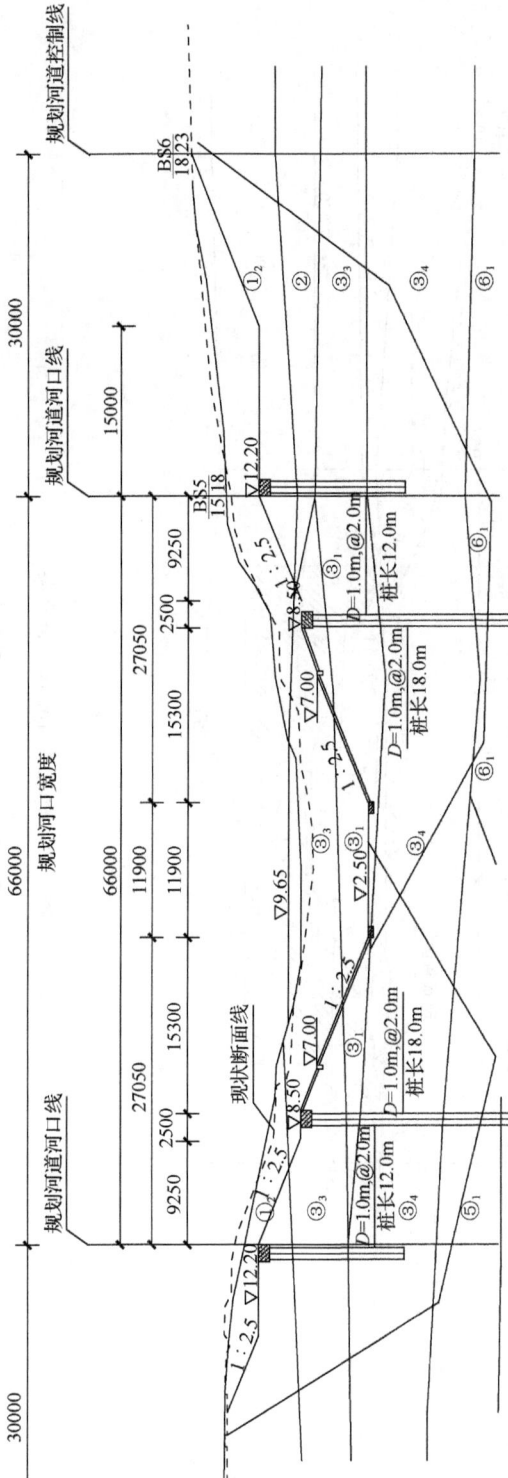

图 8.9 断面 J5+100 抗滑桩方案

注：不同岩土编号对应的岩土名称见表 8.1。

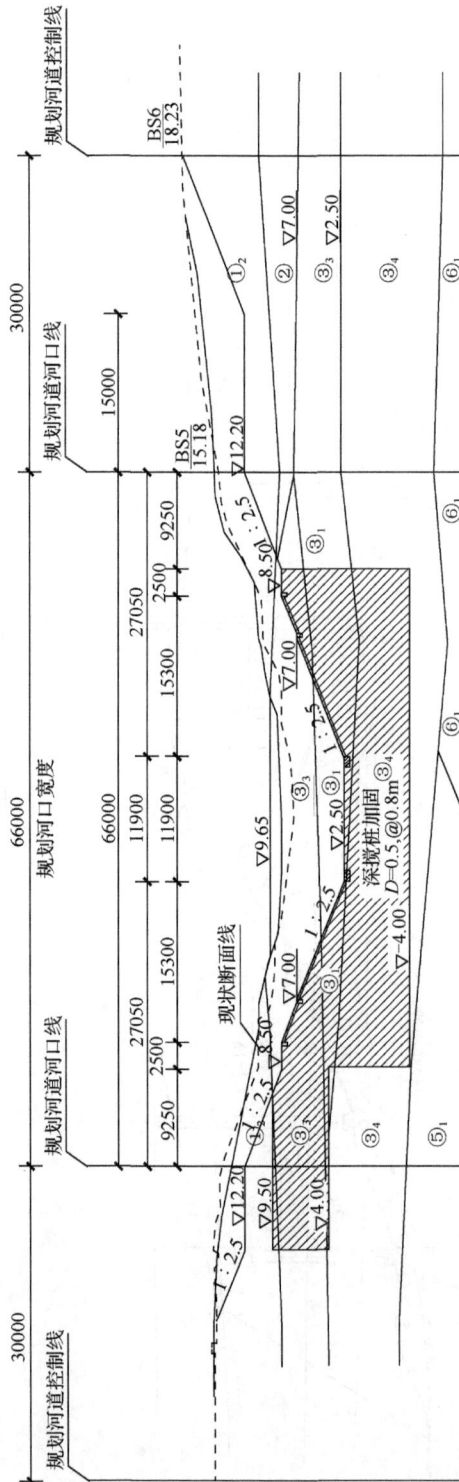

图 8.10 断面 J5+100 深搅桩方案

注：不同岩土编号对应的岩土名称见表 8.1。

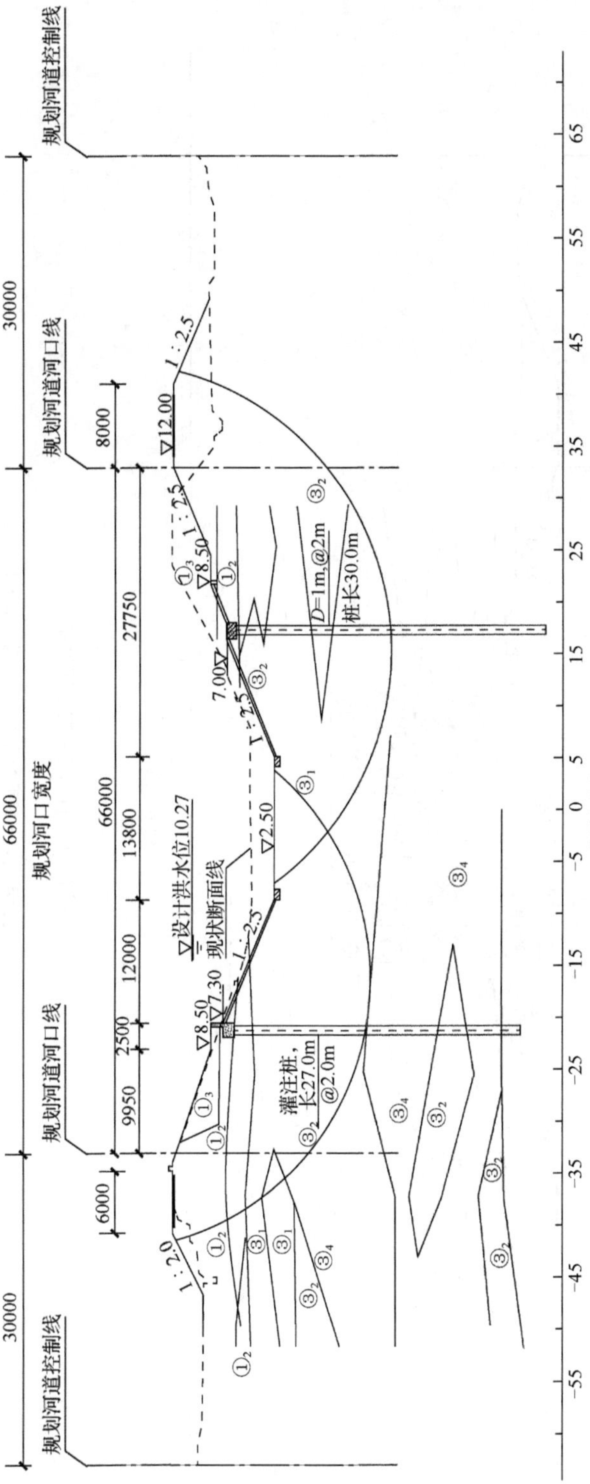

图 8.11　断面 J9+720 抗滑桩方案

注：不同岩土编号对应的岩土名称见表 8.1。

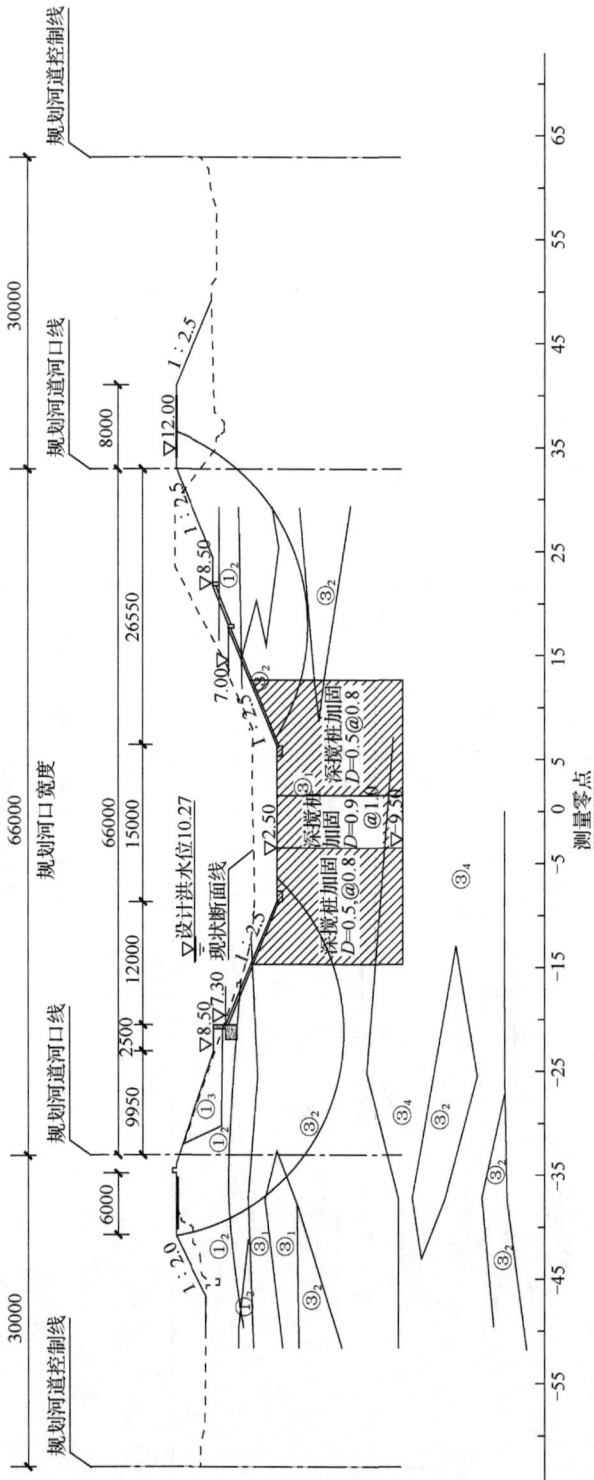

图 8.12 断面 J9+720 深搅桩方案

注：不同岩土编号对应的岩土名称见表 8.1。

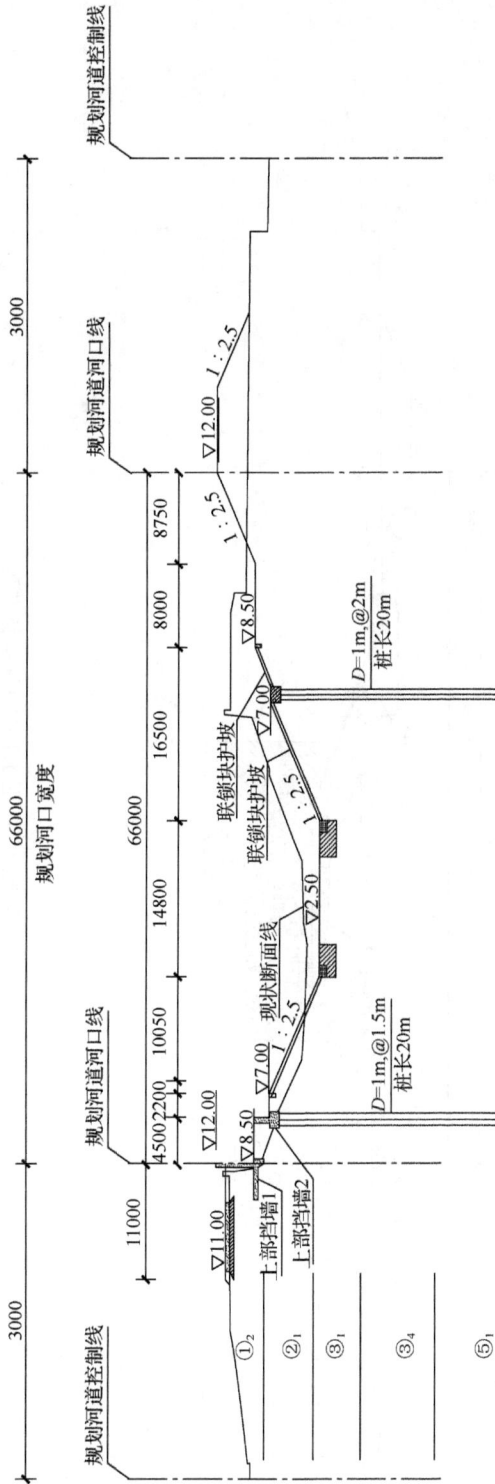

图 8.13 断面 J11+300 抗滑桩方案

注：不同岩土编号对应的岩土名称见表 8.1。

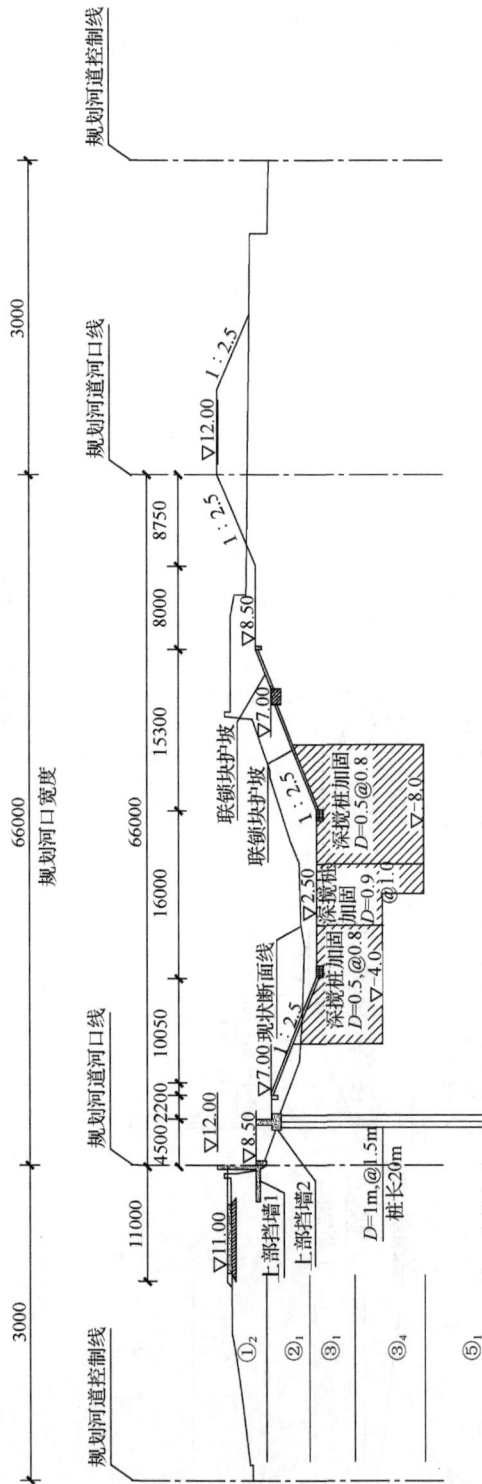

图 8.14 断面 J11+300 深搅桩方案

注：不同岩土编号对应的岩土名称见表 8.1。

2. 加固方案对比结果

表 8.8 为抗滑桩加固方案与深搅桩加固方案对比。从表 8.8 中可以看出，断面 J9+720、J11+300，每 100m 抗滑桩的投资明显高于深搅桩，断面 J5+100，每 100m 抗滑桩单价略低于深搅桩，但总体投资深搅桩低于抗滑桩。因本工程普遍分布深厚软土，抗滑桩处理效果不佳，且工程造价高；深搅桩施工机械大，工期较长，但对深厚软土处理效果好，且工程造价较低。因此推荐方案二，河道断面在原规划的基础上，对坡面 5m 以下及河底的软土采用深搅桩加固处理。

表 8.8　抗滑桩加固方案与深搅桩加固方案对比

方案	工程投资（万元，每个断面 100m）				加固效果
	J5+100	J9+720	J11+300	合计	
方案一	550	505	470	1525	常用的边坡抗滑处理措施，但对于深厚软土效果不佳，且桩前易产生小滑弧或塌坡
方案二	580	392	290	1262	整体及局部稳定性较好；但深搅桩达到设计强度需要一定的时间，对工期有影响

8.1.4　搅拌桩加固边坡基本情况与稳定分析

由于九乡河软土地基段天然边坡在抗滑桩施工期稳定达不到规范要求，建议采用双向水泥搅拌桩进行工程边坡的软土层加固。

初拟加固方案汇总见表 8.9，深搅桩加固软土后边坡稳定计算结果见表 8.10，各典型断面加固方案如图 8.15～图 8.22 所示。

表 8.9　深搅桩加固软土后初拟加固方案汇总

河段	序号	断面桩号（左右岸）	初拟加固方案
上游段	1	J5+100（左岸）	坡面 8.5m 以下及河底深搅桩处理，桩底-4m，坡面淤泥层局部深搅处理
	2	J5+100（右岸）	坡面 8.5m 以下及河底深搅桩处理，桩底-4m
下游段	3	J9+230（左岸）	坡面 5m 以下及河底深搅桩处理，桩底-7.5m；为控制坡面小滑弧在 8.5m 平台下设灌注桩，长 10m
	4	J9+720（左岸）	坡面 5m 以下及河底深搅桩处理，桩底-9.5m
	5	J10+850（左岸）	坡面 5m 以下及河底深搅桩处理，桩底-10m
	6	J11+300（左岸）	坡面 5m 以下及河底深搅桩处理，桩底-4m
	7	J9+230（右岸）	坡面 5m 以下及河底深搅桩处理，桩底-7.5m，堤顶高程 11m
	8	J9+720（右岸）	坡面 5m 以下及河底深搅桩处理，桩底-9.5m
	9	J10+530（右岸）	坡面 5m 以下及河底深搅桩处理，桩底-3.5m
	10	J10+870（右岸）	坡面 5m 以下及河底深搅桩处理，桩底-6.0m
	11	J11+600（右岸）	坡面 5m 以下及河底深搅桩处理，桩底-10m，堤顶高程 11m

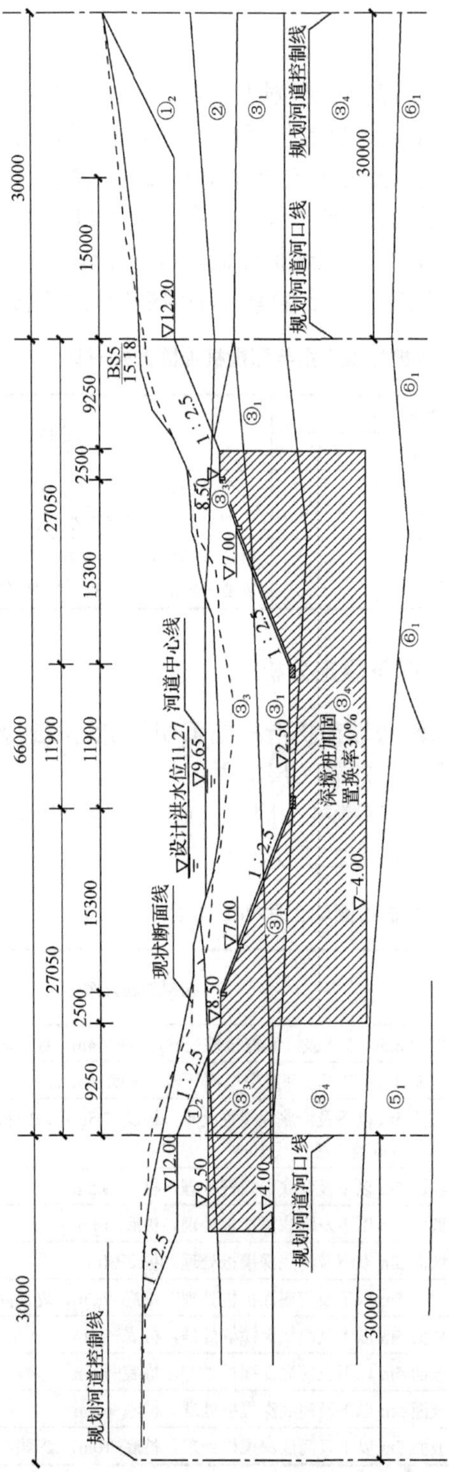

图 8.15　J5+050～5+200 段典型断面

注: 不同岩土编号对应的岩土名称见表 8.1。

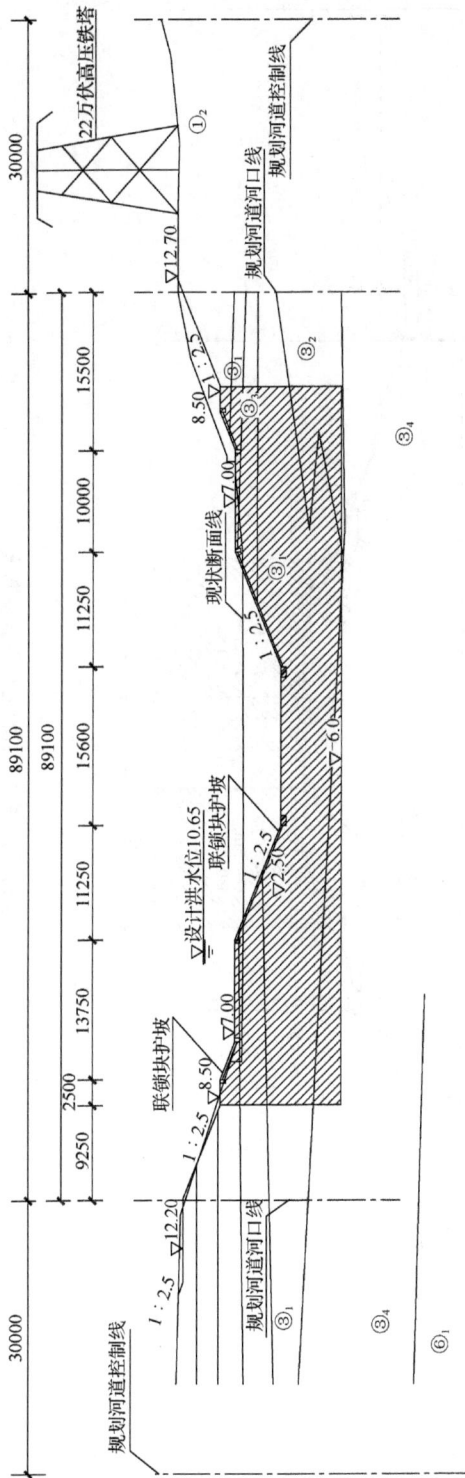

图 8.16　J6+150~6+215 段典型断面

注：不同岩土编号对应的岩土名称见表 8.1。

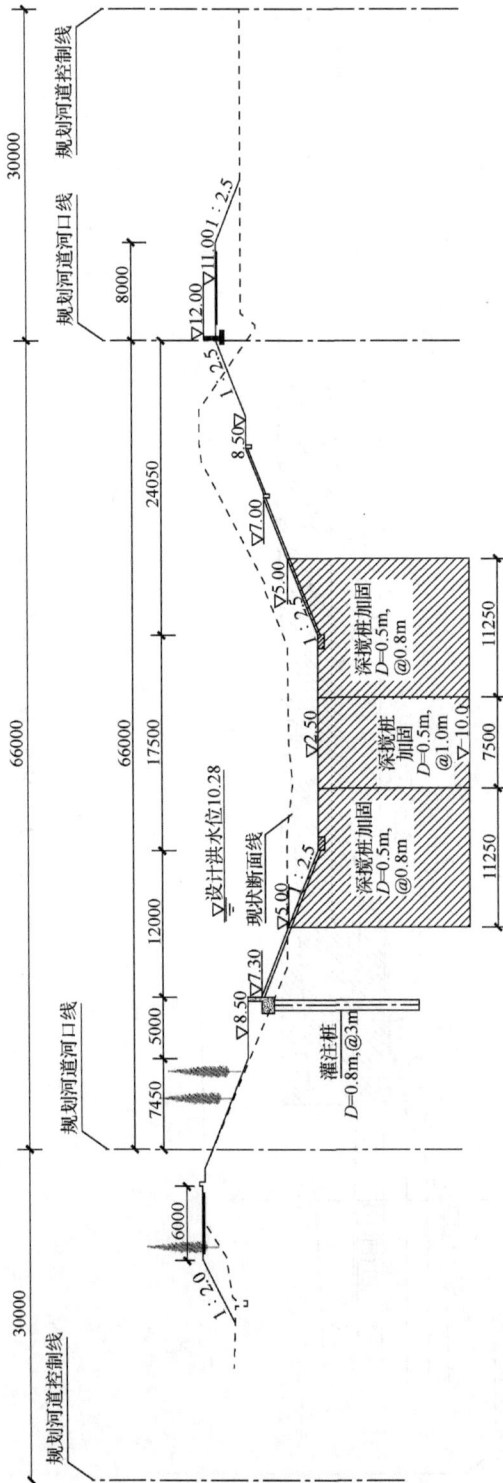

图 8.17　J8+735～J10+250 段典型断面

注：不同岩土编号对应的岩土名称见表 8.1。

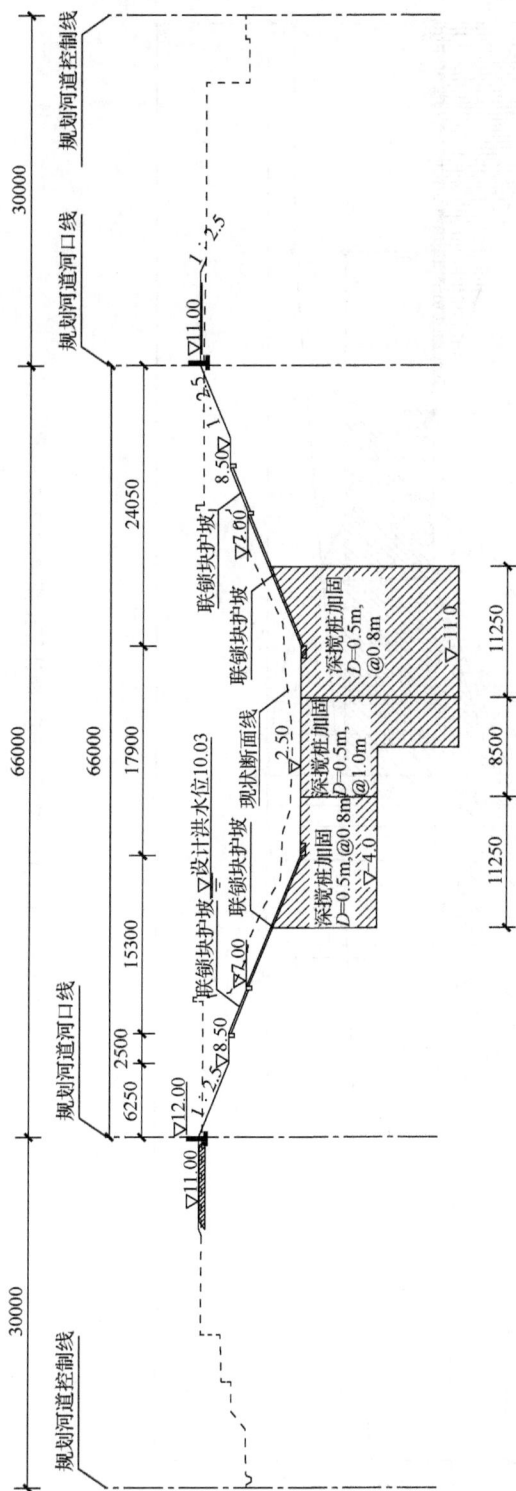

图 8.18 J11+600～J12+240 段典型断面

注: 不同岩土编号对应的岩土名称见表 8.1。

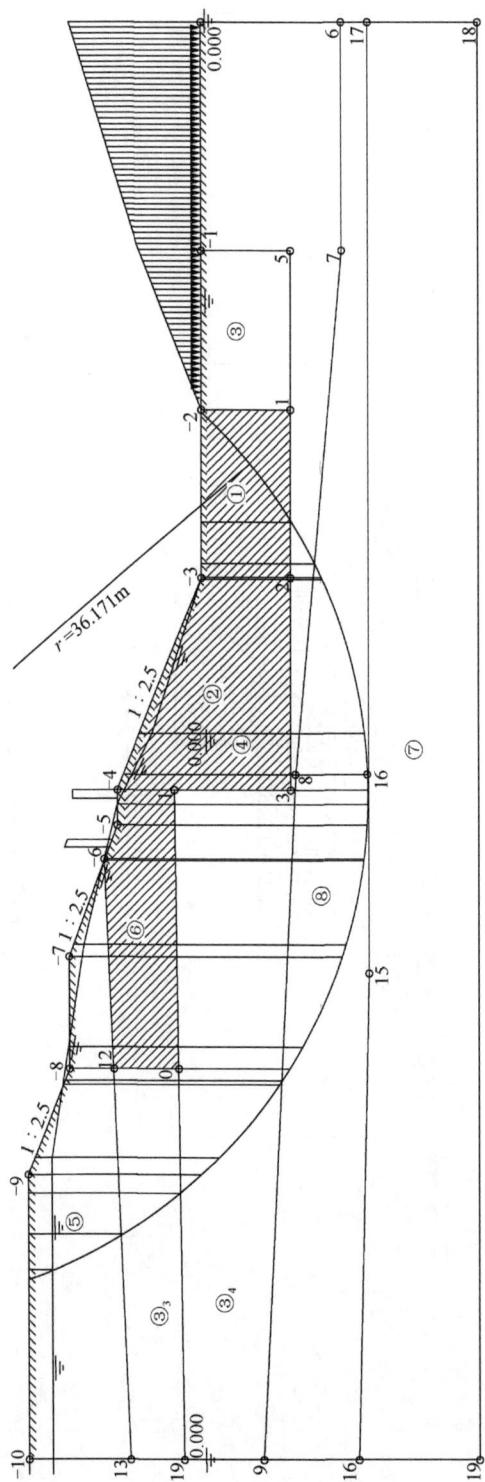

图 8.19　J5+100（左岸）施工期计算结果 F_s=1.267

注：不同岩土编号对应的岩土名称见表 8.1。

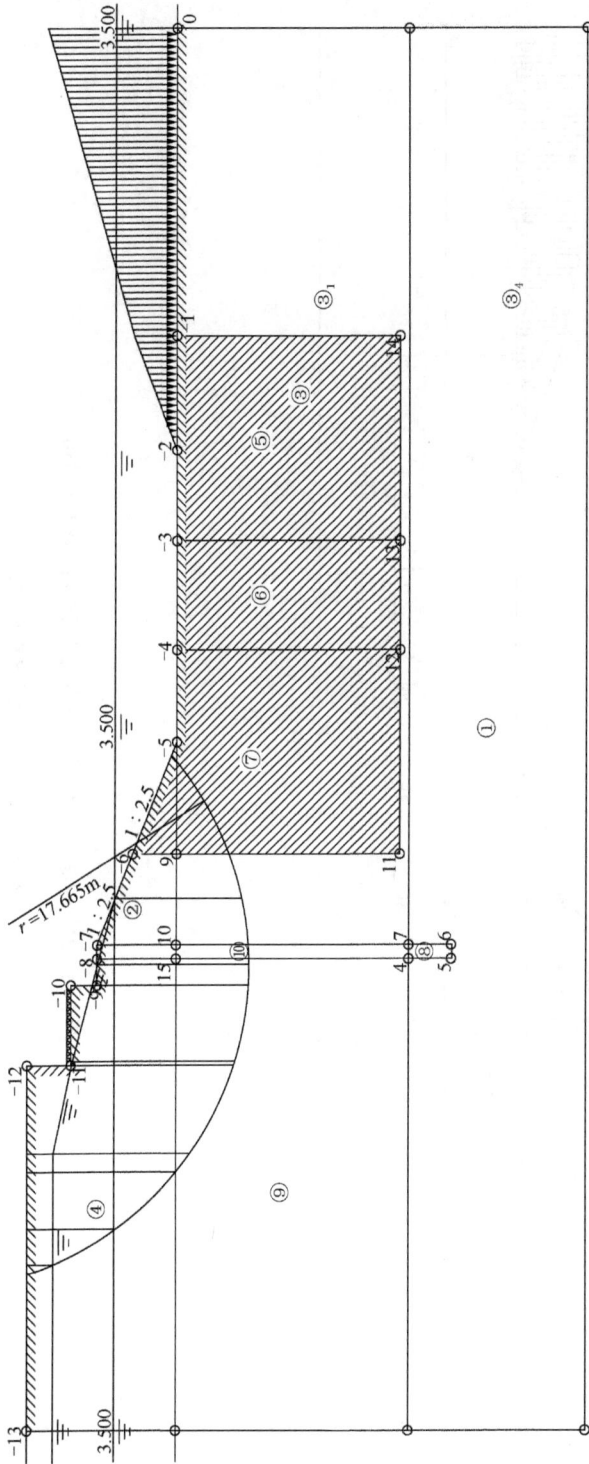

图 8.20　J10+850（左岸）常水位降落期计算结果 $F_s=1.403$

注：不同岩土编号对应的岩土名称见表 8.1。

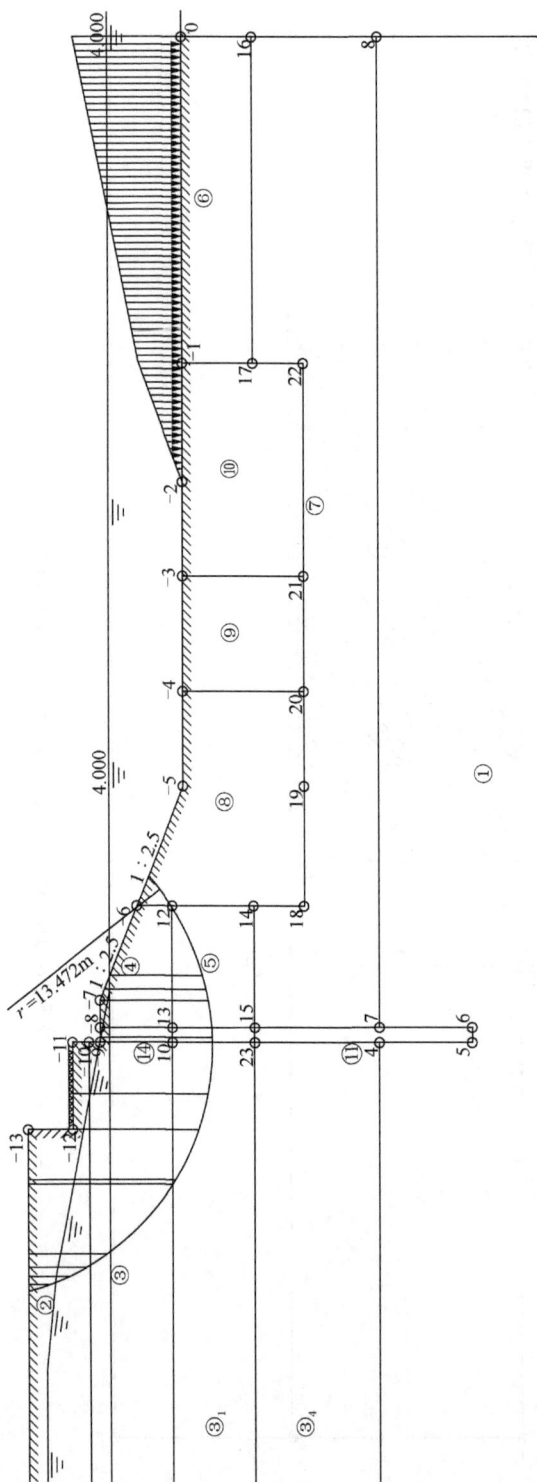

图 8.21　J11+300（左岸）常水位降落期计算结果 $F_s=1.480$

注：不同岩土编号对应的岩土名称见表 8.1。

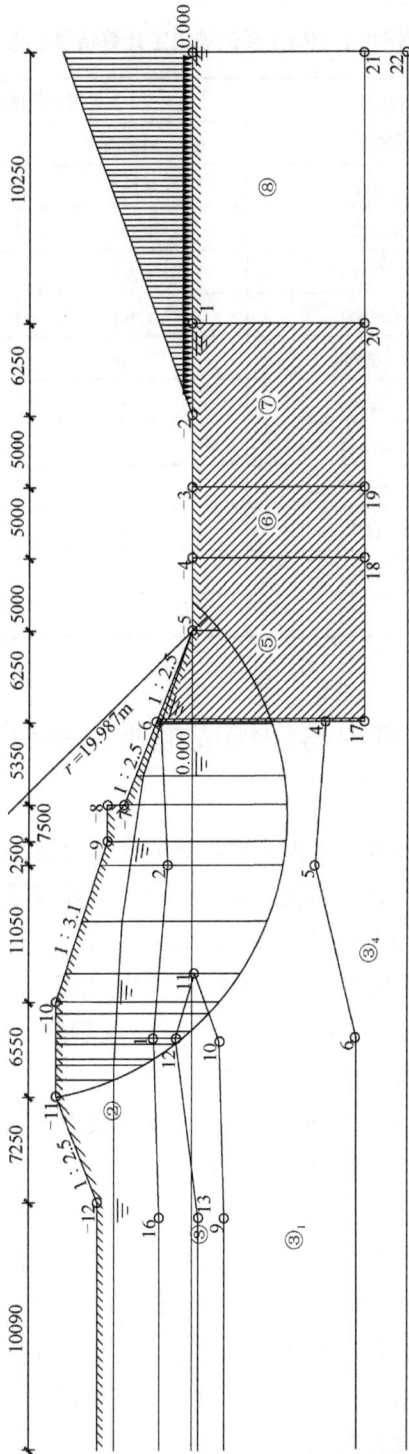

图 8.22　J9+720（右岸）施工期计算结果 F_s=1.239

注：不同岩土编号对应的岩土名称见表 8.1。

表 8.10　深搅桩加固软土后边坡稳定计算结果汇总

河段	序号	断面桩号 （左右岸）	加固后边坡稳定结果	
			施工期	常水位降落
上游段	1	J5+100（左岸）	1.267	1.420
	2	J5+100（右岸）	1.291	1.663
下游段	3	J9+230（左岸）	1.288	1.393
	4	J9+720（左岸）	1.261	1.362
	5	J10+850（左岸）	1.256	1.403
	6	J11+300（左岸）	1.233	1.480
	7	J9+230（右岸）	1.258	1.432
	8	J9+720（右岸）	1.239	1.358
	9	J10+530（右岸）	1.384	1.610
	10	J10+870（右岸）	1.260	1.551
	11	J11+600（右岸）	1.226	1.430

8.2　搅拌桩室内与现场成桩质量差异研究

在水泥搅拌桩工程设计阶段，水泥土强度试验是确定搅拌桩承载力的重要依据。通过试验对比研究发现，相同水泥含量条件下，室外水泥土芯样的强度要远低于室内水泥土试样的强度。现有的搅拌桩设计理论远落后于工程实践，尤其是桩体承载力的设计计算方法不够完善，仅仅根据室内配比水泥土试块强度和桩侧摩阻力来计算，却较少联合采用现场条件下水泥土芯样强度辅助计算。艾志伟等[103]通过对比室内试验和相同水泥含量设计值的现场水泥土结果，认为可以在室内试验的结果上乘以一个折减系数 K，得到现场水泥土的承载力参考值。同理，在室内进行水泥土配比试验后，也应当乘以一个倍数来作为水泥搅拌桩施工的水泥含量设计值，避免室内水泥土强度设计与现场施工质量脱节的弊端。

在搅拌桩施工过程中会存在冒浆及搅拌不均匀的现象，导致水泥分布不均匀，所以使用搅拌桩的水泥含量设计值来对比室内水泥土试验结果得到的折减系数会存在较大的误差。利用水泥含量检测法可以测得现场搅拌桩芯样的水泥含量，在相同水泥含量下，对比分析水泥土在室内配比试验和现场条件下芯样强度的差异，可以得到一个较为准确的强度折减系数。

试验选用九乡河边坡加固工程 3-1 土层软土。室内实验室制备了 5 种不同水泥含量的水泥土,水灰比为 0.50,在模拟现场的养护方式下养护 28d 后进行无侧限抗压强度试验,同时也将第二次试验桩中深度在 4~10m 范围(3-1 土层范围)的芯样水泥含量和无侧限抗压强度关系以散点图的形式绘制在图 8.23 中。

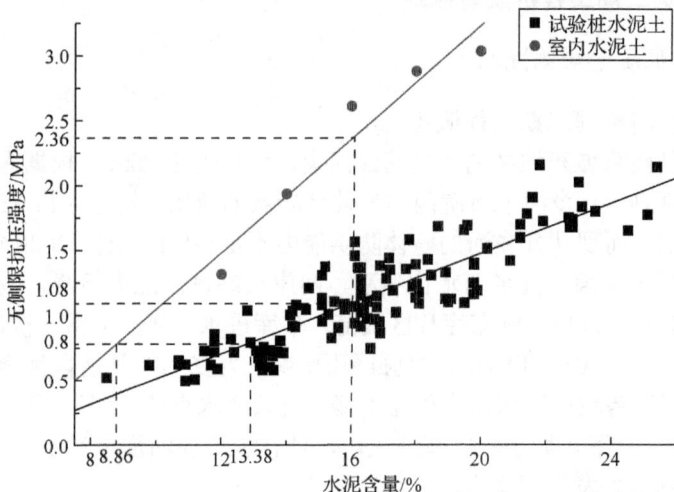

图 8.23 试验桩和室内水泥土的无侧限抗压强度随水泥含量的变化关系曲线

由图 8.23 可以发现,室内水泥土和现场试验桩水泥土的无侧限抗压强度都随着水泥含量的增加而增加。当水泥含量相同时,室内水泥土的强度值要高于试验桩水泥土强度;另外,随着水泥含量的增加,室内水泥土的强度提升速率也高于试验桩水泥土。经过试验桩的工艺试验后,选择水泥含量为 16%作为工程桩的施工水泥含量,在水泥含量为 16%时,室内水泥土的无侧限抗压强度达到了 2.36MPa,试验桩的水泥土强度为 1.08MPa,高于设计值 0.8MPa。因此,只要保证水泥搅拌桩的搅拌均匀程度,桩体范围内没有出现薄弱段,16%的水泥含量就可以保证水泥搅拌桩的承载能力达到设计值。针对本工程的淤泥质土,在本次试验桩检测的水泥含量范围内,通过两条拟合曲线的计算结果得到的强度折减系数为 K=0.45~0.8。试验桩水泥土的 28d 强度设计值为 0.8MPa,由图 8.23 可知,在工程中需要 13.38%的水泥含量才可以达到设计值,而在室内水泥土试验中只需要 8.86%水泥含量就可以满足设计值。因此,室内水泥土配比试验得到的水泥含量值,需要乘以 1.5 才能作为搅拌桩水泥含量设计值。

8.3 搅拌桩质量检测与评价方法工程应用

8.3.1 九乡河二期工程桩质量检测

1. 工程桩质量检测概况

（1）九乡河治理二期工程概述

九乡河是南京城东地区的一条通江河道，全长约 21.6km。根据南京城市总体规划和防洪规划，九乡河中下游两岸为仙林副城的范围，规划人口 75 万，防洪标准 100 年一遇，而现状九乡河的整体防洪能力不足 20 年一遇。2009 年和 2012 年 7 月中旬区域大暴雨，九乡河水位猛涨，两岸泵站排涝能力下降，致使仙林大学城、栖霞街道红枫片区、戴家库片区被淹，车库进水、部分房屋一楼进水达到 1m 以上，损失严重；2015 年汛期，受强降雨影响，九乡河中下游段河道水位迅速抬高，仙林两岸地势较低区域涝水外排不畅，较大淹水点达 13 处，严重处淹水深达 1m；2017 年 9 月下旬城东片区普降大雨，仙林大道段河道行洪不畅、水位飚高，仙林大道两侧多处发生积淹水。

为了提高九乡河自身的防洪能力，使防洪标准达到 50 年一遇，同时探索工程建设模式，为后续秦淮东河工程的实施打下一定的基础，所以先行实施九乡河栖霞段（约 7.9km）治理工程。该工程对于提高城东片区防洪排涝能力、保障仙林副城防洪安全和改善当地水环境、提高区域水资源配置能力意义重大，工程必要性、迫切性和综合效益均十分明显。南京九乡河治理二期工程共分为两段：上游段自栖霞区庙山撇洪沟到羊山坝（J4+675～J6+215），河道长度为 1.54km，左岸堤防范围为 J5+050～J6+215，右岸堤防范围为 J4+675～J6+215，两岸堤防共 2.705km；下游段自 312 国道到河口闸站（J8+830～J12+240），河道长度为 3.41km，两岸堤防共 6.82km。合计河道总长 4.95km，堤防总长 9.525km。扣除跨河桥梁暂缓实施段河道，本工程共涉及河道长 4.25km，两侧堤岸总长 8.125km。

河底高程 2.5m。河底宽：上游段，羊山湖段河底宽度基本维持现状，其余河底宽为 11.9m；下游段，河底宽为 15.0～33.2m。河口宽：除上游羊山湖段现状湖面较宽、维持现状外，其余河口宽为 66.0m。两岸坡比均为 1∶2.5。两岸迎水坡 8.5m 高程处设不小于 2.5m 宽平台。

工程规模及等级标准：按照九乡河小流域防洪治理要求，同时满足秦淮东河工程规划分洪流量确定工程规模，堤防工程级别为 I 级。

根据区域地质资料及现场勘察，河道沿线主要分布有燕山期侵入岩、三叠系～侏罗系沉积岩及第四系地层，本次揭露基岩主要为第四系人工填土（Q_4^{ml}）、重粉质壤土（Q_4^{al}）、淤泥质重粉质壤土（Q_4^{al}）、重粉质砂壤土（Q_4^{al}）、淤泥（Q_4^{al}）、第四系上更新统重粉质壤土（Q_3）、重粉质壤土与重粉质砂壤土互层（Q_3）、含砾粉质黏土（Q_3），下伏基岩为三叠系上青龙组（T_1^s）灰岩、侏罗系象山群砂砾岩（$J_{1-2}xn$）。

（2）上游段堤防工程地质条件及评价

堤防填土主要由①₂堤身填土（粉质黏土）填筑而成，局部分布①₁杂填土，堤防总体填筑质量一般，防渗性能一般，局部较差。

堤基主要分布②₁粉质黏土、③₁淤泥质土、③₂重粉质砂壤土、③₃淤泥、③₄重粉质壤土、⑤₁粉质黏土、⑥₁含砾粉质黏土。

②₁粉质黏土：力学强度较高，微透水，抗冲刷能力较强，工程性质较好。

③₁淤泥质土：普遍分布，微透水，高灵敏度，高压缩性，大孔隙比，抗冲刷能力差，工程性质差。

③₂重粉质砂壤土：局部分布，中等透水，抗冲刷能力较差，工程性质较差。

③₃淤泥：局部分布，微透水，高压缩性，大孔隙比，抗冲刷能力极差，工程性质极差。

③₄重粉质壤土：普遍分布，微透水，抗冲刷能力一般，工程性质一般。

⑤₁粉质黏土：局部分布，埋深大，极微透水，抗冲刷能力较强，力学强度较高，工程性质较好。

⑥₁残积土：局部分布，埋深大，弱～中等透水，力学强度较高，工程性质较好。

堤基浅部主要分布③₁淤泥质土、③₂重粉质砂壤土、③₃淤泥、③₄重粉质壤土等层位，③₁淤泥质土、③₃淤泥强度低，工程性质差，存在沉降、不均匀沉降和抗滑稳定性差的问题。场地工程地质条件较差，软土普遍分布，对边坡稳定不利。上游段土体物理及力学性质指标见表 8.11 和表 8.12。

表 8.11　上游段土体物理性质指标（推荐值）

岩土编号	岩土名称	天然含水率 w/%	重力密度 γ/(kN/m³)	土粒比重 G_s	天然孔隙比 e	饱和度 S_r/%	干重度 γ_d/(kN/m³)	液限 w_L/%	塑限 w_p/%
①₂	堤身填土	32.2	19.3	2.72	0.909	97.9	14.4	32.6	18.2
②₁	粉质黏土	33.3	19.3	2.74	0.954	97.4	14.2	36.4	19.6
③₁	淤泥质土	44.3	18.1	2.74	1.234	98.6	12.4	42.1	22.8
③₂	轻粉质壤土	22.2	20.1	2.72	0.632	95.5	16.7	26.7	18.5
③₃	淤泥	80.3	16.1	2.75	2.260	98.8	8.6	62.4	31.4
③₄	中～重粉质壤土	27.1	19.7	2.72	0.766	96.9	15.5	29.3	17.6
⑤₁	粉质黏土	24.5	20.1	2.72	0.687	97.3	16.2	31.2	18.0
⑥₁	残积土	29.4	19.6	2.73	0.800	98.8	15.2	34.0	19.2

表 8.12　上游段土体力学性质指标（推荐值）

岩土编号	岩土名称	黏聚力 c_q/kPa（快剪）	内摩擦角 φ_q/(°)（快剪）	黏聚力 c_c/kPa（固快）	内摩擦角 φ_c/(°)（固快）	压缩模量 E_s/MPa
①₂	堤身填土	23.7	12.4	15	11	3.71
②₁	粉质黏土	29.0	12.1	22	13	4.30
③₁	淤泥质土	14.1	6.9	15.1	9.5	2.84
③₂	轻粉质壤土	10	20	7.8	21	14.37
③₃	淤泥	10.5	3.9	12.6	6.0	1.67
③₄	中~重粉质壤土	19.5	13.3	21.4	14.5	5.99
⑤₁	粉质黏土	30.1	13.9	24.1	13.6	6.90
⑥₁	残积土	30.0	20.0			5.00

（3）下游段堤防工程地质条件及评价

堤防填土主要由①₂堤身填土（重粉质壤土）填筑而成，局部分布①₁杂填土、①₃堤身填土（重粉质砂壤土），堤防总体填筑质量一般，防渗性能一般。堤基主要分布②₁重粉质壤土、③₁淤泥质重粉质壤土、③₂重粉质砂壤土、③₃淤泥、③₄重粉质壤土、④₃粉土质砂、④₅重粉质壤土、④₆重粉质砂壤土、⑤₁重粉质壤土、⑥₁含砾粉质壤土。下游段土体物理及力学性质指标见表 8.13 和表 8.14。

表 8.13　下游段土体物理性质指标（推荐值）

岩土编号	岩土名称	天然含水率 w/%	重力密度 γ/(kN/m³)	土粒比重 G_s	天然孔隙比 e	饱和度 S_r/%	干重度 γ_d/(kN/m³)	液限 w_L/%	塑限 w_p/%
①₂	堤身填土	25.1	19.8	2.72	0.753	91.5	15.6	31.1	18.6
①₃	堤身填土	23.8	20.3	2.68	0.704	94.1	15.9	22.3	16.2
②₁	重粉质壤土	29.1	19.4	2.72	0.831	96.4	14.9	30.8	18.6
③₁	淤泥质重粉质壤土	37.9	18.2	2.73	1.075	96.8	13.2	34.9	21.0
③₂	重粉质砂壤土	29.8	19.0	2.69	0.859	93.8	14.6	27.1	18.9
③₃	淤泥	66.8	17.1	2.75	1.860	99.0	9.6	45.5	25.4
③₄	重粉质壤土	30.9	19.0	2.72	0.872	96.4	14.6	33.0	19.8
④₃	粉土质砂	29.1	18.8	2.69	0.843	93.0	14.6	24.9	17.4
④₅	重粉质壤土	26.9	19.6	2.72	0.771	96.1	15.4	30.0	18.4
④₆	重粉质砂壤土	31.0	19.7	2.68	0.925	97.7	14.0	23.2	16.5
⑤₁	重粉质壤土	24.8	20.0	2.72	0.701	96.5	16.1	32.1	18.8
⑥₁	含砾粉质壤土	21.7	20.2	2.73	0.629	94.2	16.8	33.9	20.2

表 8.14　下游段土体力学性质指标（推荐值）

岩土编号	岩土名称	黏聚力 c_q/kPa（快剪）	内摩擦角 φ_q/(°)（快剪）	黏聚力 c_c/kPa（固快）	内摩擦角 φ_c/(°)（固快）	压缩模量 E_s/MPa
①₂	堤身填土	23.6	10.4	20.2	15.2	5.06
①₃	堤身填土	6	16.2	5.0	23.0	7.31
②₁	重粉质壤土	22	8	26.5	14.5	4.38
③₁	淤泥质重粉质壤土	12.8	7.2	14.7	12.2	3.57
③₂	重粉质砂壤土	7.6	21.4	5.5	25.7	7.39
③₃	淤泥	5.3	3.9	9	9.5	1.39
③₄	重粉质壤土	18.4	10.7	19.3	15.7	5.07
④₃	粉土质砂			9	28	8.27
④₅	重粉质壤土	21.7	14.9	21.0	17.2	5.72
④₆	重粉质砂壤土	7	20			5.68
⑤₁	重粉质壤土	36.7	13.9	31.9	17.0	7.09
⑥₁	含砾粉质壤土	30	13			9.58

②₁ 重粉质壤土：力学强度较高，微透水，抗冲刷能力较强，工程性质较好。

③₁ 淤泥质重粉质壤土：普遍分布，微透水，高灵敏度，高压缩性，大孔隙比，抗冲刷能力差，工程性质差。

③₂ 重粉质砂壤土：局部分布，中等透水，抗冲刷能力较差，工程性质较差。

③₃ 淤泥：局部分布，微透水，高压缩性，大孔隙比，抗冲刷能力极差，工程性质极差。

③₄ 重粉质壤土：普遍分布，微透水，抗冲刷能力一般，工程性质一般。

④₃ 粉土质砂：局部分布，埋深较大，中等透水，抗冲刷能力一般，工程性质一般。

④₅ 重粉质壤土：局部分布，埋深较大，中等透水，抗冲刷能力一般，工程性质一般。

④₆ 重粉质砂壤土：局部分布，埋深较大，中等透水，抗冲刷能力一般，工程性质一般。

⑤₁ 重粉质壤土：局部分布，埋深大，极微透水，抗冲刷能力较强，力学强度较高，工程性质较好。

⑥₁ 含砾粉质壤土：局部分布，埋深大，弱～中等透水，力学强度较高，工程性质较好。

堤基浅部主要分布③₁ 淤泥质重粉质壤土、③₂ 重粉质砂壤土、③₃ 淤泥、③₄ 重粉质壤土等层位，③₁ 淤泥质重粉质壤土、③₃ 淤泥强度低，工程性质差，存在沉降、不均匀沉降和抗滑稳定性差的问题。场地工程地质条件较差，软土普遍分布，对边坡稳定不利。

2. 质量检测方法

1）检测设备采用 XY-1 型百米工程勘察钻机，采用钻头直径为 108mm 和 91mm，每次进尺≤1.5m，泥浆护壁。

2）采用皮尺等测量方法确定检测桩的准确位置。现场安装严格保证钻杆垂直，并用水平尺校准。检测孔位布置在水泥搅拌桩桩头，并偏离中心 100mm 左右，用岩芯管连续取芯，保证取芯率大于 60%；对芯样进行观察描述，判断其搅拌均匀性，钻孔回次进尺控制在 2m 左右，每隔 1.0～2.0m 采取代表性原状芯样（取样要求长径比为 2.0～2.5，制样要求长径比为 1.0～2.0）进行现场室内无侧限抗压强度试验，同时在钻孔中进行标准贯入试验。

3）对现场钻孔全断面取芯的水泥土样进行描述，并判断其均匀性。其评价标准见表 8.15。每根桩钻探完成后，对所取芯样进行现场拍照。

表 8.15 现场芯样描述评价标准

搅拌均匀性	现场取芯情况
搅拌均匀	水泥土搅拌纹理清晰，无水泥粒块
搅拌不够均匀	水泥土搅拌纹理不连续，含水泥粒块且颗粒直径小于 2cm
搅拌不均匀	水泥土无搅拌纹理，夹水泥块或较多水泥富集块，且水泥颗粒直径大于 2cm

3. 质量评价标准

1）水泥搅拌桩的平均水泥含量需达到设计值，否则为不合格桩。

2）对于满足水泥含量平均值要求的搅拌桩，按水泥含量变异系数进行成桩质量判别。

4. 检测结果

对已完成的工程桩进行了 3 次抽样检测，共抽检水泥搅拌桩 46 根，各批次检测的工程桩施工、滴定情况、水泥含量检测结果分别见表 8.16～表 8.18。

表 8.16 第一次检测工程桩汇总

标段	桩号	施工日期	滴定日期	检测龄期/d	平均水泥含量/%	水泥含量变异系数/%	成桩质量
四标	19-2	2019 年 10 月 17 日	2019 年 11 月 30 日	44	16.2	42.5	合格
	22-2	2019 年 10 月 16 日	2019 年 11 月 30 日	45	16.6	17.9	优良

表 8.17　第二次检测工程桩汇总

标段	桩号	施工日期	滴定日期	检测龄期/d	平均水泥含量/%	水泥含量变异系数/%	成桩质量
二标	1-277	2019 年 11 月 26 日	2020 年 1 月 8 日	44	13.5	22.9	不合格
	1-324	2019 年 11 月 28 日	2020 年 1 月 8 日	42	12.2	15.3	不合格
三标	1-17	2019 年 11 月 19 日	2020 年 1 月 8 日	51	13.9	58.7	不合格
	22-12	2019 年 12 月 3 日	2020 年 1 月 8 日	36	12.9	22.1	不合格
四标	11-1	2019 年 11 月 26 日	2020 年 1 月 12 日	48	18.6	36.7	合格
	26-2	2019 年 11 月 19 日	2020 年 1 月 12 日	55	18.4	13.7	优良
	34-1	2019 年 12 月 4 日	2020 年 1 月 12 日	39	17.1	47.1	基本合格
	45-2	2019 年 12 月 2 日	2020 年 1 月 12 日	41	16.9	36.4	合格

表 8.18　第三次检测工程桩汇总

标段	桩号	施工日期	滴定日期	检测龄期/d	平均水泥含量/%	水泥含量变异系数/%	成桩质量
一标	JXH1-5-16	2020 年 3 月 19 日	2020 年 5 月 29 日	71	17.5	45.2	合格
	JXH1-1-19	2020 年 1 月 20 日	2020 年 5 月 29 日	130	17.5	39.4	合格
	JXH1-46-25	2020 年 4 月 10 日	2020 年 5 月 30 日	51	18.3	33.9	合格
	JXH1-26-17	2020 年 3 月 22 日	2020 年 5 月 30 日	69	21.8	32.1	合格
	JXH1-64-19	2020 年 1 月 21 日	2020 年 5 月 31 日	129	16.2	30.3	合格
	JXH1-63-17	2020 年 1 月 20 日	2020 年 6 月 1 日	133	14.4	38.3	不合格
	JXH1-40-25	2020 年 4 月 11 日	2020 年 6 月 4 日	54	19.9	42.3	合格
	JXH1-89-27	2020 年 4 月 11 日	2020 年 6 月 4 日	54	17.2	42.8	合格
二标	1-386	2019 年 12 月 16 日	2020 年 6 月 5 日	171	16.2	65.9	基本合格
	1-1974	2020 年 1 月 1 日	2020 年 6 月 8 日	158	9.2	81.1	不合格
	1-1597	2020 年 1 月 11 日	2020 年 6 月 8 日	148	16.1	56.6	基本合格
四标	Y-11+750 14-3	2020 年 3 月 7 日	2020 年 6 月 10 日	94	20.6	35.1	合格
	Y-11+800 13-1	2020 年 3 月 16 日	2020 年 6 月 10 日	86	18.2	21.6	优良
	Y-11+900 13-1	2020 年 3 月 24 日	2020 年 6 月 10 日	77	17.4	25.6	优良
	Y-11+750 33-3	2020 年 3 月 7 日	2020 年 6 月 11 日	95	19.3	35.9	合格
	Y-11+750 40-2	2020 年 3 月 5 日	2020 年 6 月 11 日	97	16.5	33.7	合格
	Y-11+950 36-2	2020 年 3 月 15 日	2020 年 6 月 11 日	87	18.2	37.5	合格
	H-11+850 32-1	2019 年 12 月 31 日	2020 年 6 月 12 日	164	16.8	33.1	合格
	Y-12+000 6-2	2020 年 3 月 14 日	2020 年 6 月 12 日	89	18.1	21.0	优良
	Z-11+800 15-2	2019 年 11 月 25 日	2020 年 6 月 13 日	201	19.1	61.0	基本合格
	Y-11+950 15-1	2020 年 3 月 12 日	2020 年 6 月 13 日	92	18.5	30.0	合格
	Y-11+900 32-3	2020 年 3 月 21 日	2020 年 6 月 13 日	83	20.5	32.3	合格
	Z-11+750 40-1	2019 年 12 月 1 日	2020 年 6 月 14 日	196	16.1	24.2	优良

续表

标段	桩号	施工日期	滴定日期	检测龄期/d	平均水泥含量/%	水泥含量变异系数/%	成桩质量
四标	Y-11+800 18-3	2020 年 3 月 19 日	2020 年 6 月 14 日	86	19.1	35.5	合格
	Y-11+850 10-3	2020 年 3 月 20 日	2020 年 6 月 14 日	85	20.4	41.2	合格
	Y-11+850 19-2	2020 年 3 月 19 日	2020 年 6 月 15 日	87	19.8	64.9	基本合格
	Y-12+000 28-1	2020 年 3 月 23 日	2020 年 6 月 15 日	83	16.8	32.9	合格
	H-11+950 12-1	2020 年 1 月 5 日	2020 年 6 月 16 日	163	16.8	29.8	优良
	H-12+000 18-2	2020 年 1 月 6 日	2020 年 6 月 16 日	162	17.9	33.8	合格
	H-11+800 8-2	2020 年 3 月 5 日	2020 年 6 月 16 日	102	19.2	28.9	优良
	H-11+800 25-3	2020 年 3 月 7 日	2020 年 6 月 17 日	101	19.3	19.7	优良
	Z-11+750 37-2	2019 年 12 月 3 日	2020 年 6 月 17 日	197	19.6	78.2	基本合格
	H-11+750 13-2	2020 年 1 月 11 日	2020 年 6 月 18 日	159	17.0	62.3	基本合格
	H-11+700 32-2	2020 年 1 月 12 日	2020 年 6 月 18 日	158	16.8	40.0	合格
	Z-11+800 29-1	2019 年 11 月 19 日	2020 年 6 月 21 日	215	17.1	57.9	基本合格
	8-11+750 21-1	2020 年 1 月 7 日	2020 年 6 月 21 日	166	13.9	58.4	不合格

8.3.2　杨林塘工程桩质量检测

1. 工程桩质检情况介绍

杨林船闸工程位于江苏太仓市浏家港镇。杨林塘航道起自申张线上的巴城镇，流经苏州市的昆山和太仓，至长江杨林口结束，整治前全长约 41km，是《江苏省干线航道网规划》"两纵四横"的连申线苏南段的重要组成部分，现状为七级航道，规划等级为三级。杨林塘航道的整治建设是进一步完善江苏省内河航道网、形成新的苏沪水运通道、完善太仓港区集疏运方式的需要，其建设必要而迫切。

杨林塘航道整治工程 YLT-YL-TJ 标为Ⅲ级船闸，设计最大船舶等级为 1000t级。船闸尺度为 23m×230m×4m（口门宽×闸室长×槛上水深），上、下导航墙各长 70m，上、下游直线段（含导航调顺段）长分别为 1209.27m 和 1829.58m，上、下游远方调度站靠泊岸线长约为 100m，上、下游锚地护岸线长分别为 300m 和 540m。

2. 检测依据

1)《杨林船闸水泥搅拌桩强度检测要求》（江苏省交通规划设计院股份有限公司，2013.11）；

2)《水运工程质量检验标准》（JTS 257—2008）；

3）《水运工程地基设计规范》（JTS 147—2017）；

4）《岩土工程勘察规范（2009 年版)》（GB 50021—2001）；

5）《公路工程岩石试验规程》（JTG 3431—2024）；

6）该项目施工图设计文件、变更文件等；

7）招标文件、中标通知书、签订的检测合同及附件等资料。

当使用于工程质量鉴定检测的几种标准与规范出现意义不明或不一致时，在引用标准或规范发生分歧时应按以下顺序优先考虑：

1）现行的交通运输部的行业标准或规范；

2）中华人民共和国国家标准；

3）现行相关行业的标准或规范；

4）业主颁发的管理规定、设计文件。

3. 仪器设备

主要检测仪器设备汇总见表 8.19。

表 8.19　主要检测仪器设备汇总

仪器名称	仪器型号	设备编号	检校日期	有效期	备注
钻机	GXY-1	YT-WY-49	2013 年 3 月 19 日	2014 年 4 月 14 日	完好
钢卷尺	3m	YT-WY-74	2013 年 3 月 20 日	2014 年 3 月 19 日	完好
水平尺	600mm	YT-WY-85	2013 年 4 月 6 日	2014 年 4 月 5 日	完好
无侧限应力钢环	10kN	A6954	2013 年 8 月 12 日	2014 年 8 月 20 日	钢环系数 4.237kN/mm
游标卡尺	0～150mm	TG-31	2013 年 4 月 6 日	2014 年 4 月 5 日	完好

4. 检测方法

1）检测设备采用 GXY-1 型钻机，为了保证岩芯采取率和试样的抗扰动性，采用钻头直径为 91mm 全芯钻进，泥浆护壁。

2）采用皮尺等测量方法确定检测桩的准确位置。现场安装严格保证钻杆垂直，并用水平尺校准。检测孔位布置在水泥搅拌桩桩头，并偏离中心 100mm 左右，用岩芯管连续取芯，保证取芯率大于 60%；对芯样进行观察描述，判断其搅拌均匀性，钻孔回次进尺控制在 2m 左右，每隔 1.0～2.0m 采取代表性原状芯样（取样要求长径比为 2.0～2.5，制样要求长径比为 1.0～2.0）进行现场室内无侧限抗压强度试验，同时在钻孔中进行标准贯入试验。

3）对现场钻孔全断面取芯的水泥土样进行描述，并判断其均匀性。其评判标准见表 8.20。每根桩钻探完成后，对所取芯样进行现场拍照。

表 8.20　现场芯样描述评判标准

搅拌均匀性	现场取芯情况
搅拌均匀	水泥土搅拌纹理清晰，无水泥粒块
搅拌不够均匀	水泥土搅拌纹理不连续，含水泥粒块且颗粒直径小于2cm
搅拌不均匀	水泥土无搅拌纹理，夹水泥块或较多水泥富集块，且水泥颗粒直径大于2cm

4）通过标准贯入试验判断桩身强度及桩体连续性，同时观察标贯器中水泥土搅拌的均匀程度、成桩状态及端承条件。

5）在工地现场及时采取试样进行无侧限抗压强度试验，并按下式计算试件无侧限抗压强度：

$$R = \frac{P}{A} \tag{8.1}$$

式中，R 为试件无侧限抗压强度（MPa）；P 为试件破坏荷载（N）；A 为试件截面积（mm^2）。

针对试件的高径比，参照《公路工程岩石试验规程》（JTG 3431—2024），按下式对试样的无侧限抗压强度进行修正：

$$R' = R\alpha \tag{8.2}$$

式中，R' 为修正后的无侧限抗压强度（MPa）；R 为试验测得的无侧限抗压强度（MPa）；α 为修正系数。其中，$\alpha = \dfrac{8}{7 + 2D/H}$，$D$ 为试件的直径，H 为试件的高度。

5. 检测成果

根据《岩土工程勘察规范（2009年版）》（GB 50021—2001），对上游引航道整桩及下游引航道每检测项高程-4.5m 上、下部芯样无侧限抗压强度数值进行分层统计、分析，统计的项目包括样本数、最小值、最大值、平均值、标准差、变异系数和标准值。

其中，参数的平均值 ϕ_{m}、标准差 σ_{f}、变异系数 δ 分别按照式（8.3）～式（8.5）进行计算。

$$\phi_{\mathrm{m}} = \frac{\sum\limits_{i=1}^{n} \phi_i}{n} \tag{8.3}$$

$$\sigma_{\mathrm{f}} = \sqrt{\frac{1}{n-1}\left[\sum_{i=1}^{n}\phi_i^2 - \frac{\left(\sum\limits_{i=1}^{n}\phi_i\right)^2}{n}\right]} \tag{8.4}$$

$$\delta = \frac{\sigma_{\text{f}}}{\phi_{\text{m}}} \tag{8.5}$$

各参数的标准值 ϕ_{k} 按照式（8.6）和式（8.7）进行计算。

$$\phi_{\text{k}} = \gamma_{\text{s}} \phi_{\text{m}} \tag{8.6}$$

$$\gamma_{\text{s}} = 1 \pm \left(\frac{1.704}{\sqrt{n}} + \frac{4.678}{n^2} \right) \delta \tag{8.7}$$

式中，ϕ_{m} 为统计参数的平均值；δ 为统计参数的变异系数；γ_{s} 为统计修正系数，负号按不利组合考虑。

6. 检测结论

依据《水运工程质量检验标准》（JTS 257—2008），本次抽检水泥搅拌桩上游引航道 37 根，下游引航道高程-4.5m 以上 34 根，下游引航道高程-4.5m 以下 42 根，检测成果统计见表 8.21～表 8.23。

表 8.21　上游引航道水泥搅拌桩成桩质量

搅拌桩种类	水泥含量平均值/%	水泥含量变异系数/%	成桩质量
F3-51	21.22	73	较差
G1-17	17.47	36	较好
G2-9	16.03	34	较好
G6-13	17.96	43	较好
L3-03-02	19.7	11	良好
G43-08-03	17.7	8	良好
D5-38	19.81	7	良好
G4-29	18.4	11	良好
G112-4-2	18.63	21	良好
G121-5-2	16.55	26	良好
G124-3-2	16.04	26	良好
G130-4-3	16.24	30	较好
G133-5-2	19.02	27	良好
G136-3-3	16.30	26	良好
G139-6-4	17.57	24	良好
G142-2-2	16.15	25	良好
G145-6-3	16.16	24	良好

表 8.22 下游引航道高程-4.5m 以上水泥搅拌桩成桩质量

搅拌桩种类	水泥含量平均值/%	水泥含量变异系数/%	成桩质量
XZY-21-73	17.90	14	良好
XG-27-7	22.74	19	良好
XZY-41-39	18.13	20	良好
XZY-36-16	17.46	21	良好
SS39-124	17.84	14	良好
SS38-110	16.47	14	良好
SS36-111	17.46	8	良好
SS35-126	22.87	8	良好
SS32-153	18.50	2	良好
SS30-167	18.69	7	良好
SS33-160	18.69	2	良好
SS29-155	17.01	7	良好
SS27-162	17.95	7	良好
SS26-168	18.29	7	良好
SS38-186	17.67	39	较好
SS39-182	16.85	39	较好
SS37-165	21.00	39	较好
SS35-160	21.96	47	较差
SS17-201	16.90	4	良好
SS20-202	17.46	5	良好
SS22-201	17	2	良好
SS23-203	17.05	2	良好
SS24-201	17.22	2	良好
SS38-155	19.2	1	良好
SS18-87	19.01	4	良好
SS21-88	16.91	3	良好
SS23-85	17.30	3	良好
SS41-130	17.20	3	良好
SS41-154	20.11	0	良好
SS41-106	20.27	3	良好
SS42-183	18.26	3	良好
SS11-113	17.24	7	良好
XD2-67	20.31	7	良好
XD8-110	19.82	11	良好
XD3-290	19.46	9	良好
XXY-5-73	22.56	27	良好
XZY-46-3	23.16	24	良好

表 8.23　下游引航道高程-4.5m 以下水泥搅拌桩成桩质量

搅拌桩种类	水泥含量平均值/%	水泥含量变异系数/%	成桩质量
YQ-2-99	19.97	35	较好
XZY-1-163	16.94	38	较好
XZY-25-236	17.43	36	较好
XZY-34-234	18.17	38	较好
XZY-21-73	17.90	19	良好
XG-27-7	22.74	14	良好
XZY-41-39	18.13	21	良好
XZY-36-16	17.46	14	良好
SS38-110	16.47	19	良好
SS37-112	20.40	19	良好
SS35-126	22.87	13	良好
SS34-155	17.35	13	良好
SS32-153	18.50	14	良好
SS31-172	18.14	14	良好
SS30-167	18.69	7	良好
SS29-155	17.01	16	良好
SS28-149	20.30	16	良好
SS27-162	17.95	17	良好
SS26-168	18.29	17	良好
SS38-186	17.67	48	较差
SS39-182	16.85	48	较差
SS37-165	21.00	48	较差
SS35-167	20.94	47	较差
SS35-169	19.25	59	较差
SS17-201	16.90	11	良好
SS20-202	17.46	6	良好
SS22-201	17	8	良好
SS23-203	17.05	8	良好
SS24-201	17.22	8	良好
SS38-155	19.2	7	良好
SS18-87	19.01	10	良好
SS23-85	17.30	10	良好
SS24-89	17.58	10	良好
23-4	16.40	4	良好

续表

搅拌桩种类	水泥含量平均值/%	水泥含量变异系数/%	成桩质量
25-13	19.03	4	良好
49-2	16.93	8	良好
SS41-130	17.20	20	良好
SS42-183	18.26	25	良好
SS43-176	20.58	25	较好
SS10-110	16.65	23	良好
XD2-67	20.31	21	良好
XD8-110	19.82	13	良好
XD3-151	17.27	30	较好
SS10-400	17.22	29	良好
SS47-220	19.55	22	良好
SS49-288	20.53	23	良好
XXY-5-73	22.56	20	良好
XZY-46-3	23.16	17	良好
XXS-11-300	16.45	43	较好

8.4　工程搅拌桩抗压强度与水泥含量关系

将杨林船闸工程搅拌桩水泥含量和无侧限抗压强度检测结果统计于图8.24～图8.26，可以发现，工程桩无侧限抗压强度随着检测的水泥搅拌桩平均水泥含量的增加而增大。水泥搅拌桩水泥含量检测与钻芯取样抗压强度试验有相关性，两种检测方法具有一致性，用检测水泥含量的方法能控制工程中水泥搅拌桩施工质量。

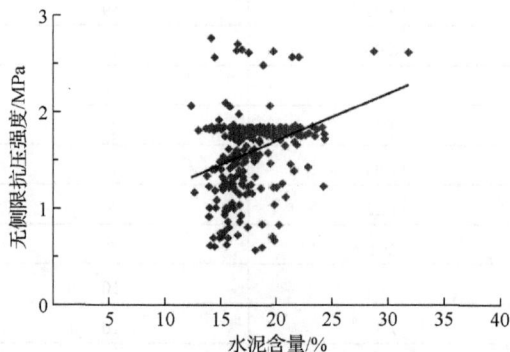

图 8.24　上游引航道工程桩水泥含量与无侧限抗压强度的关系

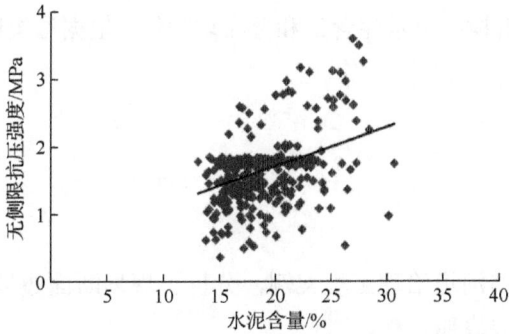

图 8.25　下游引航道高程-4.5m 以上工程桩水泥含量与无侧限抗压强度的关系

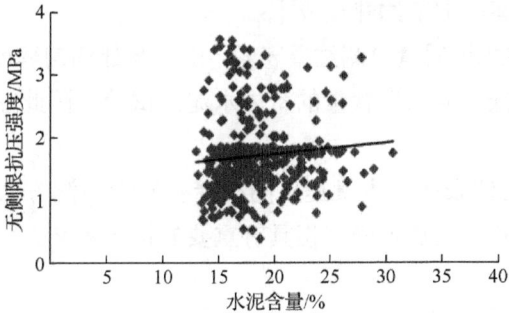

图 8.26　下游引航道高程-4.5m 以下工程桩水泥含量与无侧限抗压强度的关系

本次检测的工程桩分为上游引航道、下游引航道高程-4.5m 以上及下游引航道高程-4.5m 以下 3 种工况，所检测水泥搅拌桩掺灰量为 130.8kg/m，水泥搅拌桩检测项划分为水泥含量、无侧限抗压强度和变异系数 3 个，检测结果表明 3 个检测项均满足设计要求。对工程桩的实时、实地检测，保障了水泥搅拌桩的施工质量，实现了水泥搅拌桩成桩质量的动态控制。从检测结果可以发现，水泥含量检测具有以下优点：

1）所检测的工程桩的水泥含量与设计水泥含量一致，进而保障桩身强度满足设计要求。项目采用室内配合比试验成果得到水泥搅拌桩设计水泥含量。因此，只要桩身水泥含量和均匀性达到设计要求，水泥搅拌桩桩身强度就能达到设计要求。

2）水泥搅拌桩水泥含量与桩身强度具有相关性。检测结果表明，桩身水泥含量和均匀性的判据与桩身抗压强度的判据具有一致性，因此用水泥含量检测结果对水泥搅拌桩桩身质量进行判定具有可行性。

3）水泥含量检测与施工过程中水泥搅拌桩成桩质量控制过程相一致。利用发明的水泥搅拌桩取样设备可以在每根搅拌桩刚施工完后就可以即时取样，并开展水泥含量检测，分析搅拌桩水泥含量和分布均匀性，根据结果即时调整施工工艺，控制施工质量。

本 章 小 结

本章结合九乡河河道治理工程案例，分析了规划断面边坡的稳定性和搅拌桩加固效果。研究结果表明：

1）搅拌桩能有效加固软土边坡，保证边坡在施工和运行期的安全稳定，同时对比抗滑桩加固方案能够节约建设成本；

2）现场搅拌桩成桩质量检测结果表明，由于搅拌均匀程度不同，实际工程中搅拌桩的强度明显低于同水泥含量的室内水泥土试验，因此在设计时应适当提高水泥含量的设计值；

3）工程应用案例表明，本章提出的搅拌桩质量检测方法和质量控制方法准确、高效，尤其对软土边坡加固工程具有重要的指导意义。

参 考 文 献

[1] 杜兴华, 郭军科. 水泥搅拌桩在上海地区的应用和发展[J]. 地基基础工程, 2008, 12 (4): 26-29.

[2] 席培胜, 刘松玉. 水泥土深层搅拌法加固软弱地基新技术研究[J]. 施工技术, 2006, 35 (1): 2-5.

[3] Masaaki Terashi. The state of practice in deep mixing methods[C]//Third International Conference on Grouting and Ground Treatment. New Orleans, 2003:25-49.

[4] 李昭晖. 水泥搅拌桩加固桥头软基试验研究[D]. 长安: 长安大学, 2007.

[5] 中华人民共和国住房和城乡建设部. 建筑地基处理技术规范: JGJ 79—2012[S]. 北京: 中国建筑工业出版社, 2013.

[6] 莫海鸿, 杨小平. 基础工程[M]. 北京: 中国建筑出版社, 2008:216-217.

[7] 郑刚, 姜忻良. 水泥搅拌桩复合地基承载力研究[J]. 岩土力学, 1999, 20 (3): 46-50.

[8] 牛新到. 基于沉降控制的水泥搅拌桩优化设计方法[J]. 西安工程大学学报, 2009, 23 (4): 154-158.

[9] Rudenko N l. Experience with construction of cast-in-place slag-soil-cement pile foundations in Zaporozhe[J] Soil Mechanies and Foundation Engineering, 1985, 22(2):45-47.

[10] Yonekura R, Terashi M, Shibazaki M. Grouting and deep mixing[C]//Proceedings of the second international conference on ground improvement geosystems. Tokyo, 1996: 879-887.

[11] Bouazza A, Kwan P S, Chapman G. Strength properties of cement treated coode island silt by the soil mixing method[J]. Geotechnical Special Publication, 2004, 126(II): 1421-1428.

[12] Deng A, Zhou Y D. A piecewise-linear numerical model for one-dimensional electroosmosis consolidation[C]// Conference: International Conference on Ground Improvement & Ground Control. Wollongong, 2012: 1369-1375.

[13] Deng A, Zhou Y D. 1D compression calculation for composite geomaterial[C]//Australian New Zealand Conference on Geomechanics. Melboume, 2012:475-479.

[14] 潘殿琦, 陈勇. 深层搅拌桩强度的影响因素与改善措施[J]. 岩石力学与工程学报, 2004, 23 (11): 1954-1958.

[15] 朱世哲, 徐日庆, 杨晓军, 等. 带垫层刚性桩复合地基桩土应力比的计算与分析[J]. 岩土力学, 2004, 24 (51): 814-823.

[16] 段继伟, 龚晓南, 曾国熙. 水泥搅拌桩的荷载传递规律[J]. 岩土工程学报, 1994, 16 (4): 1-8.

[17] Guo S J, Zhang F H, Wang B T, et al. Settlement prediction model of slurry suspension based on sedimentation rate attenuation[J]. Water Science and Engineering, 2012, 5(1):79-92.

[18] 杜海金, 张建新, 吴冬云, 等. 粉喷桩单桩承载力与龄期的关系研究[J]. 岩土力学, 2002, 23 (1): 111-115.

[19] 刘吉福. 路堤下复合地基桩、土应力比分析[J]. 岩石力学与工程学报, 2003, 22 (4): 674-677.

[20] Bergado D T, Lorenzo G A, Duangchan T. Consolidation settlement of reinforced embankment on deep mixing cement piles[J]. Geotechnical Engineering, 2005, 36(1): 77-83.

[21] 易耀林. 基于可持续发展的搅拌桩系列新技术与理论[D]. 南京: 东南大学, 2013.

[22] 易耀林, 刘松玉, 朱志铎. 钉形搅拌桩在高速公路软土地基处理中的应用[J]. 常州工学院学报, 2008 (S1): 19-22.

[23] 席培胜, 刘波, 刘松玉. 钉形双向水泥土搅拌桩单桩承载特性研究[J]. 地下空间与工程学报, 2015, 11 (6): 1491-1497.

[24] 刘松玉, 易耀林, 朱志铎. 双向搅拌桩加固高速公路软土地基现场对比试验研究[J]. 岩石力学与工程学报, 2008, 27 (11): 2272-2280.

[25] 刘松玉, 席培胜, 储海岩, 等. 双向水泥土搅拌桩加固软土地基试验研究[J]. 岩土力学, 2007, 28 (3): 560-564.

[26] 东南大学. 双向搅拌桩的成桩操作方法: CN200410065862.9[P]. 2005-06-29.

[27] 东南大学. 双向水泥土搅拌桩机: CN200410065861.4[P]. 2005-06-29.

[28] 易耀林, 刘松玉, 杜延军, 等. 变径水泥土搅拌桩单桩承载力试验研究[J]. 东南大学学报 (自然科学版), 2010, 40 (2): 352-356.

[29] 易耀林, 刘松玉, 李涛, 等. 钉形搅拌桩单桩承载力及荷载传递特性的数值模拟研究 [J]. 岩土力学, 2009, 30 (6): 1843-1849.

[30] 向玮, 刘松玉, 经绯, 等. 变径水泥土搅拌桩处理软土地基的应用研究[J]. 工程勘察, 2009, 37 (3): 22-26.

[31] Meng Y Q, Wang P Q, Zhang F H, et al. Application of modified terzaghi theory in deposited sediment consolidation[C]// Geotechnical Sepecial Publication ASCE, 2013: 19-26.

[32] 章兆熊, 李星, 谢兆良, 等. 超深三轴水泥土搅拌桩技术及在深基坑工程中的应用[J]. 岩土工程学报, 2010, 32 (S2): 383-386.

[33] 叶观宝, 廖星樾, 高彦斌, 等. 长板－短桩工法处理高速公路软土地基的数值分析[J]. 岩土工程学报, 2008, (2): 232-236.

[34] Gunther J, Holm G, Westberg G, et al. Modified dry mixing (MDM)-a new possibility in deep mixing[J]. Geotechnical Special Publication, 2004: 1375-1384.

[35] 向玮, 刘松玉, 经绯, 等. 深长变径搅拌桩荷载传递规律的试验研究[J]. 岩土力学, 2010, 31 (9): 2765-2771.

[36] 易耀林, 刘松玉, 赵玮, 等. 变径双向水泥土搅拌桩施工技术[J]. 岩土工程学报. 2010 (S2): 387-390.

[37] 向玮, 刘松玉, 朱志铎, 等. 变径水泥土搅拌桩加固桥头软基的试验分析[J]. 解放军理工大学学报, 2009, 10 (5): 478-482.

[38] 韩志方. 深长钉形双向水泥土搅拌桩桩身质量与单桩承载特性研究[D]. 南京: 东南大学, 2009.

[39] 赵世波. 水泥土搅拌桩和袋装砂井联合法在填方边坡软基处理中的应用[J]. 西部资源, 2019 (4): 115-116.

[40] 陈哲, 武建峰. 软土地基填方边坡中水泥土搅拌桩的设计与优化[J]. 人民长江, 2016, 47 (12): 52-55.

[41] 仲曼, 蒋红俊, 梁音, 等. 水泥土连拱抗滑墙加固软基边坡的应用研究[J]. 城市勘测, 2014 (5): 167-171.

[42] 梁政林, 白爱忠, 辜忠东. 饱和软土地基上高填方边坡工程设计[J]. 土工基础, 2013, 27 (2): 25-29.

[43] 何开胜. 水泥土搅拌桩的施工质量问题和解决方法[J]. 岩土力学, 2002, 23 (6): 778-781.

[44] 郭万里, 费远航, 陈宏祥, 等. 水泥搅拌桩检测中存在的问题及解决思路[J]. 科技创新导报, 2012(25): 100-101.

[45] 梁志荣, 李忠诚, 刘江, 等. 水泥土搅拌桩取芯与取浆两种强度检测分析[J]. 岩土工程学报, 2010, 32 (S1): 435-439.

[46] 董晓强, 宋志华, 张少华, 等. 水泥土搅拌桩芯样电阻率特性的应用研究[J]. 土木工程学报, 2016(10): 88-94.

[47] 杨龙才, 张师德. 静力触探在水泥土搅拌桩检测中的应用[J]. 西部探矿工程, 1996 (3): 10-12, 40.

[48] 游波. 建筑工程中水泥土搅拌桩质量检测方法研究[J]. 广东土木与建筑, 2019, 26 (2): 37-41.

[49] 徐肖华, 石振明, 姜韬. 标贯对水泥土搅拌桩分土层质量检测的试验研究[C]//2016 年全国工程地质学术年会论文集, 2016: 292-299.

[50] 刘永青, 朱宜生. 基于桩身 SPT 确定搅拌桩复合地基承载力的简易方法[J]. 交通标准化, 2006 (8): 98-100.

[51] 陈甄. 柔性基础下水泥土桩复合地基力学性状研究[D]. 哈尔滨: 中国地震局工程力学研究所, 2010.

[52] 邓小宁, 张明. 标准贯入试验在深层搅拌桩质量检测中的应用[J]. 岩土工程界, 2002 (3): 50-51.

[53] Porbaha A, Dimillio A. Engineering tools for design of embankments on deep mixed foundation systems[C]// GeoSupport 2004: Drilled Shafts, Micropiling, Deep Mixing, Remedial Methods, and Specialty Foundation Systems. 2004: 850-861.

[54] 金公羽. 应用反射波法检测深层搅拌桩桩身质量[J]. 苏州城建环保学院学报, 2000 (2): 77-81.

[55] 郝小员, 刘汉龙, 郝小红. 低应变动测方法在水泥土搅拌桩测试中的应用探讨[J]. 工程勘察, 2002 (3): 65-68.

[56] 张军, 时刚. 应用反射波法检测水泥搅拌桩的方法探讨[J]. 中南公路工程, 2005 (1): 54-56, 83.

[57] 缪林昌, 刘松玉, 阎长虹. 电阻率法在粉喷桩质量检测中的应用[J]. 建筑结构, 2001 (8): 63-65.

[58] 中华人民共和国交通运输部. 公路软土地基路堤设计与施工技术细则: JTG/T D31-02—2013[S]. 北京: 人民交通出版社, 2013.

[59] 中华人民共和国铁道部. 铁路工程地基处理技术规程: TB 10106—2023[S]. 北京: 中国铁道出版社, 2023.

[60] 中华人民共和国住房和城乡建设部. 建筑地基基础设计规范: GB 50007—2011[S]. 北京: 中国计划出版社, 2012.

[61] 中华人民共和国住房和城乡建设部. 建筑地基基础工程施工质量验收标准: GB 50202—2018[S]. 北京: 中国计划出版社, 2018.

[62] 国家能源局. 深层搅拌法地基处理技术规范: DL/T 5425—2018[S]. 北京: 中国电力出版社, 2018.

[63] 江苏省市场监督管理局. 水运工程水泥土搅拌桩复合地基质量检测及评定规程: DB32/T 3582—2019[S]. 北京: 中国质检出版社, 2019.

[64] 陈晓静, 王保田, 左晋宇, 等. 水泥土抗压抗剪强度及相关性研究[J]. 水运工程, 2021 (8): 169-175.

[65] 毛宁, 王保田, 宋为广, 等. 用测定水泥含量的方法控制水泥搅拌桩施工质量的研究[J]. 交通科技, 2014 (1): 96-98.

[66] 王保田, 宋为广, 赵辰洋, 等. 水泥含量测定法控制水泥搅拌桩施工质量研究[J]. 长江科学院院报, 2014, 31 (7): 109-113.

[67] 计鹏, 王保田, 宋为广. 水泥土搅拌桩施工工艺优化研究[J]. 河南科学, 2014, 32 (12): 2541-2545.

[68] Wang B T, Guo S J, Zhang F H. Research on deposition and consolidation behaviour of cohesive sediment with settlement column experiment [J]. European Journal of Environmental and Civil Engineering, 2013, 17 (S1): 144-157.

[69] 詹萍. EDTA滴定法测定水中总硬度的几点体会[J]. 中国实用医药, 2011, 6 (22): 251.

[70] 顾小安, 徐永福, 董毅. EDTA滴定法测定水泥剂量存在的问题[J]. 西部交通科技, 2008 (1): 26-29, 78.

[71] 曾春霞, 高喜胜. 无机结合料水泥剂量在不同龄期滴定的变化[J]. 广东交通职业技术学院学报, 2004 (2): 51-53.

[72] 杜素军, 韩萍, 杜蓉华. 水稳碎石拌和后反应时间对水泥剂量滴定的影响[J]. 辽宁交通科技, 2004 (1): 18-20.

[73] 李延业. EDTA法的探讨及其在水泥稳定土中的应用[J]. 公路交通技术, 2004 (4): 22-25, 32.

[74] 梁雪森, 罗海. EDTA滴定法测定水泥剂量的龄期条件与校正探讨[J]. 广东公路交通, 2003 (1): 64-66.

[75] 陈保平. EDTA滴定法在石灰处理膨胀土中的应用研究[J]. 中外公路, 2007 (3): 218-221.

[76] 向文俊, 刘爱兰, 吴肖琦, 等. 改良土二次掺灰工艺的石灰剂量检测方法[J]. 河海大学学报 (自然科学版), 2004 (3): 313-315.

[77] 房后国, 邓伟杰, 戴雪, 等. 水泥加固海积软土影响因素试验研究[J]. 资源环境与工程, 2013, 27 (4): 487-491.

[78] 闵紫超. 温度及土层变化对湿喷桩成桩质量影响的试验研究[D]. 南京: 河海大学, 2006.

[79] 李伟杭, 张肖宁. 基于含水量对水泥滴定试验影响的探讨[J]. 路基工程, 2007 (6): 113-114.

[80] 李海波. 高速铁路路基过渡段级配碎石水泥剂量EDTA滴定快速测定方法的探讨[J]. 企业科技与发展, 2010 (8): 70-71, 74.

[81] 宁新华, 林初锋. 关于EDTA滴定法检测水泥稳定土中水泥剂量的探讨[J]. 黑龙江交通科技, 2007 (6): 15-16.

[82] 沈卫国, 周明凯, 杨志峰, 等. 水泥稳定粒料水泥剂量EDTA滴定方法的研究[J]. 公路, 2007 (3): 46-50.

[83] 潘慧平. EDTA滴定法检测水泥剂量浅析[J]. 山西建筑, 2007 (20): 176-177.

[84] 王向利. 水泥稳定砂砾水泥剂量测定 (EDTA 滴定法) 正确操作方法的探讨[J]. 西北水力发电, 2006 (2): 102-104.

[85] 王钦胜, 耿金红, 荣建国. Superpave法与马歇尔法确定最佳沥青用量的对比分析[J]. 山东交通学院学报, 2008 (2): 79-82.

[86] 魏清, 王保田, 宋为广. 水泥搅拌桩均匀性定量判别研究[J]. 低温建筑技术, 2014, (12): 130-132.

[87] 王保田, 张永奇, 宋为广, 等. EDTA滴定法检测水泥搅拌桩水泥含量影响因素试验研究[J]. 科学技术与工程, 2015, 15 (3): 270-274.

[88] Zhou Y D, Deng A, Wang B T. Finite-difference model for one-dimensional electro-osmotic consolidation [J]. Computers and Geotechnics, 2013 (54): 152-165.

[89] Zhang F H, Guo S J, Wang B T. Experimental research on cohesive sediment deposition and consolidation based on settlement column system[J]. Geotechnical Testing Journal, 2014, 37 (3): 164-168.

[90] 曹智国, 章定文. 水泥土无侧限抗压强度表征参数研究[J]. 岩石力学与工程学报, 2015, 34 (S1): 3446-3454.

[91] 陈利宏, 杜军, 唐灵敏, 等. 不同养护龄期下水泥掺入比对水泥土直剪特性的影响[J]. 广东土木与建筑, 2022, 29 (5): 35-39.

[92] 王珊珊, 卢成原, 孟凡丽. 水泥土抗剪强度试验研究[J]. 浙江工业大学学报, 2008 (4): 456-459.

[93] 王淑波. 水泥土添加剂的室内试验研究[D]. 天津: 天津大学, 2007.

[94] 李建军, 梁仁旺. 水泥土抗压强度和变形模量试验研究[J]. 岩土力学, 2009, 30 (2): 473-477.

[95] 李建，张松洪，刘宝举. 水泥土力学性能试验研究[J]. 铁道建筑，2001（8）：31-33.

[96] 徐福纯. 浅谈混凝土强度与水灰比的关系[J]. 水利天地，2002（6）：47.

[97] 江守慈，郭易盟，苏德垠，等. 粉煤灰和硅灰对南昌典型土层水泥土强度影响[J]. 华东交通大学学报，2021，38（2）：37-42.

[98] 常乃坤. 复合水泥土处理软土地基的方法探析[J]. 安徽建筑，2021，28（7）：33-41.

[99] 陈泽超，李健，胡铁，等. 不同纳米材料改性水泥土力学性能的对比研究[J]. 土工基础，2020，34（5）：583-586.

[100] 唐朝生，顾凯. 聚丙烯纤维和水泥加固软土的强度特性[J]. 土木工程学报，2011，44（S2）：5-8.

[101] 包承纲，丁金华. 纤维加筋土的研究和工程应用[J]. 土工基础，2012，26（1）：80-83.

[102] 闫超. 变截面搅拌桩复合地基稳定分析方法研究[D]. 南京：东南大学，2016.

[103] 艾志伟，罗嗣海，曾勇，等. 水泥土强度室内外试验对比研究[J]. 江西理工大学学报，2013，34（3）：47-53.